Holger Göbel
Gravitation und Relativität
De Gruyter Studium

Weitere empfehlenswerte Titel

Bedeutende Theorien des 20. Jahrhunderts
Relativitätstheorie, Kosmologie, Quantenmechanik
und Chaostheorie
Werner Kinnebrock, 2013
ISBN: 978-3-486-73580-2; e-ISBN: 978-3-486-73582-6

Sechs mögliche Welten der Quantenmechanik
Mit einer Einführung von Alain Aspect
John S. Bell, 2012
ISBN: 978-3-486-71389-3; e-ISBN: 978-3-486-71628-3

Feynman-Vorlesungen über Physik
Definitive Edition. 4 Bände
Richard P. Feynman, Robert B. Leighton, Matthew Sands,
Michael A. Gottlieb, Ralph Leighton, 2009
ISBN: 978-3-486-58989-4

Holger Göbel

Gravitation und Relativität

Eine Einführung in die Allgemeine Relativitätstheorie

DE GRUYTER

Physics and Astronomy Classification Scheme 2010
01., 01.30.-y, 01.30.mp, 01.30.Os, 03.30.+p
04.,04.20.-q
98.80.-k

Autor
Herrn Prof. Dr.-Ing. Holger Göbel
Fakultät ET/Elektronik
Helmut-Schmidt-Universität
Univ. der Bundeswehr Hamburg
Holstenhofweg 85
22043 Hamburg
E-Mail: holger.goebel@hsu-hh.de

ISBN 978-3-11-034426-4
e-ISBN (PDF) 978-3-11- 034427-1
e-ISBN (EPUB) 978-3-11-039643-0

Bibliografische Information der Deutschen Nationalbibliothek
Die Deutsche Nationalbibliothek verzeichnet diese Publikation in der Deutschen Nationalbibliografie;
detaillierte bibliografische Daten sind im Internet über http://dnb.dnb.de abrufbar.

© 2014 Oldenbourg Wissenschaftsverlag GmbH, München
Ein Unternehmen von Walter De Gruyter GmbH, Berlin/Boston
Lektorat: Kristin Berber-Nerlinger
Herstellung: Tina Bonertz
Titelbild: Chad Baker/Photodisc/Getty Images
Druck und Bindung: CPI books GmbH, Leck
♾ Gedruckt auf säurefreiem Papier
Printed in Germany

www.degruyter.com

Vorwort

Die Relativitätstheorie gehört zu den bekanntesten Theorien der Physik. Auch wenn die unmittelbaren Auswirkungen der Relativitätstheorie auf unser tägliches Leben - im Gegensatz zu anderen bedeutenden Theorien wie der Quantentheorie - praktisch vernachlässigbar sind, geht von ihr dennoch eine Faszination aus, der man sich nur schwer entziehen kann. Ein Grund dafür ist, dass die Aussagen der Relativitätstheorie unserem vertrauten Weltbild widersprechen, und dass sie sicher geglaubten Grundlagen unseres Denkens, wie der Absolutheit von Raum und Zeit, den Boden entzieht. Bedauerlicherweise führt der Weg zur Relativitätstheorie jedoch über die höhere Mathematik, wie beispielsweise die Tensorrechnung, und bleibt daher vielen Interessierten aufgrund fehlender Vorkenntnisse verwehrt.

Ziel des Buches

Das vorliegende Buch hat den Anspruch, physikalisch interessierten Lesern mit grundlegenden Kenntnissen der höheren Mathematik einen anschaulichen und nachvollziehbaren Weg zum Verständnis der Relativitätstheorie zu bahnen. Nach Lektüre des Buches sollte der Leser dann nicht nur mit der Einstein'schen Feldgleichung vertraut sein, sondern auch interessante Anwendungen, wie z.B. die Ablenkung von Licht unter dem Einfluss von Masse, nachvollziehen können. Ebenso sollte sich nach dem Studium dieses Buches das Lesen weiterführender Literatur deutlich einfacher gestalten.

Voraussetzungen zum Arbeiten mit dem Buch

Die zum Arbeiten mit dem Buch nötigen Kenntnisse sind vergleichsweise gering. Erwartet werden

- Beherrschung der Differentialrechnung (gewöhnliche Ableitung, partielle Ableitung, Taylor-Reihen, Lösung einfacher Differentialgleichungen)

- Integralrechnung

- Vektorrechnung (Vektoren im Raum, Basen, Basisvektoren)

- Grundlagen der Newton'schen Mechanik (Kraftgleichung, Potential)

Kenntnisse der Differentialgeometrie (Divergenz, Gradient) sowie der Poisson-Gleichung sind hilfreich, diese werden aber fast nur im Zusammenhang mit der Newton'schen Mechanik benötigt.

Aufbau des Buches

Das Buch ist inhaltlich so aufgebaut, dass es nach einer kurzen Wiederholung der Newton'schen Mechanik (Kapitel 1) zunächst kurz in die spezielle Relativitätstheorie einführt (Kapitel 2) und dann das Konzept der allgemeinen Relativitätstheorie beschreibt (Kapitel 3). Nach diesen physikalischen Grundlagen werden wichtige mathematische Begriffe wie die Metrik und die Krümmung erläutert (Kapitel 4 bis 7). Dabei werden alle Gleichungen schrittweise abgeleitet und die Zusammenhänge - soweit möglich - durch Grafiken veranschaulicht.

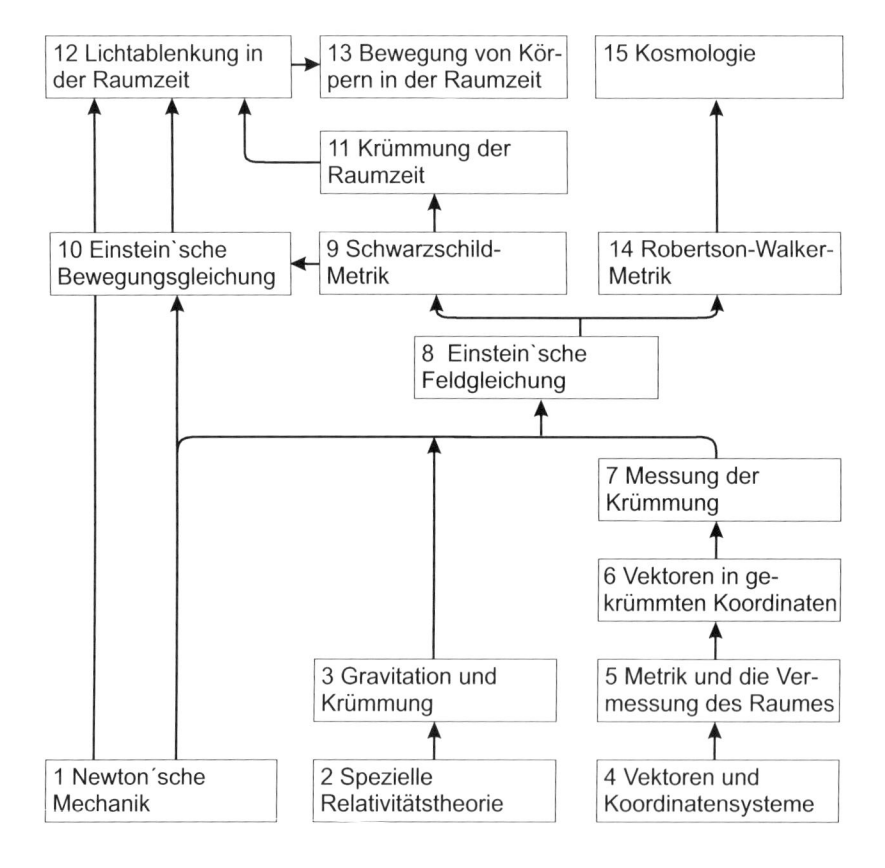

Es wird dann schließlich die Einstein'sche Feldgleichung aufgestellt (Kapitel 8) und deren wichtigste Lösung, die Schwarzschild-Metrik (Kapitel 9) beschrieben. Danach erfolgt die Aufstellung der Einstein'schen Bewegungsgleichung (Kapitel 10). Der grafischen Darstellung der Schwarzschild-Metrik - und damit der Krümmung der Raumzeit - ist ein eigenes Kapitel (Kapitel 11) gewidmet. In den daran anschließenden Kapiteln werden Standardbeispiele der Relativitätstheorie, die Lichtablenkung an einer Masse (Kapitel 12) und die Periheldrehung (Kapitel 13) durchgerechnet. Danach wird eine weitere Lösung der Einstein'schen Feldgleichung, die Robertson-Walker-Metrik (Kapitel 14) beschrieben. Das letzte Kapitel befasst sich dann noch mit den Anwendungen der Relativitätstheorie in der Kosmologie (Kapitel 15), also der Lösung der Friedmann-Gleichungen.

Hinweise zum Arbeiten mit dem Buch

Um das Lesen zu vereinfachen, wurde der Text mit verschiedenen Mitteln strukturiert. So sind alle wesentlichen Gleichungen eingerahmt und - soweit es hilfreich erschien - mit erklärenden Hinweisen versehen. Beispiele oder Ergänzungen, die nicht unmittelbar in den Text gehören, sind in grau hinterlegten Textteilen, sog. *Boxen* untergebracht. Zentrale, zusammenfassende Kernaussagen von einzelnen Textabschnitten stehen als sog. *Sätze* in grau hinterlegten Kästen, die am Rand mit einem Ausrufezeichen markiert sind. Abschnitte, die den Stoff ergänzen oder vertiefen, für das Verstehen der nachfolgenden Kapitel jedoch nicht notwendig sind, sind durch einen Doktorhut am Rand des Textes gekennzeichnet. Diese können beim ersten Lesen übersprungen werden. Ableitungen, die für das Verständnis notwendig sind, deren Kenntnis aber nicht in allen Fällen vorausgesetzt werden kann, befinden sich in dem Anhang. Hier findet der Leser auch ein Glossar mit den wichtigsten Begriffen.

Grundsätzlich orientiert sich die im vorliegenden Buch verwendete Schreibweise an der in der modernen Standardliteratur verwendeten. Eine Ausnahme stellt allerdings die Verwendung des Begriffes Tensor dar. Obwohl die Mathematik der Relativitätstheorie im Wesentlichen Tensorrechnung ist, taucht der Begriff Tensor in dem Buch nur am Rande auf. Der Grund dafür ist, dass die Tensorrechnung sicherlich die kritischste Stelle für den Zugang zur Relativitätstheorie ist. Das Buch geht daher den Weg von der Vektorrechnung zur Rechnung mit allgemeinen indizierten Größen und führt die Tensoren quasi unbemerkt ein. Der Preis dafür ist, dass sich wesentliche Eigenschaften von Tensoren, insbesondere deren Transformationseigenschaften, dem Leser nicht offenbaren. Dies scheint aber im Hinblick darauf, die Relativitätstheorie einem wesentlich größeren Kreis von Lesern zugänglich zu machen, mehr als gerechtfertigt.

Hamburg, im Sommer 2014

Inhaltsverzeichnis

Vorwort		V
Liste der verwendeten Symbole		XV
1	**Newton'sche Mechanik**	**1**
1.1	Die Grundgleichungen der Newton'schen Mechanik	1
1.1.1	Gravitationspotential und Kraft	1
1.1.2	Bewegungsgleichung nach Newton	2
1.1.3	Gravitationspotential in der Nähe der Erdoberfläche	3
1.1.4	Die Feldgleichung nach Newton	4
1.2	Gravitationspotential und Poisson-Gleichung	6
1.3	Der fallende Apfel und das Prinzip der kleinsten Wirkung	8
1.3.1	Variation der Bahnkurve	9
1.3.2	Lagrange-Funktion und Wirkung	10
2	**Spezielle Relativitätstheorie**	**15**
2.1	Geschichte der speziellen Relativitätstheorie	15
2.2	Postulate der speziellen Relativitätstheorie	16
2.3	Galilei-Transformation	16
2.4	Raumkontraktion und Zeitdilatation	18
2.4.1	Zeitdilatation	18
2.4.2	Raumkontraktion	20
2.5	Lorentz-Transformation	22
2.6	Invarianzelement im relativistischen Fall	24
2.7	Eigenzeit	26
2.8	Vierervektoren	27
2.9	Raumzeit-Diagramme	29
2.9.1	Definition des Raumzeit-Diagramms	29
2.9.2	Raumartig, zeitartig, lichtartig	33
2.9.3	Lichtkegel	34

2.9.4	Gleichzeitigkeit	34
2.9.5	Raumkontraktion	35
2.9.6	Zeitdilatation	36
2.9.7	Uhrenparadoxon	37
2.9.8	Eigenzeit im Raumzeit-Diagramm	38
2.9.9	Das Zwillingsparadoxon	39
2.10	Eigenzeitdiagramme	40
2.10.1	Zeitkegel	40
2.10.2	Eigenzeitkreis	41
3	**Gravitation und die Krümmung des Raumes**	**43**
3.1	Geschichte der allgemeinen Relativitätstheorie	43
3.2	Postulate der allgemeinen Relativitätstheorie	44
3.3	Der gekrümmte Raum	44
3.3.1	Gravitation und Beschleunigung	44
3.3.2	Gravitation und Krümmung des Raumes	45
3.3.3	Die Formulierung der allgemeinen Relativitätstheorie	46
3.4	Wie lässt sich Krümmung messen?	47
3.4.1	Messung der Krümmung im zweidimensionalen Raum	49
3.4.2	Krümmung in höherdimensionalen Räumen	50
3.5	Krümmung unterschiedlicher Geometrien	50
4	**Vektoren und Koordinatensysteme**	**53**
4.1	Definitionen	53
4.1.1	Vektoren, Vektorkomponenten und Basen	53
4.1.2	Summationskonvention	54
4.2	Abstand und Metrik	56
4.3	Kovariante und kontravariante Basis	58
4.3.1	Definition	58
4.3.2	Bestimmung der kontravarianten Basis	60
4.3.3	Rechnen mit ko- und kontravarianten Vektoren	63
4.4	Rechnen mit indizierten Größen	67
4.4.1	Austausch von Indizes	67
4.4.2	Herauf- und Herunterschieben von Indizes	68
4.4.3	Kontraktion indizierter Größen	69
4.4.4	Projektion von Vektoren	70
4.4.5	Symmetrie indizierter Gleichungen	71
4.5	Indizierte Größen in der Physik	72
4.5.1	Polarisation isotroper Materialien	73
4.5.2	Polarisation anisotroper Materialien	75
4.5.3	Tensoren	79

5	**Metrik und die Vermessung des Raumes**	**81**
5.1	Metrik und Abstand	81
5.1.1	Differentielle Länge	81
5.1.2	Metrik in kartesischen Koordinaten	82
5.1.3	Metrik in Polarkoordinaten	83
5.2	Metrik und Krümmung	83
5.3	Metriken im Raum	84
5.3.1	Kartesische Koordinaten im dreidimensionalen Raum	84
5.3.2	Kugelkoordinaten im dreidimensionalen Raum	85
5.3.3	Zylinderkoordinaten im dreidimensionalen Raum	86
5.4	Metriken in der Raumzeit	86
5.4.1	Minkowski-Metrik in kartesischen Koordinaten	87
5.4.2	Minkowski-Metrik in Kugelkoordinaten	87
5.5	Eigenschaften der Metrik	88
5.6	Metriken von Räumen mit konstanter Krümmung	88
5.6.1	Metriken von Flächen mit konstanter Krümmung	89
5.6.2	Allgemeine Darstellung einer zweidimensionalen Metrik mit konstanter Krümmung	90
6	**Vektoren in gekrümmten Koordinaten**	**93**
6.1	Partielle Ableitung	93
6.1.1	Ableitung in geraden Koordinaten	93
6.1.2	Ableitung in gekrümmten Koordinaten	94
6.2	Basisvektoren und Christoffelsymbole	96
6.2.1	Definition der Christoffelsymbole	96
6.2.2	Bestimmung der Christoffelsymbole aus der Metrik	98
6.3	Kovariante Ableitung	101
6.3.1	Definition der kovarianten Ableitung	101
6.3.2	Sonderfälle der kovarianten Ableitung	104
6.4	Paralleltransport	105
7	**Messung der Krümmung**	**109**
7.1	Krümmung im zweidimensionalen Raum	109
7.2	Riemann-Krümmung	111
7.2.1	Krümmung in höherdimensionalen Räumen	111
7.2.2	Berechnung der Riemann-Krümmung	113
7.2.3	Symmetrieeigenschaften der Riemann-Krümmung	116
7.2.4	Kontraktion der Riemann-Krümmung	117
7.3	Die Bianchi-Identität	118

8	**Die Einstein'sche Feldgleichung**	**121**
8.1	Ansatz zur Bestimmung der Feldgleichung	121
8.2	Die Energie-Impuls-Matrix	123
8.2.1	Energie-Impuls-Matrix für bewegte Materie	123
8.2.2	Energie- und Impulserhaltung	126
8.2.3	Energie-Impuls-Matrix für ruhende Materie	128
8.2.4	Energie-Impuls-Matrix für den materiefreien Raum	128
8.2.5	Energie-Impuls-Matrix für eine Flüssigkeit	128
8.2.6	Eigenschaften der Energie-Impuls-Matrix	129
8.3	Herleitung der Einstein'schen Feldgleichung	130
8.3.1	Einstein-Krümmung	130
8.3.2	Masse und die Krümmung des Raumes	131
8.3.3	Die kosmologische Konstante	133
8.4	Vorgehensweise bei der Lösung der Feldgleichung	133
9	**Schwarzschild-Metrik oder wie Masse den Raum krümmt**	**135**
9.1	Definition der Schwarzschild-Metrik	135
9.2	Berechnung der Schwarzschild-Metrik	136
9.2.1	Ansatz zur Bestimmung der Schwarzschild-Metrik	136
9.2.2	Gravitation und Zeitdilatation	137
9.2.3	Gravitation und Raumkontraktion	141
9.2.4	Der Schwarzschildradius	142
9.2.5	Die Schwarzschild-Metrik	143
9.3	Schwarze Löcher	144
9.4	Die Bestimmung des Faktors κ	145
10	**Bewegungsgleichung nach Einstein**	**147**
10.1	Bewegung von Teilchen im Raum	147
10.2	Geodätische Gleichung	148
10.2.1	Lösung der geodätischen Gleichung im Raum	149
10.3	Bewegung von Teilchen in der Raumzeit	152
10.3.1	Die geodätische Gleichung in der Raumzeit	152
10.3.2	Das Prinzip der kleinsten Wirkung	152
10.3.3	Der Newton'sche Grenzfall	153
10.4	Vorgehensweise bei der Lösung der Bewegungsgleichung	155
10.5	Warum der Apfel vom Baum fällt	155
10.5.1	Lichtstrahlen und das Fermat'sche Prinzip	156
10.5.2	Teilchen und die Wellenfunktion	157
10.5.3	Wellenfunktion und Wirkung	160

Inhaltsverzeichnis   XIII

11	**Die Krümmung der Raumzeit**	**163**
11.1	Darstellung der Raumzeit-Krümmung	163
11.2	Die Methode der Einbettung	166
11.2.1	Die Einbettung zweidimensionaler Metriken in den Raum	166
11.2.2	Einbettung der Schwarzschild-Metrik	170
11.3	Die Methode der geodätisch äquivalenten Abbildung	171
11.3.1	Definition der geodätisch äquivalenten Abbildung	171
11.3.2	Bestimmung der Metrikkoeffizienten	175
11.3.3	Grafische Darstellung der geodätisch äquivalenten Metrik	177
11.4	Der Fall der Apfels in der gekrümmten Raumzeit	179
12	**Lichtablenkung in der gekrümmten Raumzeit**	**181**
12.1	Ausbreitung von Licht im Gravitationsfeld	181
12.2	Aufstellen der Bewegungsgleichung	182
12.2.1	Bestimmung der Christoffelsymbole	183
12.2.2	Auswertung der geodätischen Gleichung	184
12.2.3	Das Wegelement der Raumzeit für Licht	185
12.3	Lösung der Bewegungsgleichung	186
12.3.1	Lösung für den nichtrelativistischen Fall	186
12.3.2	Lösung für den relativistischen Fall	187
13	**Bewegung von Körpern in der gekrümmten Raumzeit**	**191**
13.1	Periheldrehung im Gravitationsfeld	191
13.2	Aufstellen der Bewegungsgleichung	192
13.3	Die Gleichung der Bahnkurve	193
13.3.1	Ableitung der Bahnkurve	193
13.3.2	Lösung für den Newton'schen Fall	194
13.3.3	Lösung für den relativistischen Fall	195
13.4	Die Energiebilanzgleichung	196
14	**Robertson-Walker-Metrik und das gekrümmte Universum**	**201**
14.1	Definition der Robertson-Walker-Metrik	201
14.2	Ansatz zur Bestimmung der Metrik	202
14.3	Auswertung der Feldgleichung	204
14.4	Der Skalenfaktor und die Friedmann-Gleichungen	205

15	**Kosmologie**	**209**
15.1	Das expandierende Universum	209
15.1.1	Der Hubble-Parameter	209
15.1.2	Der Skalenfaktor der Expansion	210
15.2	Friedmann-Gleichung für unser Universum	212
15.2.1	Die allgemeine Friedmann-Gleichung	212
15.2.2	Die vereinfachte Friedmann-Gleichung	214
15.2.3	Berechnung der zeitlichen Entwicklung unseres Universums	216
15.3	Lösung der Friedmann-Gleichung	219
15.4	Grafische Darstellung der Expansion	220
15.4.1	Licht und Galaxien im Raumzeit-Diagramm	220
15.4.2	Das Universum mit konstantem Hubble-Parameter	221
15.4.3	Das Universum mit zeitabhängigem Hubble-Parameter	224
15.5	Emissionsentfernung und physikalische Entfernung	227
A	**Anhang**	**231**
A.1	Drehmatrix	231
A.2	Prinzip der kleinsten Wirkung	232
A.3	Der kanonische Impuls	233
A.4	Glossar	234
Literaturverzeichnis		**239**
Index		**241**

Liste der verwendeten Symbole

Formelzeichen

Name	Bedeutung	Einheit
a	Skalenfaktor	1
A	Fläche	m^2
$\mathbf{A}$	Vektor, allgemein	–
d	Operator für gewöhnliche Ableitung	–
D	Operator für kovariante Ableitung	–
e	Exzentrizität	–
$\mathbf{e}$	Basisvektor	–
E	Energie	J
E_{kin}	kinetische Energie	J
E_{pot}	potentielle Energie	J
E_{rot}	Rotationsenergie	J
F	Kraft	$\mathrm{kg\,m\,s}^{-2}$
g_{ij}	Metrikkoeffizient	1
G_{ij}	Einstein-Krümmung	m^{-2}
h	Höhe	m
H	Hubble-Parameter	$\mathrm{km\,s}^{-1}\mathrm{Mpc}^{-1}$
i	imaginäre Einheit	–
I	Intensität	–
k	Wellenzahl	m^{-1}
K	Gauß'sche Krümmung	m^{-2}
$\overline{K}$	mittlere Krümmung	m^{-1}
l, L	Länge	m
L	Lagrange-Funktion	J
m	Masse	kg
M	Masse	kg
p	Impuls, allgemein	$\mathrm{kg\,m\,s}^{-1}$
p	Druck	$\mathrm{kg\,s}^{-2}\mathrm{m}^{-1}$
$\mathbf{p}$	Vierer-Impuls	$\mathrm{kg\,m\,s}^{-1}$
P	Wahrscheinlichkeit	1
q	Ladung	A s
r	Radius, Entfernung	m
R, R_K	Krümmungsradius, Krümmungsskalar	m
R_{ij}	Ricci-Krümmung	m^{-2}
R^i_{jkl}	Riemann-Krümmung	m^{-2}

s	Weg	m
S	Wirkung	J s
t	Zeit	s
T_{ij}	Energie-Impuls-Matrix	kg
$\mathbf{u}$	Vierer-Geschwindigkeit	m s^{-1}
U	Umfang	m
v	Geschwindigkeit	m s^{-1}
V	Volumen	m^3
$\mathbf{V}$	Vektor	–
x, y, z	Ortskoordinaten	m
λ	Wellenlänge	–
∂	Operator für partielle Ableitung	–
γ	Gamma-Faktor	1
Γ^i_{jk}	Christoffelsymbol	–
φ	Azimutwinkel, Phase	1
Φ	Gravitationspotential	J kg^{-1}
Ψ	Wahrscheinlichkeitsamplitude	1
ρ	Massendichte	kg m^{-3}
σ	sphärischer Exzess	1
θ	Elevationswinkel	1
τ	Eigenzeit	s
ω	Kreisfrequenz	s^{-1}

Physikalische Konstanten

Name	Bedeutung	Wert
c	Lichtgeschwindigkeit im Vakuum	$2,997 \times 10^8$ m s^{-1}
g	Erdbeschleunigung	$9,81$ m s^{-2}
G_N	Newton'sche Gravitationskonstante	$6,673 \times 10^{-11}$ m^{3}kg^{-1}s^{-2}
H_0	Hubble-Parameter	$71,3$ km s^{-1}Mpc^{-1}
h	Planck'sches Wirkungsquantum	$4,135 \times 10^{-15}$ eV s

1 Newton'sche Mechanik

Dieses Kapitel fasst die wichtigsten Begriffe der Newton'schen Mechanik zusammen. Es werden die Newton'schen Gleichungen und insbesondere der Begriff des Gravitationspotentials erläutert. Als Ergänzung wird das Prinzip der kleinsten Wirkung beschrieben, welches auch in der Relativitätstheorie eine wichtige Rolle spielt.

1.1 Die Grundgleichungen der Newton'schen Mechanik

1.1.1 Gravitationspotential und Kraft

Gemäß der Newton'schen Gravitationstheorie ruft eine Masse M ein sog. Gravitationspotential hervor. Dabei gilt an einem Ort r außerhalb der Masse M (Abb. 1.1) für die Stärke des *Gravitationspotentials*

$$\Phi = \frac{-G_N M}{r} \, , \tag{1.1}$$

mit der *Newton'schen Gravitationskonstante*

$$\boxed{G_N = 6,673 \times 10^{-11} \mathrm{m}^3 \mathrm{kg}^{-1} \mathrm{s}^{-2} \, .} \tag{1.2}$$

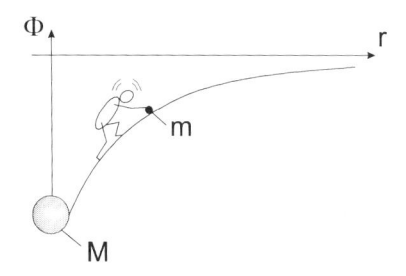

Abb. 1.1: *Verlauf des Gravitationspotentials Φ außerhalb einer Masse M. Um eine andere Masse m von der ersten Masse wegzubewegen, muss physikalische Arbeit geleistet werden*

Wir betrachten nun eine zweite Masse m, die so klein ist, dass sie den durch M hervorgerufenen Potentialverlauf Φ praktisch nicht beeinflusst. Um diese Masse m in dem Gravitationspotential Φ anzuheben und nach $r \to \infty$ zu bringen, ist physikalische Arbeit nötig. Dies ist die *potentielle Energie*

$$E_{pot} = m\Phi \, . \tag{1.3}$$

Die auf die Masse m wirkende Kraft F entspricht der Ableitung der potentiellen Energie E_{pot} nach dem Ort r, also der Steigung der Kurve $E_{pot}(r)$, d.h.

$$F = -\frac{\mathrm{d}E_{pot}}{\mathrm{d}r} = -G_N \frac{mM}{r^2} \tag{1.4}$$

und damit

$$F = -m\frac{\mathrm{d}\Phi}{\mathrm{d}r} \, . \tag{1.5}$$

Ist also der Verlauf des Gravitationspotentials Φ über dem Ort bekannt, kann daraus unmittelbar die auf die Masse m wirkende Gewichtskraft F bestimmt werden. Dabei bedeutet das negative Vorzeichen in (1.5), dass die Richtung der Kraft in negative r-Richtung, also zur Masse M hin, weist.

1.1.2 Bewegungsgleichung nach Newton

Berücksichtigen wir nun, dass die auf eine Masse m wirkende Kraft gemäß dem zweiten Newton'schen Gesetz dem Produkt aus Masse und Beschleunigung $\mathrm{d}^2r/\mathrm{d}t^2$ entspricht, gilt

$$F = m\frac{\mathrm{d}^2r}{\mathrm{d}t^2} \, . \tag{1.6}$$

Aus (1.6) folgt für einen Körper, auf den keine Kraft wirkt, d.h. $F = 0$, durch zweimalige Integration, dass die Bahnkurve $r(t)$ eine Gerade ist. Im Raum ist dies die kürzeste Verbindung zwischen zwei Punkten, so dass wir sagen können, dass die Bewegung eines kräftefreien Körpers im Raum auf einer Kurve minimaler Länge erfolgt.[1]

Satz 1.1: Im Netwton'schen Fall bewegt sich ein kräftefreier Körper im Raum auf einer Kurve minimaler Länge.

---

[1] Wir werden später sehen, dass dieser Satz in verallgemeinerter Form auch in der allgemeinen Relativitätstheorie gilt. Auch in einem Gravitationsfeld bewegt sich ein Körper stets auf einer Kurve minimaler Länge, wenn wir dessen Bewegung nicht im Raum, sondern in der Raumzeit betrachten.

Sir Isaac Newton (* 4. Januar 1643 in Woolsthorpe, † 31. März 1727 in Kensington) war ein englischer Mathematiker, Physiker und Astronom. Newton studierte an der Univ. Cambridge, wo er später eine Professur für Mathematik innehatte. Er war Mitglied der Royal Society und später auch deren Präsident.
Newton gilt als einer der bedeutendsten Wissenschaftler aller Zeiten. In seinem Hauptwerk Philosophiae naturalis principia mathematica formulierte er die drei Newton'schen Axiome sowie sein Gravitationsgesetz. Damit legte er u.a. den Grundstein für die Himmelsmechanik und konnte mit Hilfe seiner Bewegungsgleichungen zeigen, dass sich Planeten auf den zuvor von Johannes Kepler beschriebenen Bahnen bewegen. Die von Newton entwickelten Grundlagen der Mechanik hatten bis Anfang des 20. Jahrhunderts Bestand und wurden erst durch die Arbeiten Einsteins modifiziert.
Ein wichtiges mathematisches Werkzeug für Newton war die Infinitesimalrechnung, die er praktisch zeitgleich mit Gottfried Wilhelm Leibniz entwickelte. Obwohl nach heutigem Wissensstand beide Wissenschaftler unabhängig voneinander zu ihren Erkenntnissen gelangten, kam es zu einem heftigen Prioritätenstreit, der mehrere Jahre bis zum Tod Leibniz' andauerte.
Newton beschäftigte sich auch mit Optik; er entdeckte die Abhängigkeit des Brechungsindex von der Wellenlänge des Lichtes, entwickelte die Korpuskulartheorie des Lichtes und konstruierte das nach ihm benannte Spiegelteleskop (Newton-Teleskop). (Bild: akg-images)

Durch Gleichsetzen von (1.5) und (1.6) erhalten wir schließlich nach Herauskürzen[2] der Masse m die *Newton'sche Bewegungsgleichung*

$$\boxed{\frac{\mathrm{d}^2 r}{\mathrm{d}t^2} = -\frac{\mathrm{d}\Phi}{\mathrm{d}r}} \quad . \tag{1.7}$$

1.1.3 Gravitationspotential in der Nähe der Erdoberfläche

Mit (1.4) und (1.6) folgt, dass in der Umgebung einer Masse M die *Gravitationsbeschleunigung*

$$\frac{\mathrm{d}^2 r}{\mathrm{d}t^2} = -\frac{G_N M}{r^2} \tag{1.8}$$

eine vom Ort r abhängige Größe ist. Untersucht man jedoch Gravitationsvorgänge im Bereich der Erdoberfläche, wie beispielsweise das Fallen eines Apfels vom Baum, kann die Gravitationsbeschleunigung in guter Näherung als konstant angenommen werden.

---
[2] Dass sich die Masse m in (1.7) herauskürzen lässt, ist keineswegs selbstverständlich, da die Masse in (1.5) beschreibt, welche Gewichtskraft durch sie hervorgerufen wird (schwere Masse), während die Masse in (1.6) angibt, welche Trägheit ein Körper besitzt (träge Masse). Die Gleichheit von schwerer und träger Masse folgt aus der Tatsache, dass Körper unabhängig von ihrer Masse in einem Gravitationsfeld gleich schnell fallen, was durch Messungen bestätigt wird. Diese Gleichheit wird jedoch erst im Rahmen der allgemeinen Relativitätstheorie zu einem grundlegenden Prinzip, dem sog. Äquivalenzprinzip erhoben.

Man bezeichnet diesen Wert als Erdbeschleunigung g. Für einen Erdradius von $r_e = 6370$ km und der Erdmasse von $M = 5{,}97 \times 10^{24}$ kg ergibt sich damit ein Wert der *Erdbeschleunigung* von

$$\boxed{g = 9{,}81 \text{ m s}^{-2}} \, . \tag{1.9}$$

In der Nähe der Erdoberfläche gilt daher bei kleinen Änderungen der Höhe $\Delta r = h$ für die Änderung $\Delta \Phi$ des Gravitationspotentials

$$\Delta \Phi = gh \, . \tag{1.10}$$

Heben wir also eine Masse m im Erdschwerefeld g um die Höhe h an, erhalten wir mit (1.3) die bekannte Gleichung für die *potentielle Energie*

$$\Delta E_{pot} = mgh \, . \tag{1.11}$$

1.1.4 Die Feldgleichung nach Newton

Wir haben bisher den Fall einer punktförmigen bzw. kugelsymmetrischen Masse M betrachtet. Im allgemeinen Fall müssen wir jedoch davon ausgehen, dass die Masse weder punktförmig noch homogen ist. Dann ist das Gravitationspotential für eine beliebige Massenverteilung durch die *Newton'sche Feldgleichung*

$$\boxed{\nabla^2 \Phi = 4\pi G_N \rho} \tag{1.12}$$

gegeben, welche die Form einer sog. Poisson-Gleichung hat. Dabei ist ∇ der sog. Nabla-Operator und ρ die ortsabhängige Massendichte. Wir werden die Newton'sche Feldgleichung hier nicht lösen, weisen jedoch darauf hin, dass sich für den Fall einer punktförmigen Masse als Lösung die bereits vorgestellte Beziehung (1.1) ergibt. Ebenso sei darauf hingewiesen, dass die Poisson-Gleichung auch in vielen anderen Bereichen der Physik eine große Rolle spielt (siehe Box 1.1).

Box 1.1: Die Poisson-Gleichung in der Physik

Die Poisson-Gleichung ist eine sehr häufig in der Physik auftauchende Gleichung. Neben dem Gravitationspotential beschreibt sie beispielsweise auch den Verlauf des durch eine Ladungsverteilung ϱ hervorgerufenen elektrischen Potentials U. Die entsprechende Poisson-Gleichung lautet dann

$$\nabla^2 U = -\frac{1}{\epsilon \epsilon_0} \varrho \, , \tag{1.13}$$

wobei ϵ und ϵ_0 die Dielektrizitätszahl des Materials bzw. des Vakuums sind. Abb. 1.2 zeigt beispielsweise die Linien gleichen Potentials, wie sie durch eine positive und eine negative Ladung hervorgerufen werden.

1.1 Die Grundgleichungen der Newton'schen Mechanik

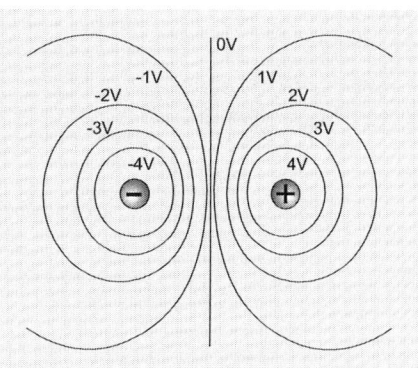

Abb. 1.2: *Linien gleichen Potentials U, hervorgerufen durch eine positive und eine negative Ladung, wobei die Ladungen betragsmäßig gleich groß sind*

Die grundlegenden Prinzipien der Newton'schen Mechanik lassen sich damit wie folgt zusammenfassen: Eine Masse M führt zu einem Gravitationspotential Φ (Abb. 1.3), welches außerhalb der Masse eine $1/r$-Abhängigkeit aufweist. Befindet sich eine zweite Masse m in dem Gravitationsfeld, wirkt auf diese eine anziehende Kraft F, die mit $1/r^2$ abnimmt. Die Masse m wird schließlich in Richtung der Masse M beschleunigt.

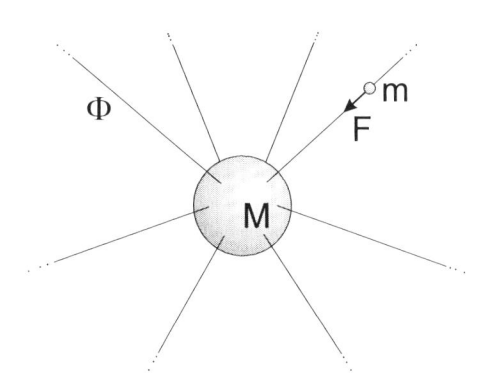

Abb. 1.3: *Schematische Darstellung der Newton'schen Gravitationstheorie. Das durch die Masse M hervorgerufene Gravitationspotential verursacht eine auf die Masse m wirkende Kraft F in radialer Richtung. Dargestellt sind die radial verlaufenden Kraftlinien*

Satz 1.2: Nach Newton ruft eine Masse M ein Gravitationsfeld hervor, welches in den Raum hinein wirkt. Auf einen Körper des Masse m wirkt dadurch eine Kraft F und er wird beschleunigt.

1.2 Gravitationspotential und Poisson-Gleichung

Poisson-Gleichung und Krümmung

Wir wollen nun das Gravitationspotential Φ grafisch darstellen und schreiben dazu die Poisson-Gleichung (1.12) in kartesischen Koordinaten. Damit erhalten wir

$$\frac{\partial^2 \Phi}{\partial x^2} + \frac{\partial^2 \Phi}{\partial y^2} = 4\pi G_N \rho \,. \tag{1.14}$$

Berücksichtigt man nun, dass die zweite Ableitung einer Funktion ein Maß für deren Krümmung ist, und bezeichnet man die entsprechenden Krümmungsradien mit R_1 und R_2, ergibt sich

$$\frac{1}{R_1} + \frac{1}{R_2} = 4\pi G_N \rho \,. \tag{1.15}$$

Definieren wir nun die *mittlere Krümmung*

$$\overline{K}(\Phi) = \frac{1}{R_1} + \frac{1}{R_2}, \tag{1.16}$$

erhalten wir

$$\overline{K}(\Phi) = 4\pi G_N \rho \,, \tag{1.17}$$

| Krümmung | | Masse |

d.h. die mittlere Krümmung $\overline{K}$ des Verlaufs des Gravitationspotentials an einem Punkt ist proportional der dortigen Massendichte ρ.

> **Satz 1.3:** Die Anwesenheit von Masse führt zu einer Krümmung des Gravitationspotentials.

Außerhalb der Masse M gilt $\rho = 0$, so dass dort die mittlere Krümmung verschwindet. Dies bedeutet, dass die Krümmungsradien des Gravitationspotentials Φ außerhalb der Masse M jeweils gleich groß sind, aber unterschiedliche Vorzeichen haben, so dass

$$\overline{K}(\Phi) = \frac{1}{R_1} + \frac{1}{R_2} = 0 \,. \tag{1.18}$$

An dieser Stelle sei noch bemerkt, dass das Verschwinden der rechten Seite der Poisson-Gleichung ein wichtiger Sonderfall ist. Die sich dann ergebende Gleichung wird als Laplace-Gleichung bezeichnet, welche in vielen Gebieten der Physik eine wichtige Rolle spielt (siehe Box 1.2).

1.2 Gravitationspotential und Poisson-Gleichung

Grafische Darstellung des Gravitationspotentials

In Abb. 1.1 hatten wir bereits das von einer Masse M hervorgerufene Potential Φ über dem Ort r dargestellt. Betrachtet man das Potential nun in einer Ebene im Raum um die Masse herum, erhält man aus Symmetriegründen die in Abb. 1.4 gezeigte Darstellung von Φ.

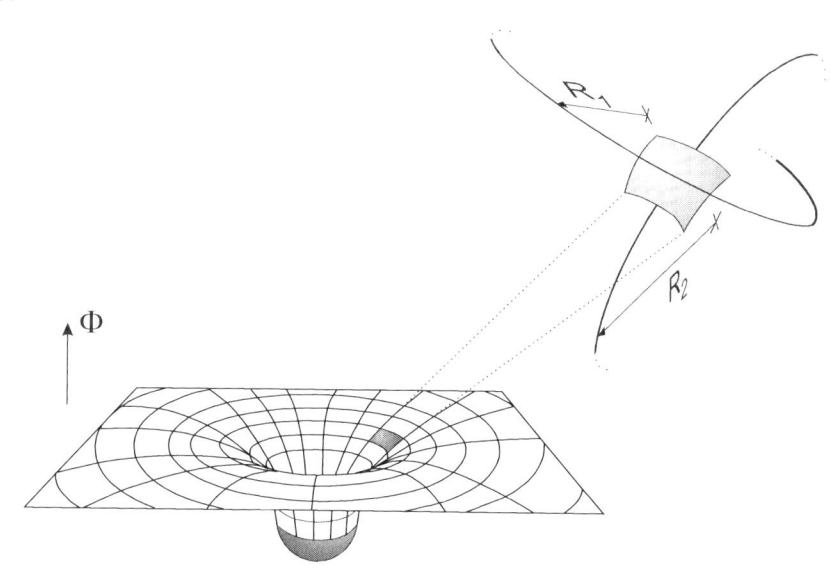

Abb. 1.4: *Verlauf des Gravitationspotentials Φ in der Umgebung einer Masse. Für das hervorgehobene Flächenelement außerhalb der Masse sind die beiden Krümmungsradien R_1 und R_2 dargestellt. Diese sind betragsmäßig gleich groß und haben unterschiedliches Vorzeichen, so dass die mittlere Krümmung null ist*

Greift man nun ein beliebiges Flächenelement, wie in Abb. 1.4 gezeigt, heraus und legt die entsprechenden Krümmungskreise mit den Radien R_1 und R_2 an das Flächenelement an, so ergibt sich gemäß (1.18), dass die Krümmungsradien betragsmäßig gleich sind, die Krümmungen wegen der unterschiedlichen Vorzeichen jedoch in unterschiedliche Richtungen (nach innen bzw. nach außen) weisen.

Box 1.2: Die Laplace-Gleichung und die Seifenhaut

Ein Beispiel für die Laplace-Gleichung ist die Auslenkung einer Seifenhaut, die zwischen zwei, sich auf unterschiedlicher Höhe befindlichen Rahmen eingespannt ist. Bezeichnet man die Höhe mit z, lautet die entsprechende Laplace-Gleichung

$$\frac{\partial^2 z}{\partial x^2} + \frac{\partial^2 z}{\partial y^2} = 0 \,. \tag{1.19}$$

Anschaulich bedeutet dies, dass die mittlere Krümmung der Seifenhaut an jeder Stelle gleich null ist. Dies ist offensichtlich, da die Seifenhaut keinerlei Biegekräfte aufnehmen kann (Abb. 1.5).

Abb. 1.5: *Eine zwischen zwei Rahmen eingespannte Seifenhaut bildet eine Fläche, deren mittlere Krümmung an jeder Stelle verschwindet*

Solche Flächen nennt man auch Minimalflächen, da der sich unter den gegebenen Randbedingungen einstellende Verlauf der Fläche eine minimale Oberfläche aufweist.

1.3 Der fallende Apfel und das Prinzip der kleinsten Wirkung

Mit den oben abgeleiteten Newton'schen Gleichungen sind wir in der Lage, die Bewegung eines Körpers unter Einfluss der Gravitation oder einer beliebigen anderen Kraft vollständig zu beschreiben. Für viele Anwendungen bietet sich jedoch ein anderer Lösungsweg an, das sog. Prinzip der kleinsten Wirkung [1, 2]. Damit lassen sich verschiedene Probleme nicht nur elegant lösen; diese Vorgehensweise führt auch zu einem tieferen Verständnis der physikalischen Zusammenhänge. Wir leiten zunächst das Prinzip der kleinsten Wirkung für den eindimensionalen Fall ab, wobei wir die Ortskoordinate mit x bezeichnen.[3] Dazu betrachten wir als Beispiel einen Apfel mit der Masse m in einem Gravitationspotential Φ. In diesem Fall gilt für die Kraft (1.5)

$$F = -m\frac{\mathrm{d}\Phi}{\mathrm{d}x} \qquad (1.20)$$

und der Apfel bewegt sich gemäß dem Newton'schen Gesetz (1.6)

$$F = m\frac{\mathrm{d}^2 x}{\mathrm{d}t^2} \qquad (1.21)$$

entlang einer Bahnkurve $x(t)$. Für einen frei fallenden Apfel ergibt sich dann der in Abb. 1.6, links, dargestellte Weg A, wenn wir die Höhe x über der Zeit t auftragen.

---

[3] Eine ausführliche Herleitung mit drei Raumkoordinaten findet sich beispielsweise in [1].

1.3 Der fallende Apfel und das Prinzip der kleinsten Wirkung

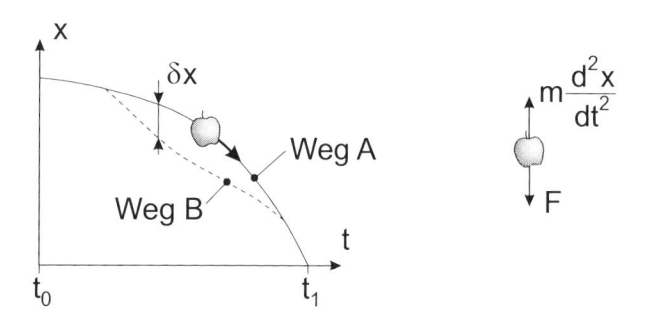

Abb. 1.6: *Bahnkurve eines fallenden Apfels (Weg A) und entsprechende variierte Kurve (Weg B) (links). Kräftegleichgewicht am Apfel (rechts)*

1.3.1 Variation der Bahnkurve

Wir wollen nun untersuchen, was den sich tatsächlich einstellenden Weg A gegenüber einem anderen, den wir mit B bezeichnen, auszeichnet, wobei wir die Wegänderung mit δx bezeichnen. Dabei kennzeichnet das δ, dass die entsprechende Funktion, hier also $x(t)$, um einen kleinen Betrag variiert wird. Als Einschränkung nehmen wir dabei an, dass Anfangs- und Endpunkt der Wege stets gleich sind, d.h. es sei

$$\delta x\Big|_{t=t_0} = 0 \quad \text{sowie} \quad \delta x\Big|_{t=t_1} = 0 \;. \tag{1.22}$$

Aus dem Kräftegleichgewicht (Abb. 1.6, rechts) folgt mit (1.21)

$$F - m\ddot{x} = 0 \;, \tag{1.23}$$

wobei der Punkt über der Variable deren Ableitung nach der Zeit bedeutet. Daraus wird nach Multiplikation mit δx

$$(F - m\ddot{x})\delta x = 0 \;. \tag{1.24}$$

Wir wollen nun den Ausdruck $\ddot{x}\,\delta x$ in anderer Form darstellen. Dazu rechnen wir

$$\frac{\mathrm{d}}{\mathrm{d}t}(\dot{x}\,\delta x) = \ddot{x}\,\delta x + \dot{x}\frac{\mathrm{d}}{\mathrm{d}t}(\delta x) \;. \tag{1.25}$$

Der zweite Term auf der rechten Seite ist

$$\dot{x}\frac{\mathrm{d}}{\mathrm{d}t}(\delta x) = \dot{x}\,\delta\dot{x} = \frac{1}{2}\delta(\dot{x}^2) \;. \tag{1.26}$$

Damit wird (1.24)

$$\underbrace{F\delta x}_{-\delta E_{pot}} + \underbrace{\frac{m}{2}\delta(\dot{x}^2)}_{\delta E_{kin}} - m\frac{\mathrm{d}}{\mathrm{d}t}(\dot{x}\,\delta x) = 0 \;, \tag{1.27}$$

wobei der erste Term der Variation der potentiellen Energie E_{pot} entspricht und der zweite Term der Variation der kinetischen Energie E_{kin}. Integration entlang der gesamten Bahnkurve von t_0 bis t_1 ergibt

$$\int_{t_0}^{t_1} (\delta E_{kin} - \delta E_{pot})\,\mathrm{d}t - m\dot{x}\,\delta x \Big|_{t_0}^{t_1} = 0 \,. \tag{1.28}$$

Da für t_0 und t_1 gemäß (1.22) $\delta x = 0$ ist, verschwindet der letzte Term auf der linken Seite, und wir erhalten

$$\int_{t_0}^{t_1} \delta(E_{kin} - E_{pot})\,\mathrm{d}t = 0 \,. \tag{1.29}$$

1.3.2 Lagrange-Funktion und Wirkung

Die in (1.29) auftauchende Differenz aus kinetischer und potentieller Energie bezeichnet man als die *Lagrange-Funktion*

$$L = E_{kin} - E_{pot} \tag{1.30}$$

und das Integral von $L = E_{kin} - E_{pot}$ über die Zeit t als die sog. *Wirkung*

$$S = \int_{t_0}^{t_1} (E_{kin} - E_{pot})\,\mathrm{d}t \,. \tag{1.31}$$

Damit schreibt sich (1.29)

$$\delta S = \int_{t_0}^{t_1} \delta(E_{kin} - E_{pot})\,\mathrm{d}t = 0 \,. \tag{1.32}$$

Betrachten wir also einen Körper, der sich gemäß dem Newton'schen Gesetz (1.21) auf einer Bahnkurve $x(t)$ bewegt, so folgt, dass die Variation δS der Wirkung für diese Bahnkurve null ist. Dies bedeutet, dass die Wirkung S für die sich tatsächlich einstellende Bahnkurve $x(t)$ ein Extremum besitzt. Da dieser Wert in der Regel ein Minimum darstellt, spricht man auch von dem Prinzip der kleinsten Wirkung[4], auch Hamilton'sches Prinzip genannt, d.h.

$$-\frac{\mathrm{d}E_{pot}}{\mathrm{d}x} = m\ddot{x} \quad \Longleftarrow \boxed{\text{kleinste Wirkung}} \Longrightarrow \quad \delta\int (E_{kin} - E_{pot})\,\mathrm{d}t = 0 \,.$$

---

[4] Der Begriff Wirkung hat sich historisch entwickelt und ist eher irreführend. Nach [1] sollte es daher auch besser *Prinzip des kleinsten Aufwandes bei größter Wirkung* heißen.

1.3 Der fallende Apfel und das Prinzip der kleinsten Wirkung

Satz 1.4: Die Bewegung eines Massepunktes erfolgt auf einer Kurve kleinster Wirkung.

In der folgenden Box 1.3 werden wir das Prinzip der kleinsten Wirkung auf das einfache Beispiel des fallenden Apfels anwenden und dieses numerisch auswerten.

Box 1.3: Fallender Apfel

Wir untersuchen den Fall eines Apfels mit der Masse $m = 0,2\,\text{kg}$. Die Falldauer betrage $t = 1\,\text{s}$, so dass der Apfel bei einer Gravitationsbeschleunigung von $g = 9,81\,\text{ms}^{-2}$ einen Weg von etwa $4,9\,\text{m}$ zurücklegt (Abb. 1.7).

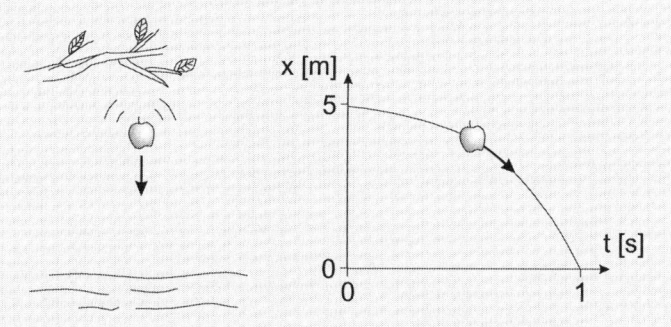

Abb. 1.7: *Fall eines Apfels aus einer Höhe von $4,9\,m$ (links). Trägt man die Höhe x über der Zeit t auf, ergibt sich eine Parabel (rechts)*

Für die Geschwindigkeit $v(t)$ und die Höhe $x(t)$ sowie die kinetische E_{kin} und die potentielle Energie E_{pot} gelten dann die Beziehungen

$$v(t) = gt \quad \Longrightarrow \quad E_{kin} = \frac{1}{2}mv^2 \qquad (1.33)$$

$$x(t) = 4,9\,\text{m} - \frac{g}{2}t^2 \quad \Longrightarrow \quad E_{pot} = mgx\,. \qquad (1.34)$$

Um die numerische Auswertung einfach zu gestalten, diskretisieren wir die Zeitachse. Bei der Falldauer von $1\,\text{s}$ wählen wir in unserem Beispiel fünf Zeitintervalle mit einer Dauer von jeweils $\Delta t = 0,2\,\text{s}$. Die Geschwindigkeit v lässt sich dann an jeder Stützstelle näherungsweise durch die Höhendifferenz geteilt durch das Zeitintervall berechnen. Damit und mit der Lagrange-Funktion $L = E_{kin} - E_{pot}$ erhalten wir dann für die Wirkung anstelle des Integrals (1.31) die Summe

$$S = \sum_{i=1}^{5} L_i \Delta t = 0,2\,\text{s} \sum_{i=1}^{5} L_i\,. \qquad (1.35)$$

Im Folgenden bestimmen wir nun die Wirkung S für verschiedene Fallkurven, die wir mit A, B und C bezeichnen (Abb. 1.8).

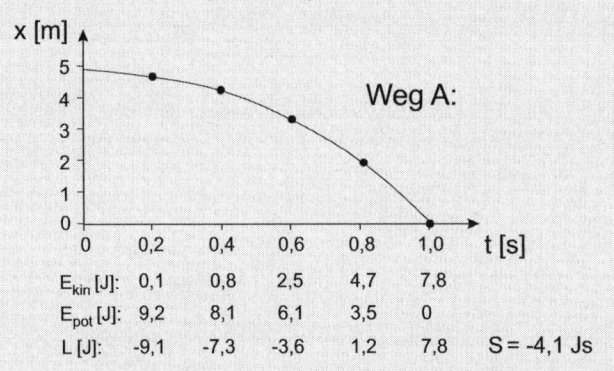

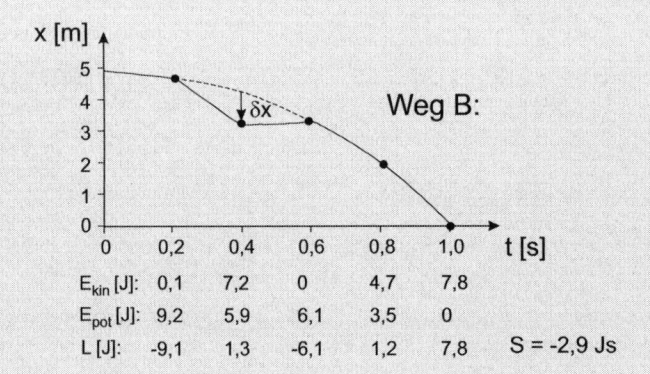

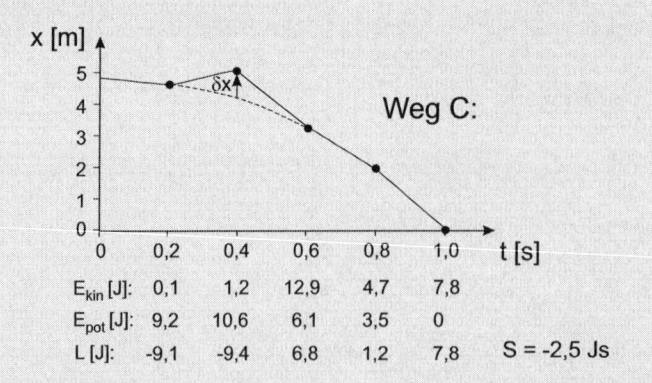

Weg A:

t [s]	0	0,2	0,4	0,6	0,8	1,0
E_{kin} [J]:	0,1	0,8	2,5	4,7	7,8	
E_{pot} [J]:	9,2	8,1	6,1	3,5	0	
L [J]:	-9,1	-7,3	-3,6	1,2	7,8	$S = -4{,}1$ Js

Weg B:

t [s]	0	0,2	0,4	0,6	0,8	1,0
E_{kin} [J]:	0,1	7,2	0	4,7	7,8	
E_{pot} [J]:	9,2	5,9	6,1	3,5	0	
L [J]:	-9,1	1,3	-6,1	1,2	7,8	$S = -2{,}9$ Js

Weg C:

t [s]	0	0,2	0,4	0,6	0,8	1,0
E_{kin} [J]:	0,1	1,2	12,9	4,7	7,8	
E_{pot} [J]:	9,2	10,6	6,1	3,5	0	
L [J]:	-9,1	-9,4	6,8	1,2	7,8	$S = -2{,}5$ Js

Abb. 1.8: *Fallkurve des Apfels (Weg A) und variierte Kurven (Weg B und Weg C). Variationen der Bahn durch Verschieben eines Stützpunktes um δx führen zu Änderungen sowohl der kinetischen Energie E_{kin} als auch der potentiellen Energie E_{pot} und damit auch der Wirkung S. Man erkennt, dass die Wirkung bei Weg A einen minimalen Wert annimmt*

1.3 Der fallende Apfel und das Prinzip der kleinsten Wirkung

Dabei entspricht die sich tatsächlich einstellende Kurve einer Parabel, also dem Weg A. Werten wir die Gleichungen für diesen Fall, aus erhalten wir eine Wirkung von $S = -4,1\,\text{Js}$.

Nun variiieren wir die Bahn, indem wir die Ortskoordinate $x(t_i)$ an einer Stelle t_i um einen Betrag δx nach unten bzw. nach oben verschieben (Weg B bzw. Weg C). Dadurch ändert sich sowohl die potentielle Energie an der entsprechenden Stützstelle als auch die Geschwindigkeit $v(t_i)$ und damit die potentielle Energie und schließlich die Wirkung S, die von dem Wert, den wir für die Parabelbahn gefunden hatten, abweicht. Man erkennt, dass der Wert von S für die Parabelbahn (Weg A) ein Extremum (in diesem Fall ein Minimum) darstellt und bei Variationen der Bahn (Weg B bzw. Weg C) die sich ergebenden Werte jeweils größer sind (Abb. 1.9). Der Apfel folgt also einer Bahnkurve, deren Wirkung ein Minimum ist, was genau der Aussage von Satz 1.4 entspricht.

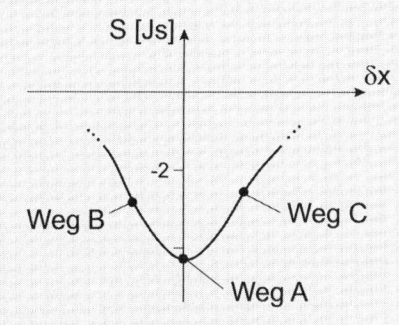

Abb. 1.9: *Wirkung S für verschiedene Bahnkurven. Der Weg A ergibt einen minimalen Wert der Wirkung*

2 Spezielle Relativitätstheorie

Dieses Kapitel führt in die Grundlagen der speziellen Relativitätstheorie ein. Es werden die Effekte der Raumkontraktion und der Zeitdilatation beschrieben, die auch bei der allgemeinen Relativitätstheorie eine wichtige Rolle spielen. Als Ergänzung werden die Raumzeit-Diagramme vorgestellt, die eine anschauliche Darstellung vieler relativistischer Effekte ermöglichen.

2.1 Geschichte der speziellen Relativitätstheorie

Die Äther-Theorie

Bis Ende des 19. Jahrhunderts ging man von der Vorstellung aus, dass zur Ausbreitung von Licht ein Medium nötig sei. Man nahm daher an, dass der Raum und insbesondere das Vakuum mit einer Substanz, dem sog. Äther, ausgefüllt sei. Dieser Äther stellt damit ein absolutes Bezugssystem dar, auf das alle Bewegungen bezogen werden können. Die Umrechnung der Koordinaten von dem Bezugssystem des Äthers in ein zu diesem bewegtes System erfolgt dabei mit der sog. Galilei-Transformation. Die Annahme der Existenz eines Äthers führt jedoch u.a. zu Widersprüchen mit experimentellen Untersuchungen. So deuteten die Experimente von Albert A. Michelson und Edward W. Morley im Jahr 1887 darauf hin, dass die Lichtgeschwindigkeit konstant ist, und zwar unabhängig von dem Bezugssystem, in dem die Messung durchgeführt wird.

Maxwell-Gleichungen und Lorentz-Transformation

Ein weiteres Problem der Äther-Theorie war, dass die nach James C. Maxwell benannten Maxwell-Gleichungen, welche unter anderem die Ausbreitung von Licht beschreiben, unter der Galilei-Transformation nicht invariant sind. Dies führte zu der Suche nach geeigneten Transformationsgleichungen, unter denen die Maxwell-Gleichungen invariant sind. Eine solche Transformation wurde erstmals im Jahr 1887 von Woldemar Voigt angegeben. Diese erfüllte jedoch noch nicht alle Forderungen, wie beispielsweise die der Symmetrie. Ihre endgültige Form erhielten die heute als Lorentz-Transformation bezeichneten Gleichungen dann erst in den Jahren 1892 bis 1905 durch Hendrik Lorentz und Henri Poincaré. Beide hielten jedoch zunächst noch an der Äther-Theorie fest und sprachen den transformierten Raum- und Zeitkoordinaten auch keine reale physikalische Existenz zu.

Einstein und die spezielle Relativitätstheorie

Albert Einstein veröffentlichte seine Arbeit zu dem Thema Relativität Anfang des 20. Jahrhunderts praktisch zeitgleich mit Poincaré. Einstein gelang es, die Lorentz-Transformation, unter der die Maxwell-Gleichungen invariant sind, aus nur wenigen

Annahmen herzuleiten: der Annahme, dass physikalische Gleichungen in sich mit konstanter Geschwindigkeit zueinander bewegenden Bezugssystemen gleichermaßen gültig sind und der Annahme, dass die Lichtgeschwindigkeit unabhängig vom Bezugssystem, in dem die Messung erfolgt, konstant ist. Bedeutsamer war jedoch, dass Einstein als erster den zwischen den Bezugssystemen transformierten Raum- und Zeitkoordinaten eine reale physikalische Existenz zubilligte. Damit war nicht nur die Äther-Theorie überflüssig, sondern Einstein brachte damit auch das bis dahin allgemein akzeptierte Weltbild von einem absoluten Raum und einer absoluten Zeit zum Einsturz.

Die Relativitätstheorie hat also eine lange Vorgeschichte und ist keineswegs das Werk eines einzelnen Wissenschaftlers. Gleichwohl hat Einstein durch seine wegweisende Interpretation der Resultate Neuland betreten und die Relativitätstheorie geprägt wie kein anderer.

2.2 Postulate der speziellen Relativitätstheorie

An dieser Stelle seien nochmals die wenigen Annahmen zusammengefasst, die zur Ableitung der Gleichungen der speziellen Relativitätstheorie nötig sind:

- Die Lichtgeschwindigkeit c ist konstant,
- zueinander gleichförmig bewegte Bezugssysteme, sog. Inertialsysteme, sind gleichberechtigt.

Die erste Annahme folgt aus experimentellen Untersuchungen. Messungen ergeben dabei für die *Lichtgeschwindigkeit*

$$\boxed{c = 2,99 \times 10^8 \text{ m s}^{-1} \,.} \tag{2.1}$$

Die zweite Annahme ist das sog. Relativitätsprinzip, welches aus erkenntnistheoretischen Überlegungen folgt, und welches bereits von Galileo Galilei formuliert wurde.

2.3 Galilei-Transformation

Bevor wir uns mit der relativistischen Physik befassen, ist es hilfreich, zunächst auf die Transformation von Koordinaten im nichtrelativistischen Fall einzugehen. Die entsprechende Transformation ist die bereits erwähnte Galilei-Transformation, die wir hier für den eindimensionalen Fall ableiten werden (Abb. 2.1).

Transformation der Zeitkoordinate

Eine Grundannahme der Newton'schen Physik ist, dass die Zeit eine absolute Größe ist, die unabhängig von dem Bewegungszustand eines Systems ist. Führen wir dennoch

2.3 Galilei-Transformation

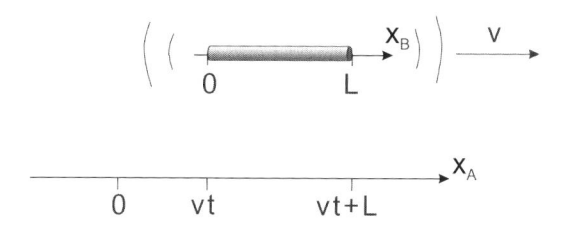

Abb. 2.1: *Die Galilei-Transformation beschreibt den Zusammenhang zwischen den Koordinaten zweier zueinander bewegter Koordinatensysteme im nichtrelativistischen Fall*

formal die Zeitkoordinaten t_A und t_B für zwei sich relativ zueinander bewegten Bezugssysteme ein, erhalten wir also für den Zusammenhang zwischen den beiden Größen die *Galilei-Transformation der Zeitkoordinate*

$$t_B = t_A \,, \qquad (2.2)$$

so dass wir der Einfachheit halber im Folgenden die Zeit einfach mit t bezeichnen.

Transformation der Ortskoordinate

Gesucht ist nun eine Gleichung, die uns die Ortskoordinate x_A eines ruhenden Systems A in die Ortskoordinate x_B eines bewegten Systems B - hier ein Stab mit der Länge L - umrechnet. Dabei bewege sich das System B mit der Geschwindigkeit v relativ zu dem System A. In der entsprechenden Darstellung (Abb. 2.1) befindet sich das linke Stabende im bewegten System bei $x_B = 0$, während es sich im ruhenden System bei $x_A = vt$ befindet. Entsprechend gilt für das rechte Stabende die Transformation

$$x_B = L \quad \longrightarrow \quad x_A = vt + L \,. \qquad (2.3)$$

Daraus folgt unmittelbar die *Galilei-Transformation der Ortskoordinate*

$$x_B = x_A - vt \,. \qquad (2.4)$$

Invarianzelement im nichtrelativistischen Fall

Für die nachfolgenden Betrachtungen wird es sich als wichtig erweisen, Größen zu finden, die transformationsinvariant sind. Für den nichtrelativistischen Fall ist es nun leicht zu zeigen, dass die Länge eines Objektes eine solche Größe ist, die sich bei der Galilei-Transformation nicht ändert. Dazu messen wir zunächst die Länge eines Stabes im ruhenden System, wenn der Stab in dem bewegten System die Länge L hat. Transformieren wir mit (2.4) die Ortskoordinaten der beiden Enden des Stabes ($x_B = 0$ und $x_B = L$) in die Koordinaten des ruhenden Systems, ergibt dies $x_A = vt$ bzw. $x_A = L + vt$, wie man auch direkt aus Abb. 2.1 entnehmen kann. Durch Differenzbildung sieht man, dass die Länge des Stabes im ruhenden System ebenfalls den Wert L hat. Die Länge eines Körpers ist damit invariant gegenüber der Galilei-Transformation. Diese Aussage gilt selbstverständlich auch im dreidimensionalen Raum. Definieren wir das *Wegelement im Raum*

$$\mathrm{d}s^2 = \mathrm{d}x^2 + \mathrm{d}y^2 + \mathrm{d}z^2 \,, \qquad (2.5)$$

lässt sich die allgemeine Aussage formulieren, dass das Wegelement im Raum invariant gegenüber der Galilei-Transformation ist.

> **Satz 2.1:** Die Länge des Wegelementes im Raum ist invariant unter der Galilei-Transformation.

Im nächsten Abschnitt werden wir nun sehen, dass aus der Relativitätstheorie folgt, dass sowohl Zeit- als auch Längenintervalle nicht mehr unabhängig von dem Bewegungszustand des Systems sind. Die Galilei-Transformation gilt daher nur im nichtrelativistischen Fall und muss im Allgemeinen durch die sog. Lorentz-Transformation ersetzt werden, die wir im Abschnitt 2.5 ableiten.

2.4 Raumkontraktion und Zeitdilatation

2.4.1 Zeitdilatation

Ruhende Uhr

Eine Uhr, welche die Zeit t_B anzeigt, befinde sich zunächst in Ruhe zu einem Beobachter mit einer zweiten Uhr, welche die Zeit t_A anzeigt (Abb. 2.2). Beide Uhren laufen synchron, so dass $t_A = t_B$. Die Uhr t_B sei dabei als eine Lichtuhr ausgeführt, bei der der Zeittakt durch das Hin- und Herlaufen eines Lichtstrahls vorgegeben ist, was die nachfolgenden Betrachtungen vereinfacht. Eine Zeiteinheit bestimmt sich dann aus der Zeit, die der Lichtstrahl benötigt, um die Strecke $2l$ zwischen den Spiegeln zu durchlaufen, also

$$\Delta t_B = \frac{2l}{c} . \tag{2.6}$$

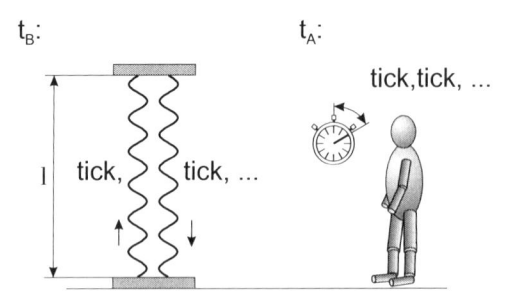

Abb. 2.2: *Eine Uhr, die sich relativ zu einem Beobachter in Ruhe befindet, zeigt die gleiche Zeit t_B an wie die Uhr des Beobachters, welche t_A anzeigt*

2.4 Raumkontraktion und Zeitdilatation

> **Hendrik Antoon Lorentz** (* 18. Juli 1853 in Arnhem; † 4. Februar 1928 in Haarlem) war ein niederländischer Mathematiker und Physiker. Lorentz war Professor in Leiden und später Direktor des Teyler-Laboratoriums in Haarlem.
> Er führte die Längen-Kontraktion (Lorentz-Kontraktion) sowie die Lorentz-Transformation ein und zeigte, dass die Masse eines Körpers von dessen Geschwindigkeit abhängig ist. Damit legte er wichtige Grundlagen für die später von Albert Einstein entwickelte spezielle Relativitätstheorie.
> Lorentz beschäftigte sich unter anderem auch mit der Dispersion und der Brechung von Licht, was er mit Hilfe der von James C. Maxwell entwickelten Theorie erklären konnte. Zudem entwickelte er die sog. Elektronentheorie, welche die bei der Äthertheorie auftretenden Widersprüche beseitigte, die aber später durch die spezielle Relativitätstheorie, die ohne die Annahme eines Äthers auskam, abgelöst wurde. Lorentz erhielt 1902 den Nobelpreis für Physik. (Bild: akg-images)

Bewegte Uhr

Nun bewege sich die Uhr t_B mit der Geschwindigkeit v relativ zu dem Beobachter (Abb. 2.3). Dann muss das Licht, um von einem Spiegel zum anderen und wieder

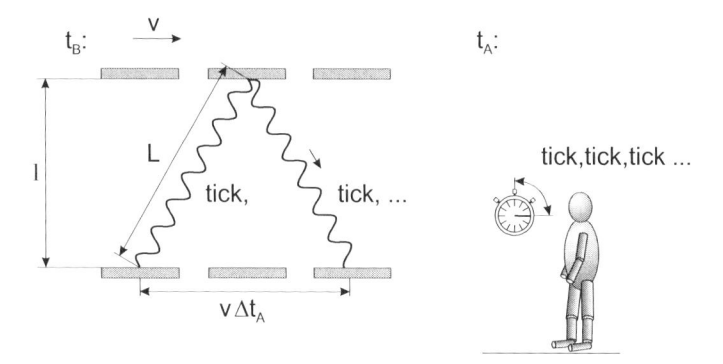

Abb. 2.3: *Die Zeit t_B, die der Beobachter von der sich relativ zu ihm bewegenden Uhr abliest, ist geringe als die von seiner Uhr angezeigte Zeit t_A*

zurück zu gelangen, aus Sicht des Beobachters eine größere Strecke $2L$ zurücklegen. Die aus Sicht des Beobachters dazu nötige Zeit Δt_A beträgt dann

$$\Delta t_A = \frac{2L}{c} . \tag{2.7}$$

Da die Lichtgeschwindigkeit c - unabhängig von dem Bewegungszustand der Uhr - für den Beobachter konstant ist, ist demnach $t_A > t_B$, d.h. die sich bewegende Uhr t_B geht aus Sicht des Beobachters langsamer. Der Zusammenhang zwischen der Zeit t_A des Beobachters und der Zeit t_B der sich bewegenden Uhr ergibt sich aus geometrischen

Überlegungen. So ist

$$L^2 = l^2 + \left(\frac{v\Delta t_A}{2}\right)^2 , \qquad (2.8)$$

wobei l der vertikale Abstand der beiden Spiegel ist. Elimination von l durch Einsetzen von (2.6) in (2.8) ergibt die Beziehung

$$\boxed{\Delta t_A = \frac{1}{\sqrt{1-v^2/c^2}}\Delta t_B .} \qquad (2.9)$$

Dies bedeutet, dass der Beobachter von seiner Uhr eine größere Zeit t_A abliest als auf der bewegten Uhr t_B angezeigt wird. Verwenden wir zur Abkürzung des Wurzelausdrucks den sog. *Gamma-Faktor*

$$\gamma = \frac{1}{\sqrt{1-v^2/c^2}} \qquad (2.10)$$

ergibt sich aus (2.9) schließlich für die *Zeitdilatation*

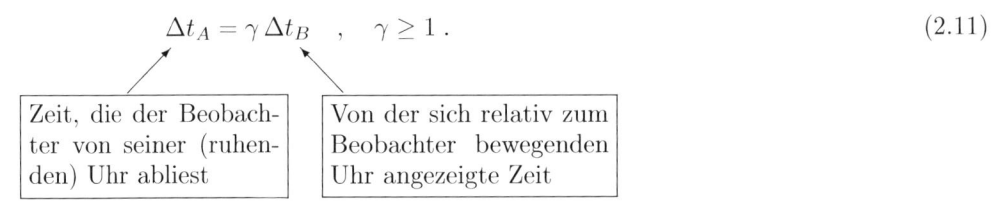

$$\Delta t_A = \gamma\,\Delta t_B \quad , \quad \gamma \geq 1 . \qquad (2.11)$$

- Δt_A: Zeit, die der Beobachter von seiner (ruhenden) Uhr abliest
- Δt_B: Von der sich relativ zum Beobachter bewegenden Uhr angezeigte Zeit

Dabei geht γ für kleine Geschwindigkeiten ($v \ll c$), also im nichtrelativistischen Fall, gegen eins; mit zunehmender Geschwindigkeit wird γ immer größer und geht für $v = c$ gegen unendlich.

Für einen ruhenden Beobachter vergeht die Zeit einer bewegten Uhr also um so langsamer, je schneller diese sich bewegt. Bewegt sich die Uhr mit Lichtgeschwindigkeit, bleibt die Uhr aus Sicht des Beobachters stehen.

Satz 2.2: Eine bewegte Uhr scheint langsamer zu laufen als eine ruhende.

2.4.2 Raumkontraktion

Ein ähnlicher Effekt wie bei der Zeitmessung ergibt sich, wenn ein ruhender Beobachter die Länge eines sich relativ zu ihm bewegenden Objektes misst. Hier tritt eine scheinbare Verkürzung des Objektes auf, wie im Folgenden gezeigt wird.

Wir betrachten zunächst eine ruhende Lichtuhr mit der Länge Δx_B (Abb. 2.5). Der

2.4 Raumkontraktion und Zeitdilatation

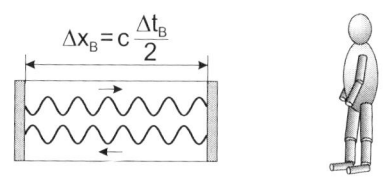

Abb. 2.4: *Lichtuhr der Länge Δx_B, deren Zeittakt Δt_B durch das Hin- und Herlaufen einer Lichtwelle definiert ist*

Zeittakt Δt_B der Uhr sei durch die Laufzeit des Lichts von einem Spiegel zum anderen und wieder zurück definiert, so dass

$$\Delta t_B = 2\Delta x_B/c \, . \tag{2.12}$$

Nun bewege sich die Lichtuhr parallel zur Ausbreitungsrichtung des Lichts mit der Geschwindigkeit v (Abb. 2.5). Offensichtlich muss das Licht nun eine längere Strecke

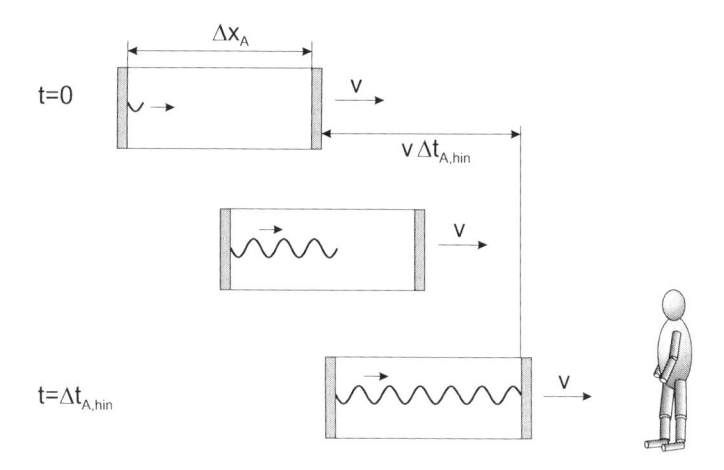

Abb. 2.5: *Bewegt sich die Lichtuhr in die gleiche Richtung, in die sich das Licht ausbreitet, verlängert sich der Weg, den das Licht von einem Spiegel zum andern zurücklegen muss*

zurücklegen, wenn es vom linken zum rechten Spiegel läuft, da sich die Uhr während der Lichtlaufzeit ebenfalls nach rechts bewegt. Wir bestimmen nun die Zeit $t_{A,hin}$, die der Lichtstrahl benötigt, um vom linken Ende der Lichtuhr zum rechten Ende zu gelangen. Aus Abb. 2.5 folgt

$$\Delta t_{A,hin} = \frac{\Delta x_A + v\Delta t_{A,hin}}{c} \, . \tag{2.13}$$

Lösen wir dies nach $\Delta t_{A,hin}$ auf, erhalten wir

$$\Delta t_{A,hin} = \frac{\Delta x_A}{c - v} \, . \tag{2.14}$$

Entsprechendes gilt für die Zeit $t_{A,rueck}$, die der Lichtstrahl benötigt, um vom rechten Ende der Uhr wieder zum linken Ende zurückzulaufen, wobei sich hier der zurückzulegende Weg verkürzt. Wir erhalten

$$\Delta t_{A,rueck} = \frac{\Delta x_A - v \Delta t_{A,rueck}}{c} = \frac{\Delta x_A}{c + v} \ . \tag{2.15}$$

Für die gesamte Dauer eines Zeittaktes t_A, der durch das Hin- und Herlaufen des Lichtstrahls definiert ist, ergibt sich damit für die sich bewegende Uhr

$$\Delta t_A = \Delta t_{A,hin} + \Delta t_{A,rueck} \tag{2.16}$$

$$= \frac{\Delta x_A}{c - v} + \frac{\Delta x_A}{c + v} = \frac{2 \Delta x_A / c}{1 - \frac{v^2}{c^2}}. \tag{2.17}$$

Drücken wir nun Δt_A durch die im bewegten System vergangene Zeit t_B gemäß (2.9) aus, erhalten wir unter Verwendung von (2.12) die Beziehung für die *Raumkontraktion*

$$\boxed{\Delta x_A = \sqrt{1 - v^2/c^2}\, \Delta x_B \ .} \tag{2.18}$$

Ein Objekt, das die Länge Δx_B hat, wenn es relativ zum Beobachter ruht, erscheint also für den Beobachter verkürzt, wenn es sich relativ zu diesem bewegt. Mit dem bereits definierten Gamma-Faktor (2.10) wird

$$\Delta x_A = \frac{1}{\gamma} \Delta x_B \ , \quad \gamma \geq 1 \ . \tag{2.19}$$

| Länge des sich relativ zum Beobachter bewegenden Objektes | Länge des relativ zum Beobachter ruhenden Objektes |

Satz 2.3: Ein bewegter Körper erscheint in Bewegungsrichtung verkürzt.

2.5 Lorentz-Transformation

Für den nichtrelativistischen Fall hatten wir gezeigt, dass die Koordinaten eines ruhenden und eines bewegten Koordinatensystems mit Hilfe der Galilei-Transformation ineinander umgerechnet werden können. Wir werden nun eine entsprechende Transformation für den relativistischen Fall, die Lorentz-Transformation, ableiten, wobei wir berücksichtigen, dass in einem bewegten System die Effekte der Zeitdilatation und der Längenkontraktion auftreten.

Transformation der Ortskoordinate

Wir betrachten zwei sich mit der Geschwindigkeit v aneinander vorbei bewegende Koordinatensysteme (Abb. 2.6). Zunächst liege ein Stab der Länge L in dem bewegten System B. Der ruhende Beobachter befindet sich in dem System A. In diesem liegt zur Zeit t_A das linke Ende des Stabes bei $x_A = vt_A$. Da für den ruhenden Beobachter die

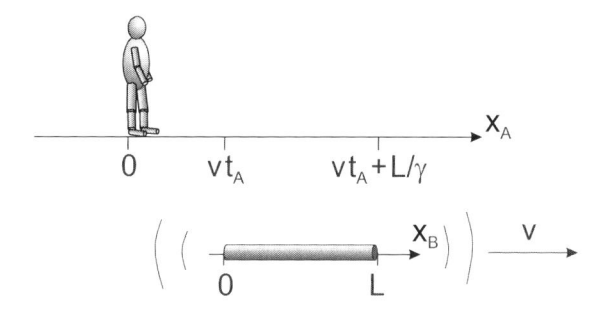

Abb. 2.6: *Umrechnung der Koordinaten zweier relativ zueinander bewegter Koordinatensysteme im relativistischen Fall mittels der Lorentz-Transformation. Im System des Beobachters erscheint der sich relativ zu ihm bewegende Stab verkürzt*

Länge des bewegten Stabes nur L/γ beträgt, liegt zur gleichen Zeit das rechte Ende des Stabes bei $x_A = vt_A + L/\gamma$. Es gilt also die Transformation

$$x_B = L \quad \longrightarrow \quad x_A = vt_A + L/\gamma . \tag{2.20}$$

Setzen wir nun die linke Seite von (2.20) in die rechte ein und lösen nach x_B auf, erhalten wir die Gleichung für die *Lorentz-Transformation der Ortskoordinate*

$$\boxed{x_B = \gamma(x_A - vt_A) .} \tag{2.21}$$

Transformation der Zeitkoordinate

Nun betrachtet der Beobachter die Situation aus Sicht des Stabes. Dieser ruht also mit dem Beobachter in dem System A, während sich System B relativ zum Beobachter mit der Geschwindigkeit $-v$, also nach links, bewegt (Abb. 2.7). Zur Zeit t_B liegt dann das linke Ende das Stabes bei $x_B = -vt_B$ und das rechte Ende bei $x_B = -vt_B + L/\gamma$. Es gilt also nun die Transformation

$$x_A = L \quad \longrightarrow \quad x_B = -vt_B + L/\gamma . \tag{2.22}$$

Wir setzen wieder die linke Seite in die rechte Seite von (2.22) ein und erhalten

$$x_B = -vt_B + x_A/\gamma . \tag{2.23}$$

Dort ersetzen wir x_B durch (2.21) und erhalten nach Umformung die Gleichung für die *Lorentz-Transformation der Zeitkoordinate*

$$\boxed{t_B = \gamma\left(t_A - \frac{v}{c^2}x_A\right) .} \tag{2.24}$$

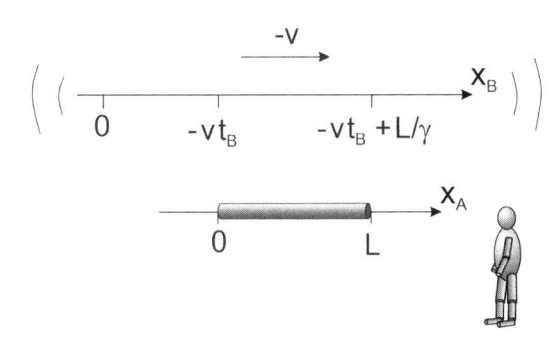

Abb. 2.7: *Der gleiche Vorgang wie in Abb. 2.6 aus Sicht des relativ zum Stab ruhenden Beobachters. Der Stab hat für den Beobachter die Länge L, das bewegte Koordinatensystem erscheint jedoch verkürzt*

Die beiden Gleichungen der Lorentz-Transformation (2.21) und (2.24) ermöglichen also zwischen den Orts- bzw. Zeitkoordinaten eines ruhenden und denen eines bewegten Bezugssystems umzurechnen.

Lorentz-Transformation im nichtrelativistischen Fall

Für den Fall kleiner Geschwindigkeiten, d.h. $v \ll c$, geht der Gamma-Faktor (2.10) gegen den Wert 1. Man erkennt also, dass die Lorentz-Transformation (2.21) und (2.24) im nichtrelativistischen Fall in die Galilei-Transformation (2.2) und (2.4) übergeht. Die Lorentz-Transformation gilt daher allgemein für sich mit der Geschwindigkeit v zueinander bewegenden Bezugssystemen, während die Galilei-Transformation den Spezialfall für kleine Geschwindigkeiten darstellt.

Satz 2.4: Im nichtrelativistischen Fall geht die Lorentz-Transformation in die Galilei-Transformation über.

2.6 Invarianzelement im relativistischen Fall

Die Raumzeit

Im relativistischen Fall sind Zeit- und Raumkoordinaten vom Bewegungszustand des Beobachters abhängig und über die Lorentz-Transformation miteinander verknüpft. Es ist daher naheliegend, Zeit- und Raumkoordinaten zu der sog. *Raumzeit* zusammenzufassen. Dabei multipliziert man die Zeitkoordinate t mit der Lichtgeschwindigkeit c, so dass alle vier Koordinaten der Raumzeit die Einheit einer Länge haben. Ein Ereignis in der vierdimensionalen Raumzeit wird damit durch einen Punkt mit den Koordinaten (ct, x, y, z) beschrieben.

2.6 Invarianzelement im relativistischen Fall

Satz 2.5: Die Raumzeit ist eine vierdimensionale Struktur, in der die Raumkoordinaten mit der Zeitkoordinate verknüpft sind.

Das Invarianzelement der Raumzeit

Im nichtrelativistischen Fall hatten wir gesehen, dass die Koordinaten eines ruhenden und eines bewegten Koordinatensystems mit der Galilei-Transformation ineinander umgerechnet werden können und dass die Länge des Wegelementes ds des Raumes (2.5) invariant unter der Galilei-Transformation ist (Satz 2.1). Wir suchen nun für den relativistischen Fall, in dem die Koordinaten eines ruhenden und eines bewegten Koordinatensystems mittels der Lorentz-Transformation verknüpft sind, eine entsprechende transformationsinvariante Größe. Diese invariante Größe ist das sog. *Wegelement der Raumzeit*

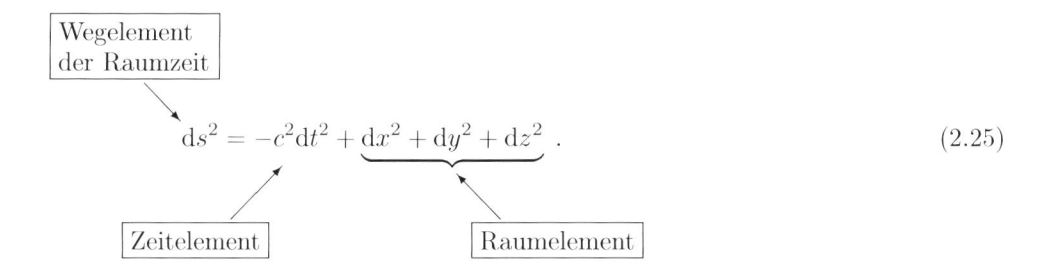

Wegelement der Raumzeit
$$ds^2 = \underbrace{-c^2 dt^2}_{\text{Zeitelement}} + \underbrace{dx^2 + dy^2 + dz^2}_{\text{Raumelement}} \,. \tag{2.25}$$

Die Besonderheit des Wegelementes der Raumzeit ist, dass es nicht nur die Raum-, sondern auch die Zeitkoordinate ct enthält, wobei das Zeitelement mit einem negativen Vorzeichen auftaucht.[1]

Satz 2.6: Im Wegelement der Raumzeit taucht der zeitliche Anteil mit einem negativen Vorzeichen auf.

Wir zeigen nun, dass genau dieses Wegelement, bei dem der räumliche und der zeitliche Anteil mit entgegengesetzten Vorzeichen auftauchen, invariant gegenüber der Lorentz-Transformation ist. Um die Rechnung übersichtlich zu halten, beschränken wir uns dabei auf eine Ortskoordinate und bezeichnen das in einen Koordinatensystem A gemessene Längen- bzw. Zeitintervall mit Δx_A bzw. Δt_A. Dann ergibt sich aus (2.25)

$$\Delta s_A^2 = -c^2 \Delta t_A^2 + \Delta x_A^2 \,. \tag{2.26}$$

Transformieren wir diese Größe nun von dem Koordinatensystem A in ein anderes Koordinatensystem B, welches sich relativ zu A mit der Geschwindigkeit v in x-Richtung bewegt, so erhalten wir unter Verwendung der Lorentz-Transformationsgleichungen (2.21)

---

[1] Oft wird auch eine andere Vorzeichenkonvention verwendet, bei der der zeitliche Anteil mit einem positiven und der räumliche Anteil mit einem negativen Vorzeichen versehen ist.

und (2.24)

$$\Delta s_B^2 = -c^2 \Delta t_B^2 + \Delta x_B^2 \tag{2.27}$$

$$= \gamma^2 \left[-c^2 \left(\Delta t_A - \frac{v}{c^2} \Delta x_A \right)^2 + (\Delta x_A - v\,\Delta t_A)^2 \right] \tag{2.28}$$

$$= \gamma^2 \left[-\left(1 - \frac{v^2}{c^2}\right) c^2 \Delta t_A^2 + \left(1 - \frac{v^2}{c^2}\right) \Delta x_A^2 \right] \tag{2.29}$$

$$= -c^2 \Delta t_A^2 + \Delta x_A^2 \tag{2.30}$$

$$= \Delta s_A^2 \;. \tag{2.31}$$

Die Länge des Raumzeit-Elements

$$\Delta s^2 = -c^2 \Delta t^2 + \Delta x^2 \tag{2.32}$$

ändert sich daher bei der Lorentz-Transformation nicht. Allgemein gilt daher die Aussage, dass im relativistischen Fall nicht das Wegelement des Raumes, sondern das Wegelement der Raumzeit eine invariante Größe ist.

> **Satz 2.7:** Das Wegelement der Raumzeit ist invariant gegenüber der Lorentz-Transformation.

Das Raumzeit-Element von Licht

Ein wichtiger Sonderfall ist die Ausbreitung von Licht. Legen wir der Einfachheit halber das Koordinatensystem so, dass sich das Licht z.B. in x-Richtung ausbreitet, gilt $dx = c\,dt$, $dy = dz = 0$. Damit erhalten wir aus (2.25) das *Raumzeit-Element von Licht*

$$\boxed{ds^2 = 0 \quad \text{für Licht}} \;. \tag{2.33}$$

2.7 Eigenzeit

Eine weitere wichtige Größe ist die Zeit, die eine in einem System mitgeführte Uhr anzeigt (Abb. 2.8). Diese bezeichnet man als Eigenzeit τ, während die Zeit, die ein außerhalb des Systems ruhender Beobachter misst, Koordinatenzeit t genannt wird.

> **Satz 2.8:** Eigenzeit ist die Zeit, die eine in einem System ruhende Uhr anzeigt.

Die Eigenzeit bestimmt sich aus (2.25), wenn wir dort $dx = dy = dz = 0$ setzen, so dass die Uhr dann in dem bewegten System ruht. Damit gilt für die *Eigenzeit*

$$\boxed{ds^2 = -c^2 d\tau^2} \;. \tag{2.34}$$

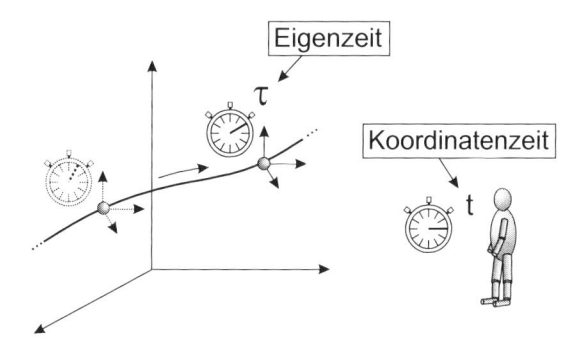

Abb. 2.8: *Eine in einem bewegten System mitgeführte Uhr zeigt die Eigenzeit τ an, während ein außerhalb des Systems ruhender Beobachter die Koordinatenzeit t misst*

Mit der Beziehung für die Zeitdilatation (2.9) können wir zwischen der Eigenzeit τ und der Koordinatenzeit t des ruhenden Beobachters, umrechnen. Wir erhalten

$$\mathrm{d}\tau = \frac{1}{\gamma}\mathrm{d}t \tag{2.35}$$

$$= \sqrt{1 - v^2/c^2}\,\mathrm{d}t\,. \tag{2.36}$$

Für kleine Geschwindigkeiten, d.h. $v \ll c$ lässt sich der Wurzelausdruck durch die ersten Glieder der Taylor-Reihenentwicklung annähern, und wir erhalten den Ausdruck

$$\mathrm{d}\tau \approx \left(1 - \frac{1}{2}\frac{v^2}{c^2}\right)\mathrm{d}t\,, \tag{2.37}$$

den wir später noch verwenden werden. Weiterhin erkennt man aus (2.36), dass für den Fall $v = 0$, die Eigenzeit τ gleich der Koordinatenzeit t ist.

Die Eigenzeit von Licht

Auch hier stellt das Licht wieder einen wichtigen Sonderfall dar. Mit (2.33) folgt aus (2.34) für die *Eigenzeit von Licht*

$$\boxed{\mathrm{d}\tau = 0 \quad \text{für Licht}}\,. \tag{2.38}$$

Für Licht vergeht also keine Eigenzeit, was auch mit der Aussage, Licht altert nicht, umschrieben wird. Dies folgt auch aus der Gleichung für die Zeitdilatation (2.11), da, während ein ruhender Beobachter auf seiner Uhr ein endliches Zeitintervall abliest, auf der bewegten Uhr immer weniger Zeit vergeht, wenn der γ-Faktor größer wird.

2.8 Vierervektoren

Wir hatten bereits in Abschnitt 2.6 die Raum- und Zeitkoordinaten zu der vierdimensionalen Raumzeit zusammengefasst.

Wir können damit den sog. *Vierervektor der Raumzeit*

$$\mathbf{x} = \begin{pmatrix} ct \\ x \\ y \\ z \end{pmatrix} \tag{2.39}$$

definieren. Der damit aufgespannte vierdimensionale Raum wird auch als Minkowski-Raum bezeichnet.

Vierer-Geschwindigkeit

Entsprechend erhält man die *Vierer-Geschwindigkeit*

$$\mathbf{u} = \frac{d\mathbf{x}}{d\tau}, \tag{2.40}$$

welche als die Ableitung der Raumzeit nach der Eigenzeit definiert ist. Mit (2.35) können wir schreiben

$$\mathbf{u} = \frac{d\mathbf{x}}{dt}\frac{dt}{d\tau} = \gamma \frac{d\mathbf{x}}{dt} \tag{2.41}$$

und erhalten so mit (2.39)

$$\mathbf{u} = \gamma \begin{pmatrix} c \\ v_x \\ v_y \\ v_z \end{pmatrix}. \tag{2.42}$$

Dabei sind die Größen v_i die Geschwindigkeitskomponenten in die einzelnen Koordinatenrichtungen. Diese sind jeweils definiert als die Änderung des Ortes bezogen auf die Koordinatenzeit t und entsprechen damit der Geschwindigkeit, wie wir sie im normalen Sprachgebrauch verwenden.

Vierer-Impuls

Analog zu der Vierer-Geschwindigkeit lässt sich der *Vierer-Impuls*

$$\mathbf{p} = m\mathbf{u} = m\gamma \begin{pmatrix} c \\ v_x \\ v_y \\ v_z \end{pmatrix} \tag{2.43}$$

definieren. Für die erste Komponente dieses Vektors gilt

$$mc\gamma = mc\frac{1}{\sqrt{1-v^2/c^2}} \approx \frac{1}{c}(mc^2 + \frac{1}{2}mv^2 + ...), \tag{2.44}$$

wobei wir bei der letzten Umformung den Wurzelausdruck durch eine Taylor-Reihe angenähert haben. Definiert man den Klammerausdruck auf der rechten Seite als die

Energie E, können wir die erste Komponente des Vierer-Impulses, die wir mit p_0 bezeichnen, auch in der Form

$$p_0 = \frac{E}{c} \tag{2.45}$$

darstellen. Des Weiteren sieht man, dass der zweite Term in der Klammer der kinetischen Energie entspricht. Für $v = 0$ verschwinden alle Terme mit v, und es bleibt nur der erste Term in der Klammer übrig, der demzufolge der sog. *Ruheenergie*

$$\boxed{E_{ruhe} = mc^2} \tag{2.46}$$

entspricht.

2.9 Raumzeit-Diagramme

2.9.1 Definition des Raumzeit-Diagramms

Zur Darstellung von Vorgängen in der speziellen Relativitätstheorie bieten sich die sog. Raumzeit-Diagramme an, in denen die Zeit- über der Ortskoordinate aufgetragen wird. Dabei multipliziert man üblicherweise die Zeitkoordinate t mit der Lichtgeschwindigkeit c, so dass beide Achsen des Diagramms die Einheit einer Länge haben. In solchen Raumzeit-Diagrammen lassen sich Ereignisse bzw. die Abfolge von Ereignissen sehr anschaulich als Punkt bzw. als Kurve, den sog. Weltlinien, darstellen. Als Beispiel betrachten wir das in Abb. 2.9 dargestellte Diagramm.

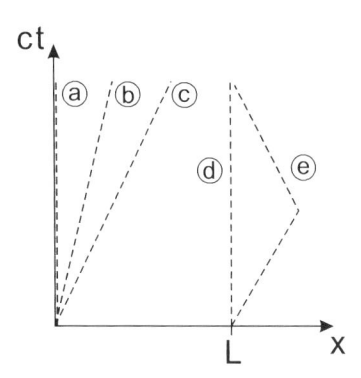

Abb. 2.9: *Beispiele für Weltlinien in einem Raumzeit-Diagramm. Erläuterung siehe Text*

Die Weltlinie ⓐ zeigt beispielsweise einen Körper, der an der Stelle $x = 0$ ruht. Die Weltlinie ist eine vertikale Gerade. Die Weltlinie ⓑ zeigt einen Körper, der sich mit konstanter Geschwindigkeit nach rechts bewegt. Ist die Geschwindigkeit höher, ist auch die Neigung größer, wie die Weltlinie ⓒ zeigt. Ein an der Stelle $x = L$ ruhender Körper hat entsprechend die Weltlinie ⓓ. Ein letztes Beispiel ist ein Körper der sich zunächst von L aus mit konstanter Geschwindigkeit in positive x-Richtung und dann wieder zurück zu L bewegt, was die Weltlinie ⓔ ergibt.

An dieser Stelle sei auf eine wichtige Einschränkung bei der Verwendung von Raumzeit-Diagrammen in der speziellen Relativitätstheorie hingewiesen. In diesen Diagrammen lassen sich zwar beliebige Vorgänge darstellen, das entsprechende Bezugssystem darf jedoch selbst nicht beschleunigt sein, da die spezielle Relativitätstheorie nicht für beschleunigte Systeme gilt.

> **Satz 2.9:** Raumzeit-Diagramme dürfen nur für nicht beschleunigte Bezugssysteme konstruiert werden.

Konstruktion der Zeitachse

Da sich jedes nicht beschleunigte System, d.h. jedes Inertialsystem, als ruhend betrachten kann, hat auch jedes Inertialsystem ein eigenes Raumzeit-Diagramm. Wir wollen nun der Frage nachgehen, wie sich das Raumzeit-Diagramm eines Systems B in dem Raumzeit-Diagramm eines Systems A darstellen lässt, wenn sich beide mit der Relativgeschwindigkeit v aneinander vorbeibewegen. Wir betrachten das System A als ruhend und nehmen an, dass zur Zeit $t = 0$ beide Nullpunkte an einem Ort liegen. Die Weltlinie eines im System B ruhenden Körpers verläuft dann im System B entlang der Zeitachse t_B. Vom System A aus gesehen bewegt sich der Körper jedoch mit der Geschwindigkeit v vom Nullpunkt weg, so dass für die Ortskoordinate $x_A = v\,t$ gilt. Die Weltlinie im System A ist demnach eine nach rechts geneigte Gerade, die nach dem oben Gesagten der Zeitachse des Systems B entsprechen muss (Abb. 2.10). Die Neigung ist dabei um so größer, je höher die Geschwindigkeit v ist, wobei für den Fall $v = c$ die Gerade eine Steigung von eins hat.

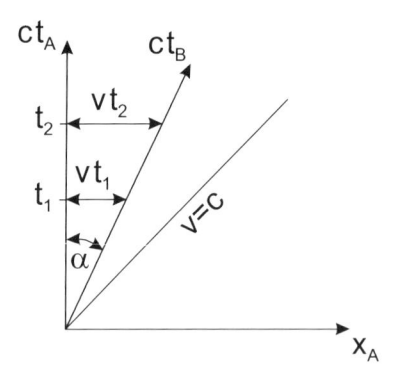

Abb. 2.10: *Aus Sicht des ruhenden Systems A ist die Zeitachse ct_B eines sich relativ zu A bewegten Systems B geneigt*

Konstruktion der Ortsachse

Die Ortsachse eines Raumzeit-Diagramms ist für einen Beobachter, der in dem entsprechenden System ruht, eine Linie der Gleichzeitigkeit, da alle auf ihr liegenden Ereignisse

2.9 Raumzeit-Diagramme

zur gleichen Zeit, z.B. $t = 0$, stattfinden. Entsprechendes gilt auch für alle zur Ortsachse parallel verschobenen Achsen. Um also die Ortsachse zu konstruieren, müssen wir lediglich zwei Ereignisse finden, die für einen Beobachter gleichzeitig stattfinden. Trägt man diese Ereignisse in das Raumzeit-Diagramm ein und verbindet die Punkte, erhält man eine Parallele zur Ortsachse [3].

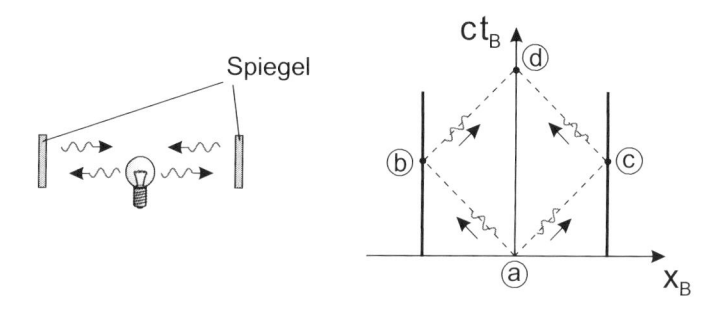

Abb. 2.11: Konstruktion gleichzeitiger Ereignisse durch Aussendung zweier Lichtblitze in positive und negative x-Richtung. Schematische Darstellung (links) und Darstellung im Raumzeit-Diagramm (rechts). Erläuterungen siehe Text

Wir erhalten zwei für den Beobachter im System B gleichzeitige Ereignisse, indem wir in jeweils gleichem Abstand links und rechts von dem Beobachter Spiegel fest anbringen (Abb. 2.11). Beobachter und Spiegel ruhen also im System B. Zur Zeit $t = 0$ sendet der Beobachter einen Lichtblitz aus (ⓐ). Das Licht wird dann von den beiden Spiegeln reflektiert (ⓑ und ⓒ) und läuft zurück zum Beobachter, wo es zeitgleich eintrifft (ⓓ). Da die Spiegel gleich weit vom Beobachter entfernt sind, finden die Reflexionen an den Spiegeln also gleichzeitig statt.

Nun tragen wir den oben beschriebenen Vorgang in das Raumzeit-Diagramm des Systems A ein. Da sich System B mit der Geschwindigkeit v relativ zu A bewegt, sind also die Weltlinien des Beobachters sowie der beiden Spiegel entsprechend gekippt (Abb. 2.12, links). Da die Lichtgeschwindigkeit in allen Systemen die gleiche ist, laufen die Lichtstrahlen stets im 45°-Winkel. Wir konstruieren nun eine Gerade, die die beiden gleichzeitigen Ereignisse ⓑ und ⓒ miteinander verbindet (Abb. 2.12, rechts) Diese Gerade ist eine Achse der Gleichzeitigkeit und damit nach dem oben gesagten eine Parallele zur Ortsachse. Da die Ortsachse durch den Nullpunkt laufen muss, lässt sich diese leicht durch einfache Parallelverschiebung konstruieren.

Satz 2.10: Für einen Beobachter finden Ereignisse, die auf der Ortsachse des Raumzeit-Diagramms oder dazu parallelen Linien liegen, gleichzeitig statt.

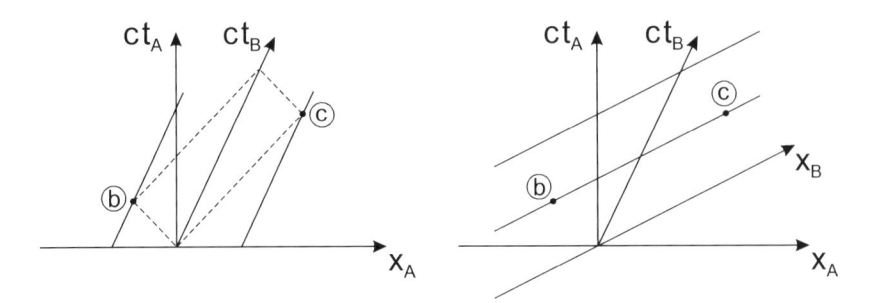

Abb. 2.12: *Konstruktion der Ortsachse des bewegten Koordinatensystems. Eintrag der gleichzeitigen Ereignisse ⓑ und ⓒ in das Raumzeit-Diagramm* (links). *Konstruktion der Ortsachse durch Parallelverschiebung der Achse, auf der die gleichzeitigen Ereignisse liegen* (rechts)

Skalierung des Raumzeit-Diagramms

Um aus dem Raumzeit-Diagramm quantitative Ergebnisse abzuleiten, ist es nötig, die Achsen zu skalieren. Dabei nutzen wir die bereits abgeleitete Beziehung für das Invarianzintervall (2.32)

$$s^2 = -(ct)^2 + x^2 \; . \tag{2.47}$$

Setzen wir den Parameter s auf einen festen Wert und tragen die entstehenden Kurven in unser Raumzeit-Diagramm ein, erhalten wir Hyperbeln. Dies ist in Abb. 2.13 beispielhaft für die beiden Werte $s^2 = 1$ und für $s^2 = -1$ dargestellt, wobei wir der Übersichtlichkeit halber auf die Einheiten (hier: m) verzichten.

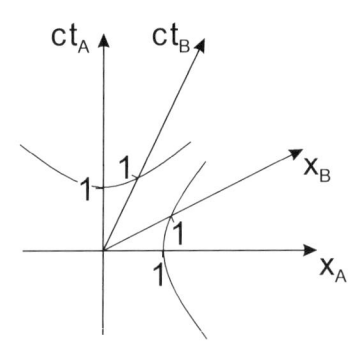

Abb. 2.13: *Skalierung des Raumzeit-Diagramms. Die Kurven gleicher Raumzeit sind Hyperbeln*

Setzen wir nun eine der Variablen, z.B. ct_A zu null, dann nimmt die andere Variable, also x_A, den Wert $x_A = \pm 1$ an. Der Schnittpunkt der Hyperbel mit der entsprechenden Achse hat damit die Koordinate $x_A = \pm 1$. Entsprechendes gilt für die Achsen ct_B und x_B des bewegten Systems.

Zur Verdeutlichung tragen wir nochmals die Achsen von Systemen, die sich mit unterschiedlicher Geschwindigkeit $v_{B1} < v_{B2}$ bewegen, in das Koordinatensystem x_A, ct_A

2.9 Raumzeit-Diagramme

eines ruhendes Systems ein (Abb. 2.14). Es ist zu erkennen, dass mit zunehmender Geschwindigkeit zum einen die Koordinatenachsen immer mehr in Richtung der 45°-Achse geneigt sind, und dass zum anderen die Achsenabschnitte immer länger werden.

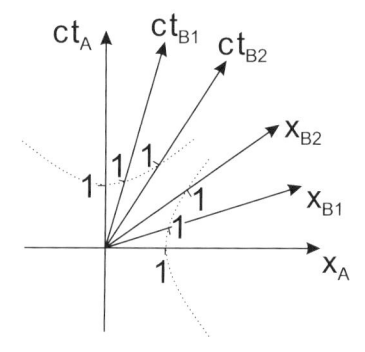

Abb. 2.14: *Skalierung zweier Raumzeit-Diagramme von Systemen B1 und B2, die sich mit unterschiedlicher Geschwindigkeit relativ zu dem ruhenden System A bewegen. Je größer die Geschwindigkeit, um so mehr sind die Achsen in Richtung der Diagonalen geneigt*

2.9.2 Raumartig, zeitartig, lichtartig

Die Lichtgeschwindigkeit c ist die maximale Geschwindigkeit, mit der sich Informationen im Raum ausbreiten können. Betrachtet man also zwei zeitlich getrennte Ereignisse mit dem Abstand $c\Delta t$ im Raumzeit-Diagramm, von denen wir eines in den Ursprung des Diagramms legen (Abb. 2.15), so können die beiden Ereignisse nur dann in einem Kausalzusammenhang stehen, wenn das zweite Ereignis innerhalb der Entfernung $\Delta x \leq c\Delta t$ stattfindet. Solche Ereignisse nennt man zeitartig. Im Raumzeit-Diagramm liegen

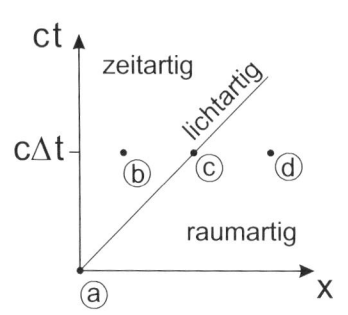

Abb. 2.15: *In Bezug zu dem im Ursprung liegenden Ereignis ⓐ ist das Ereignis ⓑ zeitartig, das Ereignis ⓒ lichtartig und das Ereignis ⓓ raumartig*

diese Ereignisse oberhalb der Weltlinie des Lichts, d.h. oberhalb der Geraden $ct = x$. Ereignisse, für die $\Delta x > c\Delta t$ gilt, bezeichnet man als raumartig. Raumartige Ereignisse können in keinem Kausalzusammenhang stehen, da sich die Information zwischen ihnen mit einer Geschwindigkeit ausbreiten müsste, die größer als die Lichtgeschwindigkeit c

ist. Sind zwei Ereignisse durch den Zusammenhang $\Delta x = c\Delta t$ miteinander verknüpft, nennt man sie lichtartig. Solche Ereignisse liegen auf der Geraden $ct = x$.

2.9.3 Lichtkegel

Die Zeitkoordinate ct lässt sich auch dann in einem Diagramm darstellen, wenn man statt einer zwei Ortskoordinaten x und y betrachtet. Von einem Punkt ausgehend erhält man dann für die Ausbreitung von Licht einen sog. Lichtkegel. Da sich ein Körper immer nur langsamer als Licht bewegen kann, liegt die Weltlinie eines Massepunktes daher stets innerhalb solcher Lichtkegel, wie in Abb. 2.16 dargestellt ist.

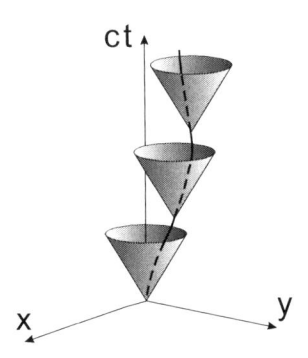

Abb. 2.16: *Die Weltlinie eines Massepunktes. Im zweidimensionalen Raum verläuft die Weltlinie stets innerhalb von Lichtkegeln*

2.9.4 Gleichzeitigkeit

Wir wollen hier nochmals auf den Begriff der Gleichzeitigkeit eingehen, da dieser in der speziellen Relativitätstheorie eine zentrale Rolle spielt. Dies gilt insbesondere für Situationen, in denen wir z.B. die Zeit t_A betrachten, die eine Uhr in einem System A anzeigt, während gleichzeitig für einen Beobachter im System B die Zeit t_B vergangen ist. Ein Grund für die unterschiedliche Zeitwahrnehmung liegt darin, dass verschiedene Beobachter andere Auffassungen vom Begriff der Gleichzeitigkeit haben. Wir wollen dies an dem in Abb. 2.17 gezeigten Beispiel illustrieren.

In dem Raumzeit-Diagramm findet das Ereignis ⓐ für beide Beobachter zur Zeit $t_A = t_B = 0$ am Ort $x_A = x_B = 0$ statt. Das dazu raumartige Ereignis ⓑ findet für einen Beobachter im System A zu einer Zeit $t_A > 0$ statt, während dasselbe Ereignis für einen Beobachter im System B zu einer Zeit $t_B < 0$ stattfindet.

Satz 2.11: Die zeitliche Reihenfolge von raumartigen Ereignissen hängt von dem Bezugssystem ab, in dem sich der Beobachter befindet.

2.9 Raumzeit-Diagramme

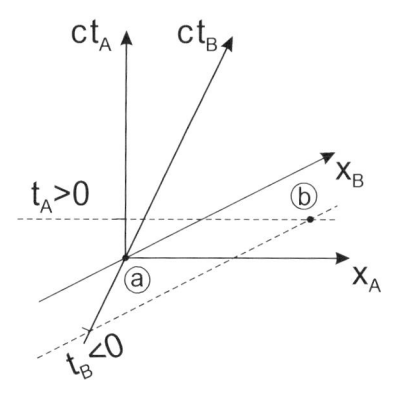

Abb. 2.17: *Zwei Ereignisse ⓐ und ⓑ, die im System A und im System B in umgekehrter Reihenfolge wahrgenommen werden*

Es sei darauf hingewiesen, dass durch das oben Gesagte das Kausalitätsprinzip nicht verletzt ist, da es sich um zwei zueinander raumartige Ereignisse handelt, die in keinem kausalen Zusammenhang stehen. Die wahrgenommene Reihenfolge von zeitartigen Ereignissen kann sich nicht ändern.

2.9.5 Raumkontraktion

Mit Hilfe von Raumzeit-Diagrammen lassen sich nun die bereits rechnerisch abgeleiteten Effekte der Raumkontraktion und der Zeitdilatation auch grafisch darstellen und sogar quantitativ auswerten.

Wir betrachten zunächst den Fall, dass ein Maßstab der Länge 1 in dem System A ruht (Abb. 2.18), wobei wir auch hier auf die Angabe der Einheiten verzichten. Die Weltlinien der beiden Maßstabenden sind demnach vertikale Geraden im System A. Ein Beobachter in diesem System wird bei einer Längenmessung, bei der er gleichzeitig die Lage des linken und des rechten Maßstabendes bestimmen muss, stets den Wert 1 erhalten.

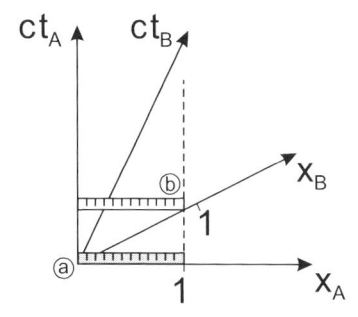

Abb. 2.18: *Raumkontraktion: Der im System A ruhende Maßstab erscheint dem Beobachter im bewegten System B verkürzt*

Nun gehen wir in das System B eines sich relativ zu A bewegten Beobachters. Dessen Raumzeit-Diagramm ist ebenfalls eingezeichnet. Um die Länge des Maßstabes zu ermitteln, muss nun B ebenfalls gleichzeitig den Abstand zwischen linkem und rechtem Maßstabende bestimmen. Dabei ist jedoch seine Ortsachse x_B eine Achse der Gleichzeitigkeit. B sieht demnach - wie in dem Diagramm dargestellt - gleichzeitig das linke Ende im Nullpunkt (siehe ⓐ in Abb. 2.18) und das rechte Ende an einer Stelle $x_B < 1$ (siehe ⓑ in Abb. 2.18), so dass für ihn der Stab kürzer erscheint.

Wir drehen nun die Situation um und betrachten den Maßstab, wenn dieser sich im bewegten System B befindet (Abb. 2.19). Auch hier tragen wir wieder die Weltlinien

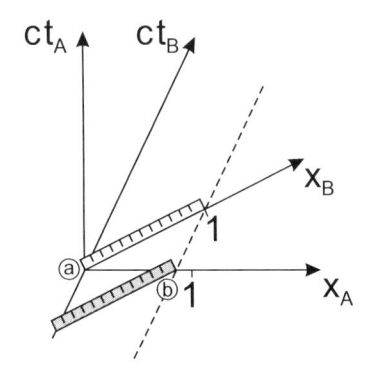

Abb. 2.19: *Raumkontraktion: Der sich im bewegten System B befindliche Maßstab erscheint aus Sicht des im System A ruhenden Beobachters verkürzt*

der beiden Maßstabenden ein und sehen, dass Beobachter B nun stets die Länge 1 misst. Für den Beobachter im System A, für den die Achse x_A eine Achse der Gleichzeitigkeit ist, befindet sich bei der Längenmessung zur Zeit $t = 0$ das linke Ende im Nullpunkt (siehe ⓐ in Abb. 2.19), während das rechte Ende an einer Stelle $x_A < 1$ (siehe ⓑ in Abb. 2.19) ist, so dass nun für A der Stab kürzer erscheint.

2.9.6 Zeitdilatation

Auch die Zeitdilatation lässt sich anschaulich in Raumzeit-Diagrammen darstellen (Abb. 2.20). Hier betrachten wir zunächst eine im System A bei $x_A = 0$ ruhende Uhr. Die Weltlinie der Uhr ist also eine vertikale Linie durch den Ursprung. Der Beobachter B bewegt sich von links kommend auf den Beobachter A zu. Im Nullpunkt treffen sich beide während die Uhr die Zeit null anzeigt. Wir wollen nun wissen, wie viel Zeit für B vergangen ist, wenn die ruhende Uhr im System A die Zeit $ct_A = 1$ anzeigt. Dazu zeichnen wir, ausgehend von dem Punkt $(x = 0, ct_A = 1)$, eine Linie der Gleichzeitigkeit, also eine Parallele zur Ortsachse im System von B. Auf dieser Linie liegen Ereignisse, die für B gleichzeitig stattfinden. Im konkreten Fall ist dies das Ablesen der Zeit $ct_A = 1$ durch den Beobachter A ⓐ, während B in seinem Zeitsystem t_B eine Zeit $ct_B > 1$ abliest ⓑ. Die aus Sicht von B sich bewegende Uhr zeigt demnach weniger an, sie geht also langsamer.

2.9 Raumzeit-Diagramme

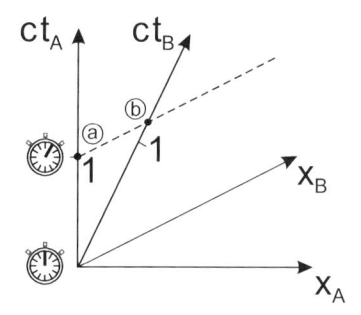

Abb. 2.20: *Die sich im ruhenden System A befindliche Uhr scheint für den Beobachter im bewegten System B langsamer zu gehen*

Nun ruhe die Uhr im System von B, so dass ihre Weltlinie mit der Zeitachse von B zusammenfällt (Abb. 2.21). Wir untersuchen, wie viel Zeit für A vergangen ist, während

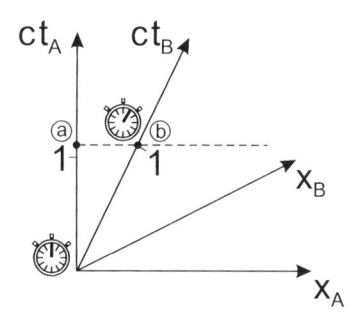

Abb. 2.21: *Die sich im bewegten System B befindliche Uhr scheint für den Beobachter im ruhenden System A langsamer zu gehen*

die Uhr im System B die Zeit $ct_B = 1$ anzeigt. Dazu konstruieren wir wieder eine Achse der Gleichzeitigkeit für Beobachter A, die parallel zu dessen Ortsachse verläuft. Der Beobachter A liest also eine Zeit $ct_A > 1$ in seinem System ab, während gleichzeitig B auf seiner Uhr die Zeit $ct_B = 1$ abliest. Aus Sicht von A geht also die relativ zu ihm bewegte Uhr langsamer.

2.9.7 Uhrenparadoxon

Aus dem im letzten Abschnitt Gesagten folgt, dass für zwei mit Uhren ausgerüstete Beobachter, die sich relativ zueinander bewegen, die Uhr des jeweils anderen langsamer zu gehen scheint. Dies erscheint zunächst widersprüchlich, erklärt sich aber aus der Definition der Gleichzeitigkeit, da unterschiedliche Beobachter nicht notwendigerweise darin übereinstimmen, was gleichzeitig ist.

2.9.8 Eigenzeit im Raumzeit-Diagramm

Rechnerische Bestimmung der Eigenzeit

Es bietet sich an, auch die Begriffe Invarianzintervall und Eigenzeit im Raumzeit-Diagramm veranschaulichen. Dazu ermitteln wir für verschiedene Kurven im Raumzeit-Diagramm die jeweils vergangenen Eigenzeiten (Abb. 2.22). Wir betrachten dazu

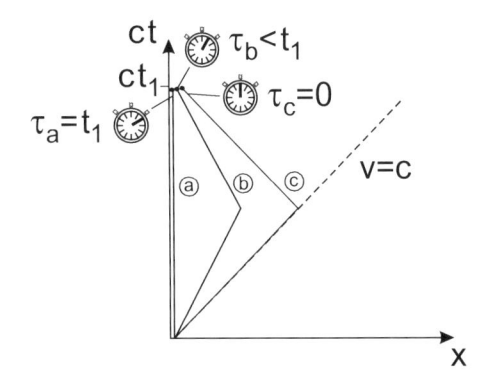

Abb. 2.22: *Eigenzeit dreier Uhren, die sich auf unterschiedlichen Weltlinien (ⓐ, ⓑ und ⓒ) bewegen. Die ruhende Uhr ⓐ zeigt nach der Rückkehr in den Ursprung den größten Wert an, während für die sich mit Lichtgeschwindigkeit bewegende Uhr ⓒ keine Zeit vergangen ist*

drei Uhren, die sich zur Koordinatenzeit $t = 0$ im Nullpunkt des Raumzeit-Diagramms befinden. Eine Uhr bleibe an der Stelle $x = 0$ (Abb. 2.22, ⓐ), die beiden anderen bewegen sich mit der Geschwindigkeit v bzw. mit Lichtgeschwindigkeit c vom Nullpunkt weg und dann wieder zurück, so dass sie zur Koordinatenzeit $t = t_1$ wieder an der Stelle $x = 0$ ankommen (Abb. 2.22, ⓑ bzw. ⓒ).

Wir bestimmen nun die Eigenzeiten τ, d.h. die von den drei Uhren jeweils angezeigten Zeiten. Dazu können wir eine Gleichung für die Eigenzeit für alle drei Fälle ableiten, indem wir den Weg jeweils in einen Hinweg ($0 < t < t_1/2$) und einen Rückweg ($t_1/2 < t < t_1$) aufteilen. Aus Symmetriegründen ist die Eigenzeit für Hin- und Rückweg gleich, so dass wir aus (2.32) und (2.34) zunächst die Beziehung

$$-c^2 \left(\frac{\tau}{2}\right)^2 = -c^2 \left(\frac{t_1}{2}\right)^2 + \Delta x^2 \qquad (2.48)$$

für jede der Teilstrecken erhalten. Für die Gesamtstrecke wird die Eigenzeit dann

$$\tau = \sqrt{(t_1)^2 - \frac{4}{c^2}\Delta x^2} \,. \qquad (2.49)$$

Im Fall ⓐ bleibt die Uhr an der Stelle $x = 0$, und wir erhalten mit $\Delta x = 0$ aus (2.49)

$$\tau_a = t_1 \,. \qquad (2.50)$$

Das Ergebnis ergibt sich ebenso aus der Tatsache, dass für eine ruhende Uhr die Eigenzeit τ der vergangenen Koordinatenzeit t, also t_1 entspricht.

Im Fall ⓒ, in dem sich die Uhr mit Lichtgeschwindigkeit zunächst in x-Richtung und dann wieder zurück zum Nullpunkt bewegt, ergibt sich die Eigenzeit wegen $\Delta x = ct_1/2$ zu

$$\tau_c = 0 \;. \tag{2.51}$$

Auch dies Ergebnis ist nicht überraschend, da wir bereits in Abschnitt 2.7 gesehen hatten, dass die Eigenzeit eines sich mit Lichtgeschwindigkeit bewegenden Körpers gleich null ist.

In dem Fall ⓑ erhalten wir offensichtlich eine Eigenzeit, die kleiner ist als t_1, also

$$0 < \tau_b < t_1 \;. \tag{2.52}$$

An dieser Stelle sei darauf hingewiesen, dass sich die Uhren in den Fällen ⓑ und ⓒ hin- und wieder zurückbewegen, also eine Beschleunigung erfahren. Es ist daher nicht zulässig, die Uhren ⓑ und ⓒ als in einem Inertialsystem ruhend zu betrachten (Satz 2.9). Die Situation ist also nicht mehr symmetrisch wie bei dem Uhrenparadoxon. Die drei Uhren, die gemäß Abb. 2.22 auf die Reise geschickt werden, zeigen nach ihrer Rückkehr daher tatsächlich unterschiedliche Zeiten an.

2.9.9 Das Zwillingsparadoxon

Ein weiterer interessanter Fall ist das sog. Zwillingsparadoxon, bei dem ein Astronaut B eine Reise zu einem Stern und wieder zurück durchführt, während sein beim Beginn der Reise gleich alter Zwillingsbruder A auf der Erde zurückbleibt. Bei der Rückkehr von der mehrjährigen Reise stellen die beiden nun fest, dass der Astronaut B weniger gealtert ist als sein auf der Erde zurückgebliebener Bruder A. Auf den ersten Blick scheint dies mit unseren bisherigen Untersuchungen übereinzustimmen, da sich B während seiner Reise ja mit hoher Geschwindigkeit bewegte und daher der Effekt der Zeitdilatation auftrat.

Man kann nun jedoch die berechtigte Frage stellen, warum das gleiche nicht für A gilt, der sich - aus Sicht von B, wenn dieser sich als ruhend betrachtet - mitsamt der Erde fortbewegte und wieder zurückkam.

Die Auflösung dieses scheinbaren Widerspruchs erhält man, wenn man beachtet, dass das Bezugssystem, in dem die Weltlinien der beiden Astronauten dargestellt sind, nicht beschleunigt sein darf (Satz 2.9). Diese Bedingung muss erfüllt sein, um die Gleichungen der speziellen Relativitätstheorie anwenden zu können. In unserem Beispiel müssen wir also zwingend das System von Zwilling A als Bezugssystem nehmen und in dieses System die Weltlinien von A und B eintragen. Wir erhalten somit die Darstellung nach Abb. 2.23, links. Dies entspricht unserem Beispiel aus Abb. 2.22, wo wir bereits rechnerisch die unterschiedlichen Eigenzeiten für verschiedene Weltlinien berechnet hatten.

Ergänzend sei angemerkt, dass die kürzere Eigenzeit von Astronaut B nicht - wie gelegentlich angenommen - durch die auf B wirkende Beschleunigungsvorgänge an sich

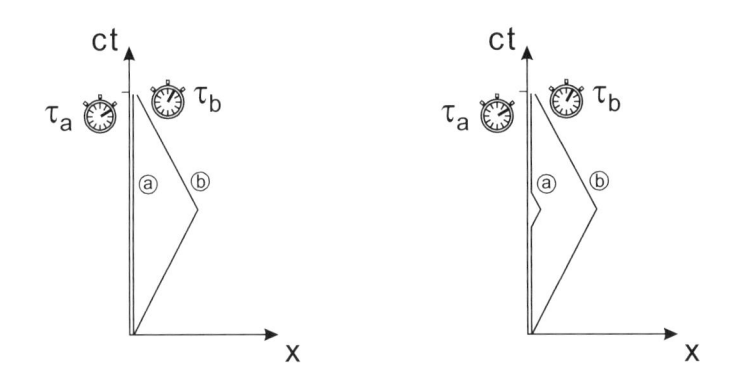

Abb. 2.23: *Zwillingsparadoxon im Raumzeit-Diagramm mit der Erde als Bezugssystem. Erläuterungen siehe Text*

hervorgerufen wird. Dies kann man sich grafisch deutlich machen, wenn man annimmt, dass auch A eine kleine Reise unternimmt, wie in Abb. 2.23, rechts, dargestellt ist. Unter dieser Voraussetzung erfahren beide Astronauten exakt die selbe Beschleunigung; dennoch ändert sich durch die Beschleunigung an der Eigenzeit von Astronaut A praktisch nichts. Die Begründung für die abweichenden Eigenzeiten ist vielmehr, dass eine Geschwindigkeitsänderung Δv gleichbedeutend ist mit einer Änderung des Potentials $\Delta \Phi$ [4], wobei gilt $\Delta \Phi = -\Delta v^2/2$. Wir werden später in Kapitel 9 sehen, dass ein Potential zu einer Verringerung der Eigenzeit führt. Dabei gilt (9.15) $\tau = (1 + \Phi/c^2)t$, wobei t die insgesamt vergangene Zeit ist. Wie stark die für Zwilling B vergangene Eigenzeit durch die Reise reduziert wird, hängt also zum einen davon ab, mit welcher Geschwindigkeit v Zwilling B reist und zum anderen, wie lange Zwilling B unterwegs war. Da Zwilling A keine Geschwindigkeitsänderung erfährt, ist sein Potential konstant, für ihn vergeht daher die maximale Eigenzeit.

2.10 Eigenzeitdiagramme

2.10.1 Zeitkegel

Wir wollen nun den Zusammenhang zwischen der Eigenzeit τ, der Koordinatenzeit t und der Geschwindigkeit v eines Körpers grafisch darstellen. Ausgehend von den Gleichungen für das Wegelement der Raumzeit (2.25) und der Eigenzeit (2.34) ergibt sich bei Beschränkung auf die x-Koordinate nach Umstellen

$$c^2 d\tau^2 + dx^2 = c^2 dt^2 \ . \tag{2.53}$$

Das entspricht bei geeigneter Skalierung einer Kreisgleichung in der $c\tau$-x-Ebene, wobei die Zeitkoordinate t den Radius vorgibt (Abb. 2.24). Letztlich wird also durch (2.53) ein Kegel dargestellt. Wir nennen diesen Kegel hier Zeitkegel, wobei dieser nicht mit dem Lichtkegel (Abschn. 2.9.3) verwechselt werden darf, bei dem die Zeitkoordinate ct über zwei Ortskoordinaten, z.B. x und y, aufgetragen ist. In der linken Abbildung

2.10 Eigenzeitdiagramme

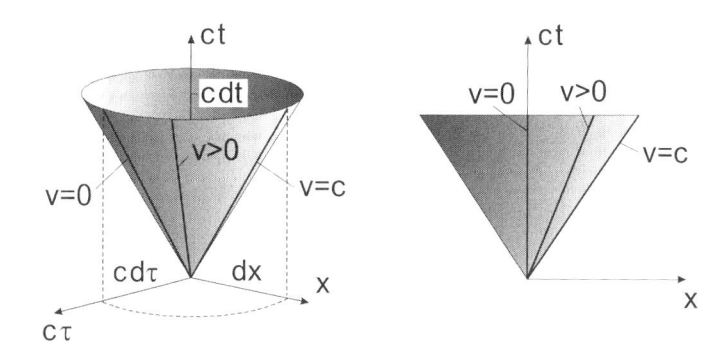

Abb. 2.24: *Grafische Darstellung der Gleichung für das Eigenzeitintervall. Die dick ausgezogenen Kurven sind die Weltlinien für unterschiedliche Geschwindigkeiten v. Die rechte Abbildung zeigt die Projektion des Zeitkegels auf die x-ct-Ebene*

ist der gesamte Zeitkegel dargestellt, physikalisch sinnvoll ist jedoch nur der Bereich positiver Eigenzeiten, also $\tau > 0$. Die Weltlinien eines Objektes verlaufen also stets von der im Ursprung liegenden Kegelspitze ausgehend entlang des Kegelmantels, wobei die Lage der Weltlinie von der Geschwindigkeit v abhängt. Die rechte Abbildung zeigt die Projektion des Zeitkegels auf die x-ct-Ebene, was unserem bekannten Raumzeit-Diagramm entspricht. Es ist zu erkennen, dass die Endpunkte der Weltlinien unabhängig von der Geschwindigkeit v stets bei ct liegen.

2.10.2 Eigenzeitkreis

Projiziert man den Zeitkegel aus Abb. 2.24 auf die $c\tau$-x-Ebene, ergibt sich ein Kreis, auf dessen Umfang die Endpunkte der Weltlinien liegen [5]. Dies ist in Abb. 2.25 gezeigt, wobei der Übersichtlichkeit halber nur der erste Quadrant dargestellt ist. Man erkennt,

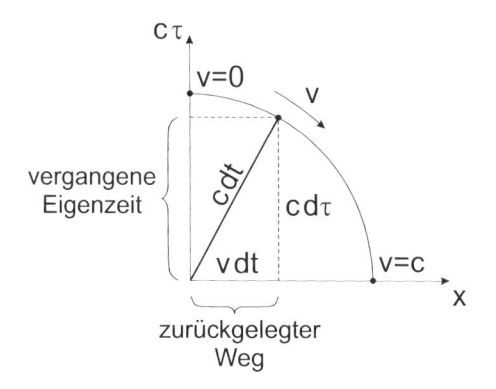

Abb. 2.25: *Die Projektion des Zeitkegels auf die $c\tau$-x-Ebene ergibt einen Kreis, auf dessen Umfang die Endpunkte der Weltlinien liegen. Bei gegebener Geschwindigkeit v eines Körpers teilt sich die Raumzeit in eine räumliche und eine zeitliche Komponente auf*

dass - unabhängig von der Geschwindigkeit v - die Endpunkte der Weltlinie nach der Zeit $\mathrm{d}t$ stets auf dem Kreisumfang liegen, da der Kreisradius immer $c\,\mathrm{d}t$ beträgt. Lediglich die Projektion auf die x- und die τ-Achse, also die Aufteilung zwischen zurückgelegtem Weg und der vergangenen Eigenzeit verändern sich. Dies lässt die Interpretation zu, dass sich jedes Teilchen und jeder Körper mit Lichtgeschwindigkeit in der Raumzeit bewegt und es nur von der Geschwindigkeit v abhängt, ob die Bewegung eher in räumliche oder in zeitliche Richtung erfolgt. Bei einem ruhenden Körper, bei dem sich die Ortskoordinate nicht ändert, erfolgt die Bewegung daher mit Lichtgeschwindigkeit ausschließlich in zeitlicher Richtung, so dass für den Körper die maximale Eigenzeit τ vergeht. Umgekehrt erfolgt die Bewegung eines Teilchens, das sich mit Lichtgeschwindigkeit im Raum bewegt, wie beispielsweise ein Photon, ausschließlich in räumliche Richtung. Es erfolgt keine Bewegung in zeitlicher Richtung, so dass die vergangene Eigenzeit für ein Photon gleich null ist.

Vor diesem Hintergrund wird nun auch klar, warum für die drei Körper in Abb. 2.22 jeweils eine andere Eigenzeit τ vergangen ist. Der Grund ist, dass sich ein im Raum bewegender Körper nicht mehr so weit in Zeitrichtung bewegen kann, wie ein ruhender Körper.

Satz 2.12: Jeder Körper bewegt sich mit Lichtgeschwindigkeit durch die Raumzeit.

3 Gravitation und die Krümmung des Raumes

Dieses Kapitel skizziert die wesentlichen Schritte bei der Ableitung der Einstein'schen Gravitationstheorie. So wird zunächst der Zusammenhang zwischen der Gravitation und der Krümmung des Raumes durch zwei einfache Gedankenexperimente hergestellt. Im Anschluss daran werden am Beispiel zweidimensionaler Geometrien grundlegende Überlegungen zur Krümmung durchgeführt.

3.1 Geschichte der allgemeinen Relativitätstheorie

Die allgemeine Relativitätstheorie ist die Verallgemeinerung der speziellen Relativitätstheorie für den Fall beschleunigter Bezugssysteme. Die Motivation für die Entwicklung der allgemeinen Relativitätstheorie waren jedoch nicht wie im Fall der speziellen Relativitätstheorie experimentelle Befunde, sondern erkenntnistheoretische Überlegungen sowie der Wunsch, eine einheitliche Theorie für die Beschreibung aller Bezugssysteme zu erhalten.

Einstein und die allgemeine Relativitätstheorie

Die wesentlichen Grundpfeiler der allgemeinen Relativitätstheorie sind zum einen die Aussage, dass Naturgesetze in allen, auch zueinander beschleunigten Bezugssystemen gültig sind (Relativitätsprinzip) und zum anderen, dass Gravitation und Beschleunigung zueinander äquivalent sind (Äquivalenzprinzip). Einstein hat dann gezeigt, dass sich Gravitation, aufbauend auf diesen Prinzipien, geometrisch als eine Krümmung der Raumzeit interpretieren lässt. Diese Verknüpfung der Gravitation mit der Krümmung der Raumzeit ist zunächst nicht offensichtlich. Zwar hatten sich bereits Carl Friedrich Gauß und Bernhard Riemann mit der Möglichkeit gekrümmter Räume auseinandergesetzt und die mathematischen Grundlagen zur Beschreibung solcher Räume gelegt, aber erst Albert Einstein verknüpfte die Mathematik mit der physikalischen Realität. Der Weg von der Mathematik Riemanns zur Formulierung einer neuen Theorie der Gravitation war jedoch alles andere als einfach. Es dauerte immerhin etwa zehn Jahre von den ersten Arbeiten Einsteins bis zur Formulierung der Feldgleichung in ihrer endgültigen Form. Allerdings war es auch hier so, dass Einstein nicht der einzige war, der an diesem Thema arbeite. Tatsächlich gelang es David Hilbert als Erstem, die Feldgleichung abzuleiten und noch vor Einstein zur Publikation einzureichen [6]. Wie schon bei der speziellen Relativitätstheorie ist aber auch hier nur der Name Einsteins untrennbar mit der allgemeinen Relativitätstheorie verknüpft.

Albert Einstein (* 14. März 1879 in Ulm; † 18. April 1955 in Princeton, New Jersey) war ein deutscher Physiker. Einstein wuchs in München auf und siedelte 1894 in die Schweiz über. Dort arbeitete er zunächst am Patentamt in Bern und später als Professor in Zürich. 1933 wanderte Einstein in die Vereinigten Staaten aus und arbeitete dort bis zu seinem Tod in Princeton. Einstein gilt als der bedeutendsten Physiker des 20. Jahrhunderts. Berühmt wurde Einstein durch seine Beiträge zur speziellen und zur allgemeinen Relativitätstheorie, mit denen er das Weltbild der modernen Physik prägte wie kein Anderer. Einstein leistete wesentliche Beiträge auch auf anderen Gebieten der Physik. So entwickelte er u.a. eine Theorie der Brown'schen Molekularbewegung und konnte mit seiner Hypothese, dass elektromagnetische Strahlung aus Photonen besteht, den sog. äußeren Photoeffekt erklären. Für diese Leistung erhielt er 1921 den Nobelpreis für Physik. Einstein trug auch zur Entstehung der Quantentheorie bei, lehnte jedoch stets deren statistische Interpretation ab, die besagt, dass quantenphysikalische Vorgänge prinzipiell nicht vorhersagbar sind, sondern nur Wahrscheinlichkeitsaussagen möglich sind. (Bild: akg / Science Photo Library)

3.2 Postulate der allgemeinen Relativitätstheorie

Zusammengefasst sind die Annahmen, die der allgemeinen Relativitätstheorie zugrunde liegen,

- das Relativitätsprinzip,
- das Äquivalenzprinzip.

Das Relativitätsprinzip hatten wir bereits bei der speziellen Relativitätstheorie kennengelernt, in der es besagt, dass Naturgesetze in gleichförmig zueinander bewegten Systemen gleichermaßen gelten. Dieses Prinzip wird nun in der allgemeinen Relativitätstheorie auf zueinander beschleunigte Systeme verallgemeinert.

Das Äquivalenzprinzip ist uns aus der Newton'schen Mechanik bekannt. In der dort verwendeten Form besagt es, dass schwere und träge Masse eines Körpers gleich sind. In der allgemeinen Relativitätstheorie wird auch dieses Prinzip verallgemeinert und besagt dann, dass Gravitation und Beschleunigung zueinander äquivalent sind.

3.3 Der gekrümmte Raum

3.3.1 Gravitation und Beschleunigung

Wir wollen zunächst den Zusammenhang zwischen Gravitation und Beschleunigung anhand eines Gedankenexperimentes verdeutlichen. Abbildung 3.1 zeigt ein Raumschiff, in welchem sich ein Lichtstrahl von einer Bordwand zur anderen bewegt.

3.3 Der gekrümmte Raum

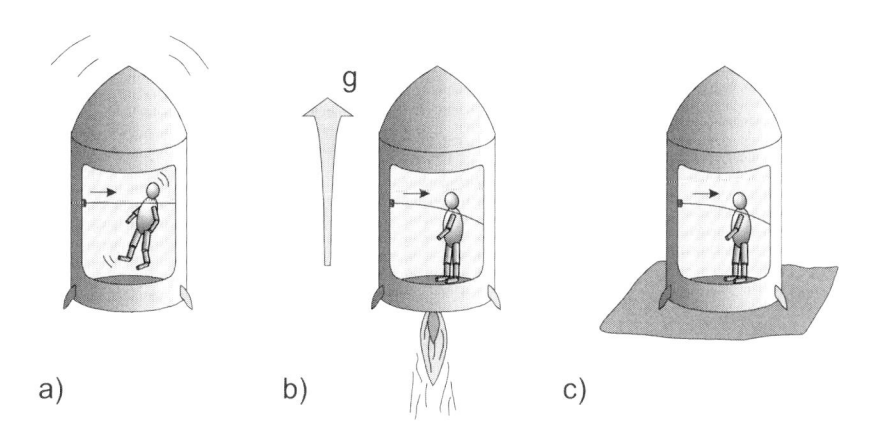

Abb. 3.1: *Ausbreitung eines Lichtstrahls im Raumschiff a) für den freien Fall, b) bei Beschleunigung und c) in einem Gravitationsfeld. Beschleunigung und Gravitation führen zu dem gleichen Effekt und sind für den Astronauten daher nicht zu unterscheiden*

In dem linken Teilbild a) sei das Raumschiff im freien Fall, also kräftefrei. Der Lichtstrahl wird sich dann entlang einer Geraden bewegen. Nun betrachten wir den Fall eines Raumschiffes, welches durch seinen Antrieb beschleunigt wird b). Hier wird der Lichtstrahl entlang einer gekrümmten Bahn verlaufen, da die Geschwindigkeit des Raumschiffes zunimmt, während der Lichtstrahl von der einen zur anderen Seite läuft. In Teilbild c) steht das Raumschiff auf der Erde, so dass nun die Gravitation wirkt. In beiden Fällen b) und c) wirkt eine Beschleunigung auf das Raumschiff, so dass der Astronaut die beiden Fälle nicht unterscheiden kann. Die Aussage des Äquivalenzprinzips ist nun, dass die Gravitationsbeschleunigung die gleiche Wirkung hat wie die Beschleunigung durch den Raketenmotor oder - noch allgemeiner - dass Gravitation und Beschleunigung identisch sind. Insbesondere wird daher auch der Lichtstrahl im Fall c) eine Ablenkung erfahren.

Satz 3.1: Gravitation und Beschleunigung sind äquivalent.

3.3.2 Gravitation und Krümmung des Raumes

Wir kommen nun zu einem weiteren Gedankenexperiment, welches die Gravitation mit der Raumkrümmung verknüpft. In diesem Experiment betrachten wir eine Drehscheibe, die zunächst in Ruhe sei (Abb. 3.2, links). Misst man in diesem Fall mit einem Maßstab den Radius r und den Umfang U der Scheibe, ergibt sich der Zusammenhang $U = 2\pi r$.

Nun versetzen wir die Scheibe in Rotation. Dadurch wirkt auf der Scheibe eine Beschleunigung durch die Zentrifugalkraft. Gleichzeitig besitzt die Scheibe eine Geschwindigkeitskomponente v in tangentialer Richtung, was nach der speziellen Relativitätstheorie aber eine Raumkontraktion bewirkt. Diese erfolgt in Richtung der Geschwindigkeit, also in tangentialer Richtung, während in radialer Richtung keine Kürzung erfolgt. Eine Messung der rotierenden Scheibe wird also einen verkürzten Umfang U bei gleichem

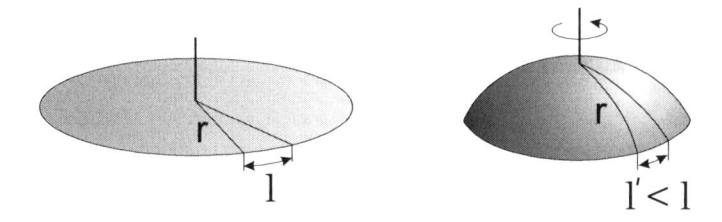

Abb. 3.2: *Das Drehscheibenexperiment bei ruhender Scheibe (links) und rotierender Scheibe (rechts). Aufgrund der Längenkontraktion in Bewegungsrichtung wird der Umfang der Scheibe kleiner, während der Radius gleich bleibt, was zu einer Krümmung der Scheibe führt*

Radius r ergeben, es ist also $U < 2\pi r$. Dies kann aber nur sein, wenn die Scheibe gekrümmt ist (Abb. 3.2, rechts). Wir schließen daraus also, dass eine Beschleunigung einer Krümmung des Raumes entspricht. In Verbindung mit dem Äquivalenzprinzip (Satz 3.1) führt dies dann zu der Aussage, dass auch Gravitation einer Krümmung entspricht.

Satz 3.2: Gravitation entspricht einer Krümmung des Raumes.

3.3.3 Die Formulierung der allgemeinen Relativitätstheorie

Die Einstein'sche Feldgleichung

Die Gravitationstheorie nach Newton verknüpft das Gravitationspotential mit der Masse. Da nach Satz 3.2 die Gravitation einer Krümmung des Raumes entspricht, ist das Ziel der allgemeinen Relativitätstheorie, eine Gleichung aufzustellen, welche die Krümmung als Funktion der Masse beschreibt. Dies ist die Einstein'sche Feldgleichung, die wir in Kapitel 8 herleiten werden. Wir werden dann sehen, dass die Einstein'sche Feldgleichung im nichtrelativistischen Fall in die bereits bekannte Newton'sche Feldgleichung (1.12) übergeht.

Die Einstein'sche Bewegungsgleichung

Die entsprechende Einstein'sche Bewegungsgleichung erhalten wir, indem wir die Aussage, dass sich ein kräftefreier Körper im Raum auf einer Kurve minimaler Länge bewegt (Satz 1.1), auf die Raumzeit verallgemeinern. Die sich so ergebende geodätische Gleichung wird in Kapitel 10 hergeleitet. Auch hier werden wir sehen, dass wir aus der Einstein'schen Bewegungsgleichung im nichtrelativistischen Fall die Newton'sche Bewegungsgleichung (1.7) erhalten.

Die Einstein'sche Gravitationstheorie

Im Gegensatz zu dem Newton'schen Bild der Gravitation (Abb. 1.3), in dem eine Masse ein Gravitationspotential hervorruft, welches eine Kraft auf eine andere Masse erzeugt, kommt das Einstein'sche Bild völlig ohne den Begriff der Kraft aus. Hier ist es vielmehr so, dass eine Masse M zur Krümmung der Raumzeit führt und eine andere Masse m sich in der gekrümmten Raumzeit auf einer Bahn minimaler Länge bewegt (Abb. 3.3).

Die Einstein'sche Theorie der Gravitation ist demnach eine geometrische Beschreibung der Gravitation.

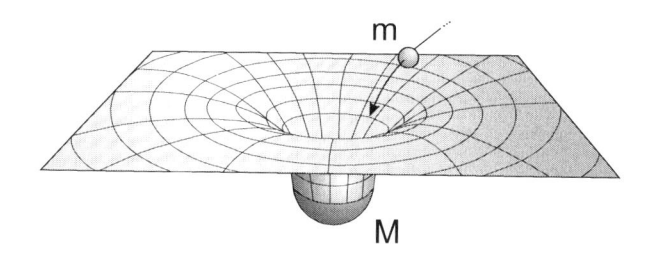

Abb. 3.3: *Schematische Darstellung der Einstein'schen Gravitationstheorie. Eine Masse M führt zu einer Krümmung der Raumzeit, in der sich eine Masse m entlang einer Kurve minimaler Länge bewegt. Man beachte, dass in der Grafik nicht die gekrümmte Raumzeit, sondern lediglich die Krümmung des Raumes gezeigt ist*

Um die Gravitationsgleichungen nach Einstein aufzustellen, brauchen wir zunächst jedoch eine mathematische Beschreibung der Krümmung. Wir werden dies im folgenden Abschnitt für den zweidimensionalen Fall skizzieren und dann - nachdem wir uns in den Kapiteln 4 bis 6 die mathematischen Werkzeuge angeeignet haben - im Kapitel 7 auf höherdimensionale Räume verallgemeinern. Die grafische Darstellung der gekrümmten Raumzeit erfolgt in Kapitel 11.

3.4 Wie lässt sich Krümmung messen?

Um die Frage zu beantworten, wie sich Krümmung eines Raumes allgemein messen lässt, betrachten wir zunächst nur den zweidimensionalen Fall, da sich dies grafisch leicht darstellen lässt. Als Beispiel ist in Abb. 3.4 eine gekrümmte zweidimensionale Fläche gezeigt.

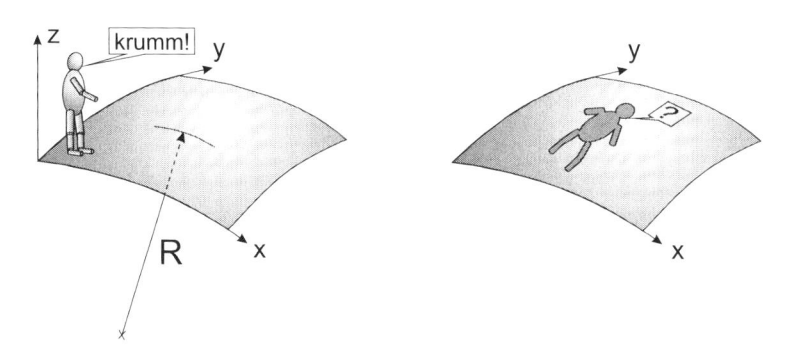

Abb. 3.4: *Ein Beobachter im Dreidimensionalen kann unmittelbar erkennen, ob eine zweidimensionale Fläche (hier mit dem Krümmungsradius R) gekrümmt ist (links); für den Beobachter im Zweidimensionalen ist dies nicht ohne Weiteres möglich (rechts)*

Ein Betrachter im dreidimensionalen Raum mit den Koordinaten x, y und z erkennt offensichtlich sofort, dass die zweidimensionale Fläche eine Krümmung aufweist (Abb. 3.4, links).

> **Satz 3.3:** Die Krümmung einer zweidimensionalen Fläche lässt sich durch Einbettung in den dreidimensionalen Raum visualisieren.

Eine interessante Frage ist nun, ob auch ein Betrachter im Zweidimensionalen erkennen kann, dass die Fläche, auf der er sich befindet, gekrümmt ist (Abb. 3.4, rechts).

Dies ist in der Tat möglich und zwar, indem der zweidimensionale Betrachter elementare Messungen wie z.B. Längen- oder Winkelmessungen in der Fläche ausführt, wie in Abb. 3.5 am Beispiel einer Sphäre dargestellt ist.

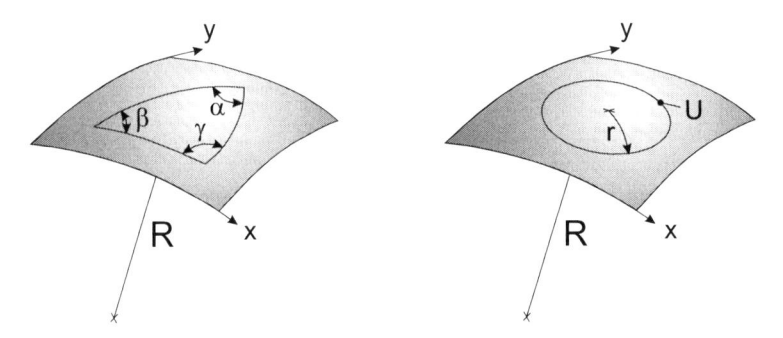

Abb. 3.5: *Messverfahren zur Bestimmung der Krümmung. Beide Verfahren, Winkelmessung (links) und Bestimmung von Kreisradius und -umfang (rechts), können innerhalb der zweidimensionalen Fläche durchgeführt werden*

Eine mögliche Messung ist z.B. die Messung der Winkelsumme eines Dreiecks. Diese beträgt in der flachen Ebene $\alpha + \beta + \gamma = \pi$. Auf der Sphäre gilt hingegen

$$\alpha + \beta + \gamma > \pi \,, \tag{3.1}$$

wie man leicht erkennen kann. Eine andere mögliche Messung ist die Bestimmung von Radius und Umfang eines Kreises. Auch hier weicht - bei gegebenem Umfang - der auf der Sphäre gemessene Wert des Radius von dem in der Ebene ab, und wir erhalten[1]

$$2\pi r > U \,. \tag{3.2}$$

> **Satz 3.4:** Die Krümmung einer Fläche lässt sich durch einfache Messung von Größen auf der Fläche (z.B. Winkelmessungen) bestimmen.

---

[1] Entsprechend lässt sich mittels einer Kugel durch Vergleich von gemessenem und aus dem Volumen bestimmtem Radius die Krümmung eines dreidimensionalen Raumes ermitteln.

3.4.1 Messung der Krümmung im zweidimensionalen Raum

Wir werden nun die Messung der Krümmung im Zweidimensionalen über die Messung der Winkelsumme genauer untersuchen, wobei wir der Einfachheit halber das Beispiel der Sphäre verwenden. Zunächst definieren wir den *sphärischen Exzess*

$$\sigma = \alpha + \beta + \gamma - \pi \;, \tag{3.3}$$

der die Winkelabweichung von dem Fall der flachen Geometrie angibt. So ist für die Ebene $\sigma = 0$ und für den Fall der Sphäre gilt $\sigma > 0$. Um nun ein geeignetes Maß für die Krümmung einer Fläche zu definieren, betrachten wir die in Abb. 3.6 dargestellte Sphäre.

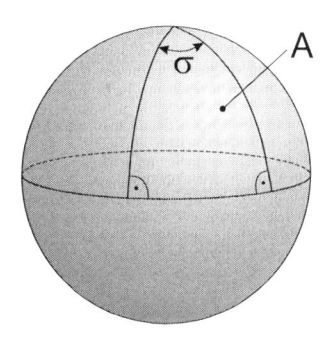

Abb. 3.6: *Dreieck mit der Fläche A auf einer Sphäre zur Berechnung der Krümmung mittels des sphärischen Exzesses σ. Für das eingezeichnete Dreieck mit zwei rechten Winkeln entspricht der dritte Winkel genau dem sphärischen Exzess*

Das dort eingezeichnete Dreieck ist von der Äquatorlinie und zwei Meridianen begrenzt. Da der Winkel zwischen Äquator und einem Meridian 90° beträgt, entspricht der Winkel σ zwischen den beiden Meridianen genau dem sphärischen Exzess (3.3).

Die Fläche A des Dreiecks lässt sich leicht berechnen, indem man zunächst die Fläche eines Segmentes bestimmt, welches von zwei um den Winkel σ versetzten Meridianen begrenzt wird. Diese verhält sich zu der Gesamtoberfläche der Kugel wie der Winkel σ zu 2π. Teilt man diese Fläche durch zwei, ergibt sich die gesuchte Fläche A. Somit ist

$$A = 4\pi R^2 \cdot \frac{1}{2} \cdot \frac{\sigma}{2\pi} \tag{3.4}$$
$$= R^2 \sigma \;, \tag{3.5}$$

wobei R der Radius der durch die Sphäre begrenzten Kugel ist. Damit wird der sphärische Exzess

$$\sigma = \frac{A}{R^2} \;. \tag{3.6}$$

Dieser Zusammenhang gilt nicht nur für ein Dreieck der eingezeichneten Form, sondern für beliebige Dreiecke, wie man durch geometrische Überlegungen leicht zeigen kann

[7]. Es liegt nun nahe, den sphärischen Exzess σ als Maß für die Krümmung K einer Fläche zu verwenden. Allerdings hängt nach (3.6) σ auch von der Fläche A ab. Teilt man jedoch σ durch die Fläche, ergibt sich

$$\frac{\sigma}{A} = \frac{1}{R^2} = K \ . \tag{3.7}$$

Die so definierte Größe K, welche bei der Sphäre den Wert $1/R^2$ annimmt, ist daher ein geeignetes Maß für die Krümmung. Damit ergibt sich schließlich die Beziehung

$$\sigma = KA \ , \tag{3.8}$$

welche den Zusammenhang zwischen dem sphärischen Exzess σ und der Krümmung K beschreibt, und die wir später in Kapitel 7 zur Bestimmung der Krümmung höherdimensionaler Räume verallgemeinern werden.

Gauß'sche Krümmung und mittlere Krümmung

Wir haben gesehen, dass die Krümmung K für die Sphäre den Wert $1/R^2$ annimmt, was dem Quadrat des entsprechenden Kugelradius entspricht. Verallgemeinert man den Ausdruck auf beliebige zweidimensionale Flächen, so erhalten wir die sog. *Gauß'sche oder innere Krümmung*

$$K = \frac{1}{R_1} \cdot \frac{1}{R_2} \tag{3.9}$$

mit den zwei Krümmungsradien R_1 und R_2 in den beiden Koordinatenrichtungen. Diese Krümmung ist zu unterscheiden von der *mittleren oder äußeren Krümmung*

$$\overline{K} = \frac{1}{R_1} + \frac{1}{R_2} \ , \tag{3.10}$$

die wir bereits in Kapitel 1 (1.16) eingeführt hatten.

3.4.2 Krümmung in höherdimensionalen Räumen

Für die Aufstellung einer Gravitationstheorie benötigen wir eine Beschreibung der Krümmung in höherdimensionalen Räumen. Dazu müssen wir die oben angestellten Betrachtungen verallgemeinern. Die dazu nötigen mathematischen Grundlagen, insbesondere das Rechnen mit Vektoren in gekrümmten Räumen, werden wir in den folgenden Kapiteln 4, 5 und 6 legen, um dann in Kapitel 7 einen allgemeinen Ausdruck, die sog. Riemann-Krümmung herzuleiten, der die Krümmung beliebig dimensionaler Räume beschreibt.

3.5 Krümmung unterschiedlicher Geometrien

Zum Abschluss dieses Kapitels werden wir die Krümmungseigenschaften elementarer Flächen, wie sie in in Abb. 3.7 dargestellt sind, untersuchen.

3.5 Krümmung unterschiedlicher Geometrien

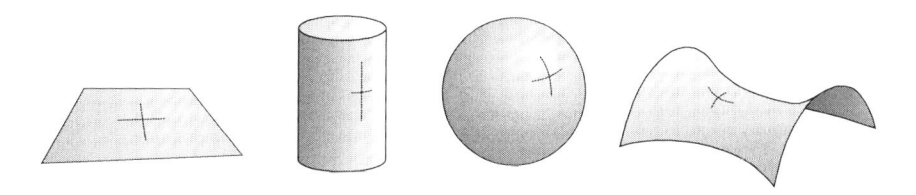

Abb. 3.7: *Beispiele für zweidimensionale Flächen. Von links nach rechts: Ebene, zu einem Zylinder aufgerollte Fläche, Sphäre und Hyperboloid. Die Krümmungskreise in Hauptkoordinatenrichtung sind durch Striche angedeutet*

Neben der Krümmung ist ein weiteres Merkmal von Flächen, die Eigenschaft, ob eine Fläche offen oder geschlossen ist. In letzterem Fall kann man durch Bewegung entlang einer Koordinatenrichtung wieder zum Ausgangspunkt zurückgelangen. Dies ist beispielsweise bei der Kugel der Fall, bei der Ebene jedoch nicht. Nachfolgend werden die Eigenschaften der einzelnen Flächen kurz beschrieben.

Ebene

Die Ebene ist eine nicht gekrümmte zweidimensionale Fläche. Bewegt man sich auf der Ebene in einer beliebigen Koordinatenrichtung geradeaus weiter, gelangt man nicht zum Ausgangspunkt zurück; die Ebene ist demnach offen. Für die beiden Krümmungsradien und die Krümmung K gilt

$$R_1 \to \infty \,;\, R_2 \to \infty \qquad \text{und damit} \qquad K = 0\,. \tag{3.11}$$

Zylinder

Den Zylinder erhält man durch Aufrollen einer Ebene. Er ist daher lediglich ein Sonderfall der Ebene, bei dem sich jedoch nichts an der inneren Krümmung ändert. Da nach wie vor ein Krümmungskreis einen unendlichen Radius besitzt, ist die innere Krümmung des Zylinders, wie bei der Ebene, gleich null, d.h. es gilt

$$R_1 \to \infty \,;\, R_2 = R \qquad \text{und damit} \qquad K = 0\,. \tag{3.12}$$

Sphäre

Für die Sphäre, also die Oberfläche einer Kugel, erhalten wir das bereits oben abgeleitete Ergebnis (3.9)

$$R_1 = R \,;\, R_2 = R \qquad \text{und damit} \qquad K = \frac{1}{R^2}\,. \tag{3.13}$$

Die Sphäre ist zudem geschlossen, da man durch Bewegung entlang einer Koordinatenrichtung wieder zum Ausgangspunkt gelangt.

Hyperboloid

Ein Hyperboloid hat eine Oberfläche mit negativer Krümmung. Bei dieser offenen Geometrie weist einer der Krümmungsradien nach innen, während der andere nach außen weist, so dass

$$R_1 = R \; ; R_2 = -R \qquad \text{und damit} \qquad K = -\frac{1}{R^2} \; . \tag{3.14}$$

Hat die Gauß'sche Krümmung an jedem Punkt der Fläche einen konstanten negativen Wert, so spricht man auch von einer Pseudosphäre.

Zusammenhang zwischen unterschiedlichen Geometrien

Abbildung 3.8 zeigt den Zusammenhang zwischen unterschiedlichen Geometrien. Man erkennt, dass durch Änderung der Krümmung die Geometrien ineinander überführt werden können.

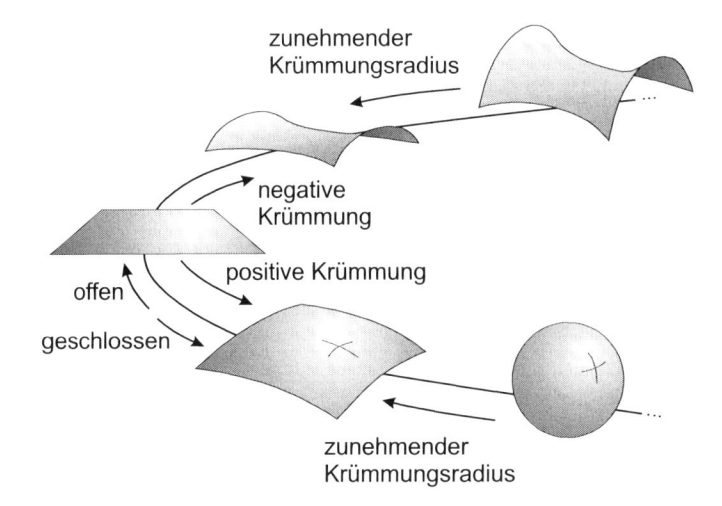

Abb. 3.8: *Übergang von der geschlossenen Sphäre mit positiver Krümmung über die Ebene zum offenen Hyperboloiden mit negativer Krümmung. Der Krümmungsradius ist bei der Ebene unendlich*

4 Vektoren und Koordinatensysteme

In diesem Kapitel werden auf Basis der Vektorrechnung die formalen Grundlagen für die mathematische Behandlung der Relativitätstheorie gelegt. Insbesondere werden die Indexschreibweise und die sich daraus ergebenden Rechenregeln eingeführt. Zuvor werden jedoch die wichtigen Begriffe der ko- und kontravarianten Basen sowie der Metrik definiert.

4.1 Definitionen

4.1.1 Vektoren, Vektorkomponenten und Basen

Um in einem rechtwinkligen, kartesischen Koordinatensystem im Zweidimensionalen einen Vektor $\mathbf{A}$ darzustellen, definiert man zweckmäßigerweise die beiden Basisvektoren $\mathbf{e}_x$ und $\mathbf{e}_y$ in Richtung der Koordinatenachsen (Abb. 4.1, links). Dann gilt für den Vektor $\mathbf{A}$

$$\mathbf{A} = A^x \mathbf{e}_x + A^y \mathbf{e}_y \,, \tag{4.1}$$

(Vektor → $\mathbf{A}$; Basisvektoren → $\mathbf{e}_x$, $\mathbf{e}_y$; Vektorkomponenten → A^x, A^y)

wobei A^x und A^y die sog. Komponenten des Vektors $\mathbf{A}$ in der Basis $\mathbf{e}_x$ und $\mathbf{e}_y$ sind, wie in Abb. 4.1, rechts, für ein einfaches Beispiel gezeigt ist.

Wir definieren nun eine neue Basis mit zwei Basisvektoren $\mathbf{e}_1$ und $\mathbf{e}_2$, die linear unabhängig, aber nicht notwendigerweise orthogonal zueinander sein müssen (Abb. 4.2, links).

Um nun den Vektor $\mathbf{A}$ in dieser neuen Basis darzustellen, schreiben wir analog zu (4.1)

$$\mathbf{A} = A^1 \mathbf{e}_1 + A^2 \mathbf{e}_2 \,. \tag{4.2}$$

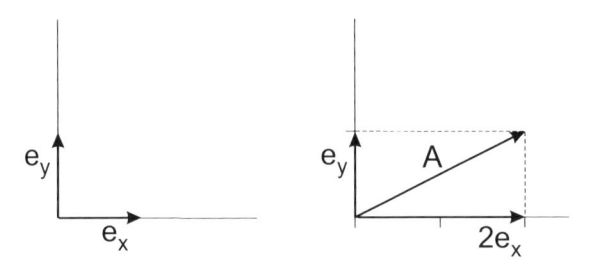

Abb. 4.1: *Basis aus den orthogonalen Einheitsvektoren $\mathbf{e}_x$ und $\mathbf{e}_y$ (links) und die Darstellung eines Vektors $\mathbf{A}$ in dieser Basis (rechts)*

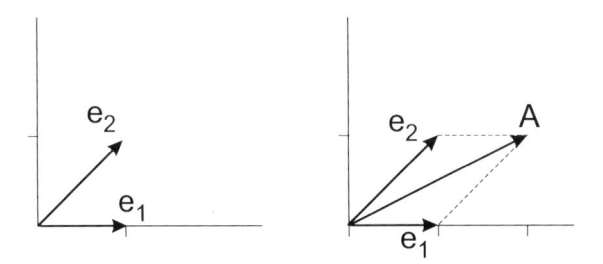

Abb. 4.2: *Basis aus den nicht orthogonalen Einheitsvektoren $\mathbf{e}_1$ und $\mathbf{e}_2$ (links) und die Darstellung des Vektors $\mathbf{A}$ in dieser Basis (rechts)*

wobei sich die Komponenten A^1 und A^2 des Vektors nun auf die Basisvektoren $\mathbf{e}_1$ und $\mathbf{e}_2$ beziehen (Abb. 4.2, rechts). Zu beachten ist, dass die hochgestellten Größen 1 und 2 Indizes darstellen und keine Exponenten sind. Dies geht in den nachfolgenden Rechnungen in der Regel aus dem Zusammenhang hervor; an Stellen, an denen Verwechselungen möglich sind, weisen wir auf die Bedeutung der Indizes hin.

4.1.2 Summationskonvention

Die Beziehung (4.2) lässt sich auch darstellen als

$$\mathbf{A} = \sum_{i=1}^{2} A^i \mathbf{e}_i \,, \tag{4.3}$$

wobei über alle Indizes summiert wird, im dargestellten Fall des zweidimensionalen Raumes also von $i = 1$ bis 2.

Es wird sich nun als äußerst zweckmäßig erweisen, die folgende Vereinbarung zu treffen: Taucht in einem Ausdruck der selbe Index sowohl als oberer als auch als unterer Index auf, so wird über diesen Index summiert.

4.1 Definitionen

Woldemar Voigt (* 2. September 1850 in Leipzig; † 13. Dezember 1919 in Göttingen) war ein deutscher Physiker. Voigt lehrte Theoretische Physik in Königsberg und in Göttingen und arbeitete auf den Gebieten der Festkörperphysik, der Thermodynamik und der Optik. Er führte unter anderem den Begriff Tensor als Verallgemeinerung des Vektorbegriffs ein. Für die Relativitätstheorie von großer Bedeutung war die von ihm entwickelte Voigt-Transformation. Die Voigt-Transformation ist eine Koordinatentransformation für bewegte Systeme und basiert auf der Galilei-Transformation. Voigt leitete die Transformationsgleichungen im Rahmen von Untersuchungen zur Ausbreitung von Wellen in elastischen Medien her. Unter dieser Transformation ist die Wellengleichung invariant. Die Transformationsgleichungen sind bis auf Skalierungsfaktoren mit der später entwickelten Lorentz-Transformation identisch. (Bild: Wikimedia Commons, lizenziert unter CreativeCommons-Lizenz by-sa-2.0-de, URL: http://creativecommons.org/licenses/by-sa/2.0/de/legalcode)

Es gilt also die *Summationskonvention*

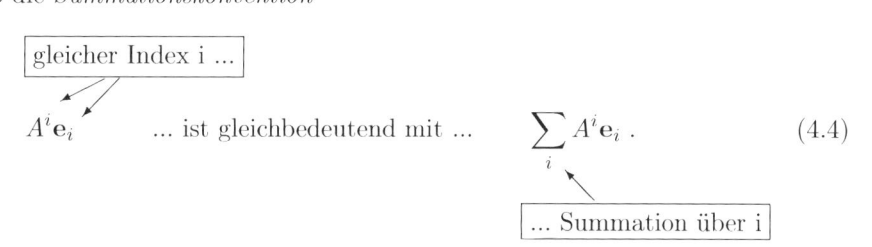

$$A^i \mathbf{e}_i \quad \ldots \text{ist gleichbedeutend mit} \ldots \quad \sum_i A^i \mathbf{e}_i \; . \tag{4.4}$$

(gleicher Index i ... / ... Summation über i)

Der durch (4.2) definierte Vektor **A** kann daher mit Hilfe der Summationskonvention auch einfacher durch

$$\mathbf{A} = A^i \mathbf{e}_i \tag{4.5}$$

beschrieben werden. In der nachfolgenden Box 4.1 ist gezeigt, dass die Summationskonvention insbesondere bei komplizierteren Ausdrücken mit mehreren Indizes eine sehr einfache und kompakte Schreibweise ermöglicht.

Box 4.1: Summationskonvention mit mehreren Indizes

Die Vorteile der Summationskonvention werden besonders offensichtlich bei Ausdrücken mit mehreren Indizes. Betrachten wir beispielsweise den Ausdruck $g_{ij} x^i x^j$ so können wir diesen gemäß der Summationskonvention umformen in

$$\sum_i \sum_j g_{ij} x^i x^j \tag{4.6}$$

$$= \sum_j g_{1j} x^1 x^j + \sum_j g_{2j} x^2 x^j \tag{4.7}$$

$$= g_{11} x^1 x^1 + g_{12} x^1 x^2 + g_{21} x^2 x^1 + g_{22} x^2 x^2 \; . \tag{4.8}$$

> Dabei stellt die letzte Zeile eine sog. quadratische Form dar, die wir später im Kapitel 5 verwenden werden. Man beachte, dass bei der Koordinate x die hochgestellten Größen 1 und 2 Indizes darstellen und keine Exponenten sind.

4.2 Abstand und Metrik

Länge eines Vektors

Wir wollen nun die Länge eines Vektors $\mathbf{A}$ in der Basis $\mathbf{e}_1, \mathbf{e}_2$ bestimmen. Für die Länge s des Vektors gilt

$$s = |\mathbf{A}|, \tag{4.9}$$

so dass das Quadrat der Länge

$$s^2 = \mathbf{A}\mathbf{A} \tag{4.10}$$

ist. In unserer abgekürzten Schreibweise (4.5) wird dies

$$s^2 = \mathbf{A}\mathbf{A} = A^i \mathbf{e}_i \, A^j \mathbf{e}_j \tag{4.11}$$

$$= A^i A^j \underbrace{\mathbf{e}_i \mathbf{e}_j}_{g_{ij}} . \tag{4.12}$$

Der Ausdruck g_{ij} ist dabei das Skalarprodukt der Basisvektoren und wird als Metrikkoeffizient bezeichnet. Diese Größe hat eine zentrale Bedeutung in der allgemeinen Relativitätstheorie und wird in Kapitel 5 ausführlich behandelt. Wir erhalten somit für die einzelnen *Metrikkoeffizienten*

$$\boxed{g_{ij} = \mathbf{e}_i \mathbf{e}_j}, \tag{4.13}$$

wobei i und j jeweils die Werte 1 und 2 annehmen. Die Metrikkoeffizienten g_{ij} lassen sich daher in übersichtlicher Form in Matrixschreibweise darstellen, wobei sich im Zweidimensionalen eine 2x2-Matrix ergibt

$$[g_{ij}] = \begin{pmatrix} g_{11} & g_{12} \\ g_{21} & g_{22} \end{pmatrix} . \tag{4.14}$$

Dabei bedeutet das eckige Klammerpaar, dass die entsprechende Größe als Matrix aufzufassen ist. Die Berechnung des Matrixelementes g_{12} beispielsweise erfolgt dann durch Bestimmung des Skalarproduktes der beiden Basisvektoren $\mathbf{e}_1$ und $\mathbf{e}_2$. Aus der Definition der Metrikkoeffizienten über das Skalarprodukt der Basisvektoren folgt wegen des Kommutativgesetzes unmittelbar die Eigenschaft der Symmetrie, d.h. es gilt

$$\boxed{g_{ij} = g_{ji}} . \tag{4.15}$$

4.2 Abstand und Metrik

> **Satz 4.1:** Die Metrikkoeffizienten eines Raumes sind durch das Skalarprodukt der Basisvektoren definiert und sind symmetrisch bezüglich des Vertauschen der Indizes.

Ebenso erkennt man, dass die für den Fall orthogonaler Basisvektoren nur die Hauptdiagonale der Matrix $[g_{ij}]$ von null verschieden ist. Ein Beispiel zur Bestimmung der Metrikkoeffizienten für eine gegebene Basis ist in Box 4.2 gezeigt.

Box 4.2: Berechnung der Metrikkoeffizienten

Für die in Abb. 4.2 dargestellten Basisvektoren $\mathbf{e}_1$ und $\mathbf{e}_2$ sollen die Metrikkoeffizienten bestimmt werden. Zur vereinfachten Darstellung beziehen wir im Folgenden die Zahlenwerte der Vektorkomponenten auf das kartesische Koordinatensystem und erhalten so für die beiden Basisvektoren

$$\mathbf{e}_1 = \begin{pmatrix} 1 \\ 0 \end{pmatrix} \; ; \quad \mathbf{e}_2 = \begin{pmatrix} 1 \\ 1 \end{pmatrix}. \tag{4.16}$$

Die einzelnen Metrikkoeffizienten g_{ij} lassen sich nun mittels (4.13) berechnen. So ergibt sich beispielsweise für g_{11}

$$g_{11} = \mathbf{e}_1 \mathbf{e}_1 = \begin{pmatrix} 1 \\ 0 \end{pmatrix} \begin{pmatrix} 1 \\ 0 \end{pmatrix} = 1. \tag{4.17}$$

Entsprechend berechnen sich die anderen Komponenten, und wir erhalten schließlich die einzelnen Metrikkoeffizienten

$$g_{11} = \mathbf{e}_1 \mathbf{e}_1 = 1 \quad , \quad g_{12} = \mathbf{e}_1 \mathbf{e}_2 = 1, \tag{4.18}$$
$$g_{21} = \mathbf{e}_2 \mathbf{e}_1 = 1 \quad , \quad g_{22} = \mathbf{e}_2 \mathbf{e}_2 = 2, \tag{4.19}$$

was sich auch kürzer als Matrix in der Form

$$[g_{ij}] = \begin{pmatrix} 1 & 1 \\ 1 & 2 \end{pmatrix} \tag{4.20}$$

darstellen lässt.

Ist die Metrik g_{ij} für ein gegebenes Koordinatensystem bekannt, können wir Abstände und Längen bestimmen. So folgt aus (4.12) für die *Länge s eines Vektors* $\mathbf{A}$

$$\boxed{s = \sqrt{g_{ij} A^i A^j}}. \tag{4.21}$$

Ein Beispiel für die Berechnung der Länge eines Vektors zeigt Box 4.3.

> **Box 4.3: Berechnung der Länge eines Vektors**
>
> In der bereits in Box 4.2 untersuchten Basis
>
> $$\mathbf{e}_1 = \begin{pmatrix} 1 \\ 0 \end{pmatrix} \quad ; \quad \mathbf{e}_2 = \begin{pmatrix} 1 \\ 1 \end{pmatrix} \tag{4.22}$$
>
> soll die Länge s des Vektors
>
> $$\mathbf{A} = 2\mathbf{e}_1 + \mathbf{e}_2 \tag{4.23}$$
>
> mit den Vektorkomponenten $A^1 = 2$ und $A^2 = 1$ berechnet werden (Abb. 4.3).
>
> **Abb. 4.3:** *Ein Vektor $\mathbf{A}$ in der Basis $\mathbf{e}_1, \mathbf{e}_2$*
>
> Mit der in Box 4.2 bestimmten Metrik (4.20) erhalten wir unter Verwendung von (4.21)
>
> $$s^2 = \underbrace{A^1 A^1 g_{11}}_{2\cdot 2\cdot 1} + \underbrace{A^1 A^2 g_{12}}_{2\cdot 1\cdot 1} + \underbrace{A^2 A^1 g_{21}}_{1\cdot 2\cdot 1} + \underbrace{A^2 A^2 g_{22}}_{1\cdot 1\cdot 2} \tag{4.24}$$
>
> $$= 4 + 2 + 2 + 2 \tag{4.25}$$
>
> $$= 10 \, . \tag{4.26}$$
>
> Die Länge des Vektors beträgt daher
>
> $$s = |\mathbf{A}| = \sqrt{10} \, . \tag{4.27}$$

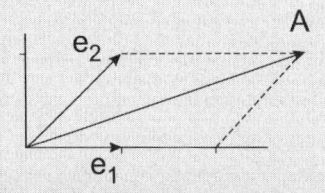

4.3 Kovariante und kontravariante Basis

4.3.1 Definition

Die Begriffe der Kovarianz und der Kontravarianz stiften häufig Verwirrung, da deren Bedeutung vom Kontext abhängt. Allgemein bezeichnet der Begriff Kovarianz die Eigenschaft einer physikalischen Gleichung, ihre Form auch unter einer Transformation beizubehalten. So benötigt man beispielsweise in der Physik bei vielen Anwendungen Gleichungen, die invariant gegenüber Koordinatentransformationen sind. Ein Beispiel dazu werden wir in dem ergänzenden Abschnitt 4.5 vorstellen.

4.3 Kovariante und kontravariante Basis

Gleichzeitig werden die Begriffe kovariant und kontravariant zur Bezeichnung unterschiedlicher Basen verwendet. So hatten wir oben bereits eine Basis $\mathbf{e}_1$ und $\mathbf{e}_2$ eingeführt. Bezeichnet man diese als die kovariante Basis, so wird die dazu duale Basis kontravariante Basis genannt. Dabei verwendet man zur Unterscheidung üblicherweise hochgestellte Indizes für die Basisvektoren der kontravarianten Basis, also $\mathbf{e}^1$, $\mathbf{e}^2$ und tiefgestellte Indizes für die Basisvektoren der kovarianten Basis $\mathbf{e}_1$, $\mathbf{e}_2$:

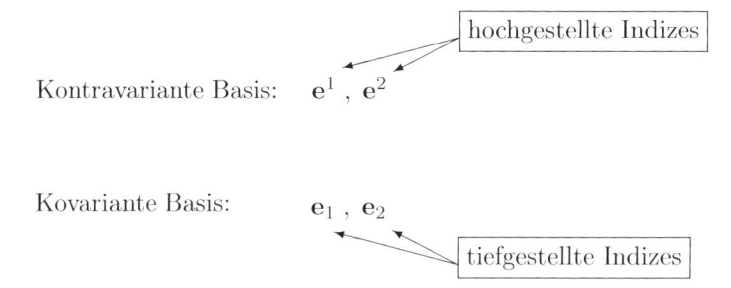

Kontravariante Basis: $\mathbf{e}^1$, $\mathbf{e}^2$ — hochgestellte Indizes

Kovariante Basis: $\mathbf{e}_1$, $\mathbf{e}_2$ — tiefgestellte Indizes

Die Dualität der Basen bedeutet, dass die sich nicht entsprechenden ko- und kontravarianten Basisvektoren, also beispielsweise $\mathbf{e}_1$ und $\mathbf{e}^2$ jeweils senkrecht aufeinanderstehen, so dass $\mathbf{e}_1 \mathbf{e}^2 = 0$, während die Skalarprodukte des kovarianten und des entsprechenden kontravarianten Basisvektors jeweils 1 ergeben, so dass beispielsweise $\mathbf{e}_1 \mathbf{e}^1 = 1$.

Der Hintergrund der Bezeichnungen kovariante und kontravariante Basis ist in Box 4.4 erläutert. Für uns spielt dies im Folgenden jedoch keine Rolle, wir verwenden die Begriffe ko- und kontravariante Basis einfach als Namen für zwei zueinander duale Basen, zwischen denen wir beliebig hin- und herwechseln können.

Box 4.4: Ko- und kontravariante Vektoren

Der Name kovariant kommt ursprünglich daher, dass sich bei einer Transformation der Basisvektoren die Komponenten eines kovarianten Vektors proportional zu den Änderungen der Basisvektoren verhalten. Entsprechend ändern sich die Komponenten eines kontravarianten Vektors umgekehrt proportional zu den Änderungen der Basisvektoren. Als Beispiel diene der Vektor $\mathbf{A}$, den wir getrennt nach Vektorkomponente A und Basisvektor $\mathbf{e}$ darstellen (vgl. (4.5)), also

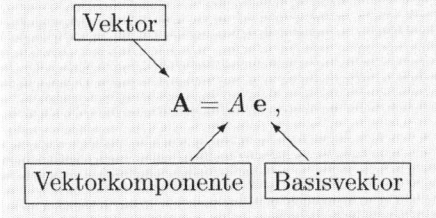

$$\mathbf{A} = A\,\mathbf{e},$$

(Vektor — Vektorkomponente — Basisvektor)

wobei wir hier der Einfachheit halber auf die Indizes verzichten. Wir wollen nun als Beispiel einen Vektor $\mathbf{A}$ mit einer Länge von 25 cm in zwei Koordinatensystemen mit unterschiedlichen Basisvektoren darstellen. Dabei habe der Basisvektor $\mathbf{e}_{cm}$ des ersten Koordinatensystems eine Länge von 1 cm und der Basisvektor $\mathbf{e}_{zoll}$

des zweiten Koordinatensystems die Länge 1 Zoll, also etwa 2,5 cm. Dann lässt sich **A** darstellen als

$$\mathbf{A} = 25\, \mathbf{e}_{cm}\, [\text{cm}] \quad \text{bzw.} \quad \mathbf{A} = 10\, \mathbf{e}_{zoll}\, [\text{zoll}]\,. \tag{4.28}$$

Die entsprechende Vektorkomponente wird also *kleiner* (25 → 10), wenn die Länge des Basisvektors *größer* (cm → Zoll) wird. In diesem Fall spricht man von *kontravarianten* Vektorkomponenten, d.h.

$$\mathbf{e} \nearrow \;\Rightarrow\; A \searrow \quad : \quad \text{kontravariant}. \tag{4.29}$$

Zur Kennzeichnung wird die kontravariante Vektorkomponente mit hochgestelltem Index versehen.

Nun betrachten wir den Fall, dass es sich bei dem Vektor **A** um einen Gradienten handelt. Beschreibt dieser beispielsweise eine Temperaturänderung von 10° C/cm, dann gilt in den beiden Darstellungen mit den beiden Basisvektoren $\mathbf{e}_{cm}$ und $\mathbf{e}_{zoll}$

$$\mathbf{A} = 10\, \mathbf{e}_{cm}\, [°\text{C/cm}] \quad \text{bzw.} \quad \mathbf{A} = 25\, \mathbf{e}_{zoll}\, [°\text{C/Zoll}]\,. \tag{4.30}$$

Bei einer *Vergrößerung* des Basisvektors (°C/cm → °C/Zoll) *vergrößern* sich daher auch die Vektorkomponenten des Gradienten (10 → 25). Solche Vektorkomponenten werden als *ko*variant bezeichnet, d.h.

$$\mathbf{e} \nearrow \;\Rightarrow\; A \nearrow \quad : \quad \text{kovariant}. \tag{4.31}$$

Kovariante Vektorkomponenten werden dabei mit tiefgestelltem Index (Merkregel: ko → below (*engl.*: tief) versehen.

In den weiteren Ausführungen werden wir uns von dieser engen Definition jedoch lösen und zeigen, dass wir einen beliebigen Vektor sowohl in ko- als auch in kontravarianter Form darstellen können. Der Vorteil ist, dass sich viele Rechenoperationen durch geeignete Wahl der Darstellung erheblich einfacher ausführen lassen.

4.3.2 Bestimmung der kontravarianten Basis

Wir wollen nun eine neue Basis einführen, die dual zu der Basis $\mathbf{e}_1$, $\mathbf{e}_2$ ist. Die beiden Basen werden wir durch die Stellung der Indizes unterscheiden, wobei wir die Basis mit tiefgestellten Indizes als kovariante Basis und die Basis mit hochgestellten Indizes als kontravariante Basis bezeichnen.

Aus der oben gegebenen Definition der Dualität folgt damit für die Skalarprodukte der Basisvektoren im Zweidimensionalen [8]

$$\mathbf{e}_1 \mathbf{e}^1 = 1 \;,\quad \mathbf{e}_1 \mathbf{e}^2 = 0\,, \tag{4.32}$$

$$\mathbf{e}_2 \mathbf{e}^1 = 0 \;,\quad \mathbf{e}_2 \mathbf{e}^2 = 1\,. \tag{4.33}$$

4.3 Kovariante und kontravariante Basis

Dies wird durch folgende abgekürzte Schreibweise dargestellt

$$\boxed{\mathbf{e}_i \mathbf{e}^j = \delta_i^j \,,} \qquad (4.34)$$

wobei das δ_i^j das sog. *Kronecker-Symbol*

$$\delta_i^j = \begin{cases} 1 & \text{für} \quad i = j \\ 0 & \text{für} \quad i \neq j \end{cases} \qquad (4.35)$$

ist.

Um nun für die gegebene kovariante Basis mit den Basisvektoren $\mathbf{e}_1$, $\mathbf{e}_2$ die Basisvektoren $\mathbf{e}^1$, $\mathbf{e}^2$ der entsprechenden kontravarianten Basis zu bestimmen, verwenden wir den Ansatz

$$\mathbf{e}^1 = a^{11}\mathbf{e}_1 + a^{12}\mathbf{e}_2 \qquad (4.36)$$
$$\mathbf{e}^2 = a^{21}\mathbf{e}_1 + a^{22}\mathbf{e}_2 \,, \qquad (4.37)$$

mit den noch unbekannten Koeffizienten a^{ij}. Unter Verwendung der Indexschreibweise lässt sich dies sehr kompakt in der Form

$$\mathbf{e}^i = a^{ij}\mathbf{e}_j \qquad (4.38)$$

darstellen. Multiplikation beider Seiten mit $\mathbf{e}^k$ ergibt

$$\underbrace{\mathbf{e}^i \mathbf{e}^k}_{g^{ik}} = a^{ij} \underbrace{\mathbf{e}_j \mathbf{e}^k}_{\delta_j^k} \qquad (4.39)$$

$$g^{ik} = a^{ik} \,, \qquad (4.40)$$

wobei wir auf der rechten Seite wegen des Kronecker-Deltas (4.35) den Index getauscht haben ($j \to k$), da δ_j^k nur dann gleich eins ist, wenn $j = k$. Die gesuchten Koeffizienten a^{ij} entsprechen also den g^{ij} und wir erhalten aus (4.38)

$$\boxed{\mathbf{e}^i = g^{ij}\mathbf{e}_j \,.} \qquad (4.41)$$

Damit ist der gesuchte Zusammenhang zwischen den Basisvektoren der ko- und der kontravarianten Basis bekannt.

Auf entsprechende Weise ergibt sich der Ausdruck

$$\boxed{\mathbf{e}_i = g_{ij}\mathbf{e}^j \,.} \qquad (4.42)$$

Den ersten Ausdruck (4.41) multiplizieren wir mit $\mathbf{e}_k$ auf beiden Seiten

$$\mathbf{e}_k \mathbf{e}^i = \mathbf{e}_k \, g^{ij}\mathbf{e}_j \,. \qquad (4.43)$$

Den Term $\mathbf{e}_k$ können wir durch (4.42) ersetzen, wenn wir dort statt der Indizes i und j einfach k und l verwenden. Dies führt auf

$$\mathbf{e}_k \mathbf{e}^i = g_{kl} \mathbf{e}^l g^{ij} \mathbf{e}_j \tag{4.44}$$

oder nach Umstellen und mit (4.34) auf

$$\delta_k^i = g_{kl} \, g^{ij} \mathbf{e}^l \mathbf{e}_j \tag{4.45}$$
$$= g_{kl} \, g^{ij} \delta_j^l \, . \tag{4.46}$$

Austausch der Indizes ($l \to j$) wegen des Kronecker-Deltas ergibt schließlich

$$\boxed{\delta_k^i = g^{ij} g_{kj} \, .} \tag{4.47}$$

Dies bedeutet, dass in Matrixdarstellung das Produkt aus den ko- und kontravarianten Metrikkoeffizienten die Einheitsmatrix ergibt. Ko- und kontravariante Metrik sind demnach invers zueinander, d.h. es gilt

$$[g^{ij}] = [g_{ij}]^{-1} \, . \tag{4.48}$$

Viele Metriken, die wir untersuchen, sind orthogonal, so dass $g_{ij} = 0$ für alle $i \neq j$. In der Matrix $[g_{ij}]$ ist dann nur die Hauptdiagonale besetzt, so dass sich die einzelnen ko- und kontravarianten Metrikkoeffizienten mittels der einfachen Beziehung

$$g^{ii} = \frac{1}{g_{ii}} \quad , \quad \text{wenn } g_{ij} = 0 \text{ für alle } i \neq j \tag{4.49}$$

ineinander umrechnen lassen.

Satz 4.2: Ko- und kontravariante Basen sind zueinander duale Basen, die über die Metrikkoeffizienten miteinander in Zusammenhang stehen.

Ein Beispiel zur Bestimmung einer kontravarianten Basis zu einer gegebenen kovarianten Basis ist in Box 4.5 gezeigt.

Box 4.5: Bestimmung der kontravarianten Basis aus der kovarianten

Wir wollen zu der kovarianten Basis $\mathbf{e}_1$ und $\mathbf{e}_2$ (vgl. Box 4.2)

$$\mathbf{e}_1 = \begin{pmatrix} 1 \\ 0 \end{pmatrix} \; ; \; \mathbf{e}_2 = \begin{pmatrix} 1 \\ 1 \end{pmatrix} \tag{4.50}$$

die kontravariante Basis $\mathbf{e}^1$ und $\mathbf{e}^2$ bestimmen. Dazu benötigen wir zunächst die Metrikkoeffizienten g^{ij}, die sich aus den g_{ij} durch Matrixinversion bestimmen. Die g_{ij} hatten wir bereits in Box 4.2 zu

$$[g_{ij}] = \begin{pmatrix} 1 & 1 \\ 1 & 2 \end{pmatrix} \tag{4.51}$$

4.3 Kovariante und kontravariante Basis

bestimmt. Damit und mit (4.48) erhalten wir zunächst die Metrikkoeffizienten der kontravarianten Basis

$$[g^{ij}] = [g_{ij}]^{-1} = \begin{pmatrix} 2 & -1 \\ -1 & 1 \end{pmatrix}. \tag{4.52}$$

Die kontravarianten Basisvektoren bestimmen sich dann mit (4.41). So wird

$$\mathbf{e}^1 = g^{1j}\mathbf{e}_j \tag{4.53}$$
$$= g^{11}\mathbf{e}_1 + g^{12}\mathbf{e}_2 \tag{4.54}$$
$$= 2\begin{pmatrix} 1 \\ 0 \end{pmatrix} + (-1)\begin{pmatrix} 1 \\ 1 \end{pmatrix} = \begin{pmatrix} 1 \\ -1 \end{pmatrix}. \tag{4.55}$$

Entsprechend bestimmt sich $\mathbf{e}^2$, und wir erhalten schließlich die beiden kontravarianten Basisvektoren (siehe Abb. 4.4)

$$\mathbf{e}^1 = \begin{pmatrix} 1 \\ -1 \end{pmatrix} \quad ; \quad \mathbf{e}^2 = \begin{pmatrix} 0 \\ 1 \end{pmatrix}. \tag{4.56}$$

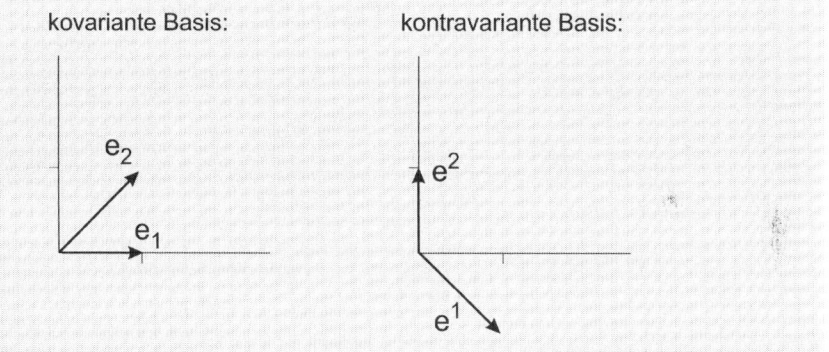

Abb. 4.4: *Darstellung der kovarianten Basisvektoren $\mathbf{e}_1$ und $\mathbf{e}_2$ sowie der entsprechenden kontravarianten Basisvektoren $\mathbf{e}^1$ und $\mathbf{e}^2$*

4.3.3 Rechnen mit ko- und kontravarianten Vektoren

Darstellung von Vektoren in ko- und kontravarianter Basis

Um einen Vektor in einer gegebenen Basis darzustellen, bietet sich die Verwendung der Summationskonvention (siehe Abschn. 4.1.1) an. Ein Vektor $\mathbf{A}$ in einer kovarianten Basis lässt sich somit in der Form

$$\mathbf{A} = A^i \mathbf{e}_i \tag{4.57}$$

darstellen. Dabei sind die $\mathbf{e}_i$ die kovarianten Basisvektoren und die A^i entsprechend die kontravarianten Komponenten des Vektors. Daraus erhalten wir mit (4.42)

$$\mathbf{A} = A^i \mathbf{e}_i = A^i g_{ij} \mathbf{e}^j \ . \tag{4.58}$$

Für die Darstellung des selben Vektors in der entsprechenden kontravarianten Basis $\mathbf{e}^j$ mit den kovarianten Vektorkomponenten A_j setzen wir an

$$\mathbf{A} = A_j \mathbf{e}^j \ . \tag{4.59}$$

Gleichsetzen der rechten Seiten von (4.58) und (4.59) ergibt schließlich die Beziehung zur *Umrechnung zwischen ko- und kontravarianten Komponenten*

$$\boxed{A_j = A^i g_{ij}\ ,} \tag{4.60}$$

so dass wir den gleichen Vektor auch in der kontravarianten Basis darstellen können.

Satz 4.3: Vektoren lassen sich sowohl in einer kovarianten Basis als auch der entsprechenden kontravarianten Basis darstellen.

Ein Beispiel zur Umrechnung der kontravarianten Vektorkomponenten in die entsprechenden kovarianten ist in der folgenden Box 4.6 gezeigt.

Box 4.6: Umrechnung von kontravarianten in kovariante Vektorkomponenten

In der kovarianten Basis

$$\mathbf{e}_1 = \begin{pmatrix} 1 \\ 0 \end{pmatrix} \ ; \quad \mathbf{e}_2 = \begin{pmatrix} 1 \\ 1 \end{pmatrix} \tag{4.61}$$

sei der Vektor $\mathbf{A} = A^i \mathbf{e}_i = 2\mathbf{e_1} + \mathbf{e_2}$ mit den Komponenten $A^1 = 2$ und $A^2 = 1$ gegeben. (Abb. 4.5, links). Dieser Vektor soll nun in der kontravarianten Basis (vgl. Box 4.5)

$$\mathbf{e}^1 = \begin{pmatrix} 1 \\ -1 \end{pmatrix} \ ; \quad \mathbf{e}^2 = \begin{pmatrix} 0 \\ 1 \end{pmatrix} \tag{4.62}$$

dargestellt werden. Die Komponenten A_i in der kontravarianten Basis berechnen sich dann mit (4.60)

$$A_i = g_{ij} A^j \ , \tag{4.63}$$

wobei wir die Metrik g_{ij} bereits in Box 4.2 zu (4.20)

$$[g_{ij}] = \begin{pmatrix} 1 & 1 \\ 1 & 2 \end{pmatrix} \tag{4.64}$$

4.3 Kovariante und kontravariante Basis

bestimmt hatten. Mit $A^1 = 2$ und $A^2 = 1$ ergibt sich für A_1

$$A_1 = g_{1j}A^j = 1 \cdot 2 + 1 \cdot 1 = 3 \; . \tag{4.65}$$

Entsprechendes gilt für A_2 und wir erhalten

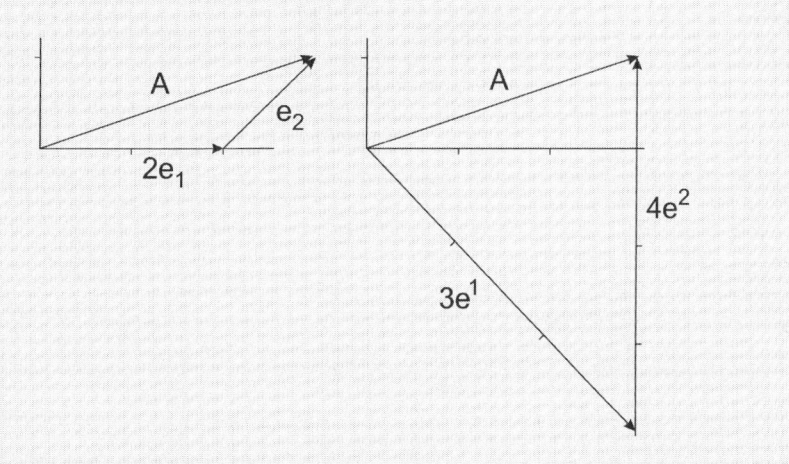

$$A_1 = 3 \quad , \quad A_2 = 4 \; . \tag{4.66}$$

Abb. 4.5: *Darstellung des Vektors* **A** *in der kovarianten Basis (links) sowie in der kontravarianten Basis (rechts). Beide Darstellungen führen zu dem selben Vektor*

Der sich ergebende Vektor in der kontravarianten Basis ist in Abb. 4.5, rechts, dargestellt. Man erkennt, dass sich der gleiche Vektor ergibt, unabhängig davon, in welcher Basis wir arbeiten. Dies ist ein wichtiges Ergebnis, was uns ermöglicht, beliebig ko- und kontravarianten Größen zu verwenden, was die späteren Rechnungen deutlich vereinfachen wird.

Länge eines Vektors in kontravarianter Basis

Für die Länge s eines Vektors in der kontravarianten Basis erhalten wir analog zu (4.12)

$$s^2 = A_i A_j g^{ij} \; . \tag{4.67}$$

Ein Rechenbeispiel dazu ist in der nachfolgenden Box 4.7 angegeben.

Box 4.7: Länge eines Vektors in der kontravarianten Basis

Es soll die Länge des Vektors $\mathbf{A} = A_i \mathbf{e}^i = 3\mathbf{e^1} + 4\mathbf{e^2}$ mit den Vektorkomponenten $A_1 = 3$ sowie $A_2 = 4$ in der kontravarianten Basis

$$\mathbf{e}^1 = \begin{pmatrix} 1 \\ -1 \end{pmatrix} \; ; \quad \mathbf{e}^2 = \begin{pmatrix} 0 \\ 1 \end{pmatrix} \; . \tag{4.68}$$

bestimmt werden (vgl. Box 4.6). Dazu verwenden wir (4.67) mit der Metrik g^{ij}, die wir bereits in Box 4.5 bestimmt hatten (4.52). Dies ergibt

$$s^2 = A_i A_j g^{ij} \tag{4.69}$$

$$= \underbrace{A_1 A_1 g_{11}}_{3\cdot3\cdot2} + \underbrace{A_1 A_2 g^{12}}_{3\cdot4\cdot(-1)} + \underbrace{A_2 A_1 g^{21}}_{4\cdot3\cdot(-)1} + \underbrace{A_2 A_2 g^{22}}_{4\cdot4\cdot1} \tag{4.70}$$

$$= 18 - 12 - 12 + 16 \tag{4.71}$$

$$= 10 \ . \tag{4.72}$$

Die Länge des Vektors beträgt also $s = \sqrt{10}$ und hat damit in der kontravarianten Basis den gleichen Wert wie in der kovarianten Basis.

Wir hatten bereits gesehen, dass die Indexschreibweise und die Verwendung der Summationskonvention eine sehr kompakte Darstellung auch komplizierter Ausdrücke ermöglicht. Wir zeigen nun am Beispiel des Skalarproduktes, dass die gleichzeitige Verwendung von ko- und kontravarianten Komponenten nochmals zu einer Vereinfachung führt. Dazu berechnen wir zunächst allgemein das Skalarprodukt zweier Vektoren **A** und **B**, indem wir diese in der ko- bzw. der kontravarianten Form darstellen. Mit

$$\mathbf{A} = A_i \mathbf{e}^i \tag{4.73}$$

und

$$\mathbf{B} = B^i \mathbf{e}_i \tag{4.74}$$

erhalten wir den Ausdruck

$$\mathbf{A}\mathbf{B} = A_i \mathbf{e}^i B^j \mathbf{e}_j \ . \tag{4.75}$$

Dies wird mit dem Kronecker-Symbol (4.34)

$$\mathbf{A}\mathbf{B} = A_i B^j \delta^i_j \ . \tag{4.76}$$

Da δ^i_j definitionsgemäß (4.35) nur dann eins ist, wenn $i = j$ und sonst gleich null, erhalten wir schließlich für das *Skalarprodukt zweier Vektoren* den sehr einfachen Ausdruck

$$\mathbf{A}\mathbf{B} = A_i B^i \ . \tag{4.77}$$

Eine Anwendung dieser Beziehung ist in der Box 4.8 an einem Beispiel gezeigt.

Box 4.8: Vereinfachte Berechnung der Länge eines Vektors

Es soll nochmals die Länge des Vektors **A** aus Box 4.7 bzw. Box 4.3 bestimmt werden. Dazu verwenden wir (4.77) und setzen dort $\mathbf{B} = \mathbf{A}$. Damit ergibt sich das

Quadrat der Länge zu $s^2 = A_i A^i$. Mit den ko- bzw. kontravarianten Vektorkomponenten $A^1 = 2$ und $A^2 = 1$ bzw. $A_1 = 3$ und $A_2 = 4$ wird dann

$$s^2 = \mathbf{A}\mathbf{A} = A_i A^i \tag{4.78}$$
$$= A_1 A^1 + A_2 A^2 \tag{4.79}$$
$$= 3 \cdot 2 + 4 \cdot 1 \tag{4.80}$$
$$= 10 \ . \tag{4.81}$$

Für die Länge des Vektors erhalten wir wiederum $s = \sqrt{10}$, wobei die Darstellung mit ko- und kontravarianten Komponenten zu einer sehr einfachen Rechnung führt.

Satz 4.4: Durch die Verwendung von sowohl ko- als auch kontravarianten Komponenten lassen sich auch komplexe Rechenoperationen in sehr kompakter Form darstellen.

4.4 Rechnen mit indizierten Größen

Im letzten Abschnitt hatten wir Rechenregeln abgeleitet, die sich für spätere Rechnungen als sehr nützlich erweisen werden. Wir stellen die Regeln im Folgenden daher nochmals in übersichtlicher Form zusammen und ergänzen sie durch zwei weitere Regeln[1].

4.4.1 Austausch von Indizes

Bei der Rechnung mit indizierten Größen kann es vorkommen, dass wir bei einer Komponente statt eines Indexes i einen anderen Index j benötigen. Dieser Austausch der Indizes erfolgt mit der Austauschregel. Zur Herleitung dieser Regel verwenden wir die Tatsache, dass das Kronecker-Delta nur dann den Wert eins annimmt, wenn beide Indizes gleich sind (4.35). Damit lässt sich allgemein die Austauschregel

$$A^i \quad \Longleftarrow \boxed{\text{Austauschregel}} \Longrightarrow \quad A^j \tag{4.82}$$

formulieren. Die Austauschregel besagt, dass in einem Ausdruck ein Index durch Multiplikation mit dem Kronecker-Delta ausgetauscht werden kann. So folgt aus der Definition des Kronecker-Deltas (4.34) unmittelbar

$$\boxed{A^i \delta_j^i = A^j \ .} \tag{4.83}$$

Die nachfolgende Box 4.9 zeigt ein Beispiel, wie sich die Austauschregel auch bei Ausdrücken mit mehreren Indizes anwenden lässt.

---
[1] Eine Einführung in das Rechnen mit indizierten Größen findet man beispielsweise in [9].

> **Box 4.9: Austauschregel bei Ausdrücken mit mehreren Indizes**
>
> Die Austauschregel lässt sich entsprechend bei Ausdrücken mit mehreren Indizes anwenden. Soll z.B. in dem Ausdruck A^{ij} der kontravariante Index j durch k ersetzt werden, so erhalten wir durch Multiplikation mit δ_j^k
>
> $$A^{ij}\delta_j^k = A^{ik} \,. \tag{4.84}$$
>
> In gleicher Weise gilt die Austauschregel für den Fall des Austausches kovarianter Indizes. So ist gilt analog zu (4.84)
>
> $$A_{ij}\delta_k^j = A_{ik} \,, \tag{4.85}$$
>
> wodurch der kovariante Index j durch k ausgetauscht wird.

4.4.2 Herauf- und Herunterschieben von Indizes

Oft ist es zweckmäßig, in einer Gleichung z.B. statt der kontravarianten Darstellung eines Vektors die kovariante zu verwenden. Formal entspricht dies dem Verschieben eines hochstehenden Indexes in einen tiefstehenden; praktisch bedeutet dies, dass die kontravarianten Komponenten eines Vektors in kovariante Komponenten umgerechnet werden müssen. Diese Umrechnung erfolgt dann einfach mit der sog. Verschieberegel

$$A^i \quad \Longleftarrow \boxed{\text{Verschieberegel}} \Longrightarrow \quad A_j \,. \tag{4.86}$$

Diese Regel ist die verallgemeinerte Form der im letzten Abschnitt abgeleiteten Beziehung (4.60)

$$\boxed{A_j = g_{ij} A^i \,.} \tag{4.87}$$

Der hochstehende Index i von A wird also durch Multiplikation mit den Metrikkoeffizienten g_{ij} zu einem tiefstehenden Index j. Entsprechend gilt

$$\boxed{A^j = g^{ij} A_i \,.} \tag{4.88}$$

Zwei Anwendungen der Verschieberegel sind in der nachfolgenden Box 4.10 dargestellt.

> **Box 4.10: Anwendung der Verschieberegel**
>
> **Verschieberegel bei mehrfach indizierten Größen**
>
> Um in einem Ausdruck mit mehreren Indizes, wie A_{jkl}, die Position eines Indexes, z.B. j, zu wechseln, wird dieser mit dem entsprechenden Metrikkoeffizienten multipliziert. Wir erhalten
>
> $$g^{ij} A_{jkl} = A^i_{kl} \,. \tag{4.89}$$

Umgekehrt wird

$$A_{jkl} = g_{ij} A^i_{kl} \,. \tag{4.90}$$

Umwandeln einer Gleichung von ko- in kontravariante Darstellung

Aus der kovarianten Darstellung

$$a_i = b_i \, c \tag{4.91}$$

wird durch Multiplikation beider Seiten mit g^{ij}

$$g^{ij} a_i = g^{ij} b_i \, c \tag{4.92}$$

und damit unter Anwendung der Verschieberegel die entsprechende kontravariante Darstellung

$$a^j = b^j \, c \,. \tag{4.93}$$

4.4.3 Kontraktion indizierter Größen

Eine für die späteren Berechnungen wichtige Regel ist die Kontraktionsregel, mit der ko- und kontravariante Indizes gegenseitig eliminiert werden.

$$A^i_j \quad \boxed{\text{Kontraktionsregel}} \Longrightarrow \quad A \tag{4.94}$$

Zur Ableitung der Kontraktionsregel gehen wir von einer indizierten Größe A^i_j aus und setzen dort für den oberen und den unteren Index jeweils die gleiche Laufvariable ein, also $i = j$. Dann folgt mit der Summationsregel (4.4)

$$\boxed{A^i_j \stackrel{i=j}{\Rightarrow} \sum_j A^j_j = A \,.} \tag{4.95}$$

Das Ergebnis A der Rechnung ist demnach die Summe der einzelnen Komponenten A^j_j. Zur Veranschaulichung der Kontraktion betrachten wir eine Größe A^i_j mit zwei Indizes, die jeweils von 1 bis 3 laufen. Wir können A^i_j in Matrixform darstellen und erhalten

$$[A^i_j] = \begin{pmatrix} A^1_1 & A^1_2 & A^1_3 \\ A^2_1 & A^2_2 & A^2_3 \\ A^3_1 & A^3_2 & A^3_3 \end{pmatrix} \,. \tag{4.96}$$

Wir kontrahieren A^i_j, indem wir $i = j$ setzen. Dies führt auf

$$A = A^1_1 + A^2_2 + A^3_3 \,. \tag{4.97}$$

Durch die Kontraktion werden also die entsprechenden Komponenten aufsummiert; in dem gezeigten Beispiel entspricht die Kontraktion der Spur der Matrix $[A^i_j]$. Die Kontraktion kann auch bei Größen mit mehr als zwei Indizes angewandt werden, wie im ersten Beispiel der Box 4.11 dargestellt ist.

> **Box 4.11: Kontraktion von Größen mit mehreren Indizes**
>
> **Beispiel 1: Kontraktion einer Größe mit drei Indizes**
> Die Kontraktionsregel gilt auch für mehrfach indizierte Größen, wie A^i_{jk}, wenn wir dort z.B. $i = k$ setzen, um den ersten mit dem dritten Index zu kontrahieren. Auch hier wird über die entsprechenden Komponenten summiert und wir erhalten
>
> $$A^i_{jk} \stackrel{k=i}{\Rightarrow} \sum_i A^i_{ji} = A^1_{j1} + A^2_{j2} = A_j \,. \tag{4.98}$$
>
> **Beispiel 2: Kontraktion einer Größe mit zwei kovarianten Indizes**
> Soll beispielsweise die Größe A_{ij} kontrahiert werden, muss zunächst ein Index nach oben gezogen werden, was durch Multiplikation mit g^{ik} (Verschieberegel) erfolgt. Dann ist
>
> $$g^{ik} A_{ij} = A^k_j \,. \tag{4.99}$$
>
> Wir können nun A^k_j kontrahieren, indem wir $k = j$ setzen und erhalten so
>
> $$A^k_j \stackrel{k=j}{\Rightarrow} \sum_j A^j_j = A \,. \tag{4.100}$$

4.4.4 Projektion von Vektoren

Die Projektionsregel ermöglicht, die Komponente einer Größe in Richtung eines Basisvektors zu bestimmen.

$$\mathbf{A} \ \Longrightarrow\boxed{\text{Projektionsregel}}\Longrightarrow\ A_i \tag{4.101}$$

Um z.B. die Komponente A_i eines Vektors $\mathbf{A}$ in $\mathbf{e}_i$-Richtung zu berechnen, stellen wir den Vektor zunächst in der Form

$$\mathbf{A} = A_j \mathbf{e}^j \tag{4.102}$$

dar. Dies Multiplizieren wir mit $\mathbf{e}_i$ und erhalten

$$\mathbf{e}_i \mathbf{A} = A_j \mathbf{e}_i \mathbf{e}^j \tag{4.103}$$

$$= A_j \delta^j_i \,, \tag{4.104}$$

wobei wir die letzte Zeile durch Anwendung von (4.34) erhalten haben. Mit (4.35) wird schließlich die *Projektion eines Vektors*

$$\boxed{\mathbf{e}_i \mathbf{A} = A_i} \ . \tag{4.105}$$

Eine entsprechende Beziehung ergibt sich für die kontravariante Komponente

$$\boxed{\mathbf{e}^i \mathbf{A} = A^i} \ . \tag{4.106}$$

Ein Beispiel zur Anwendung der Projektionsregel zeigt Box 4.12.

Box 4.12: Projektion eines Vektors

In der kovarianten Basis

$$\mathbf{e}_1 = \begin{pmatrix} 1 \\ 0 \end{pmatrix} \ ; \quad \mathbf{e}_2 = \begin{pmatrix} 1 \\ 1 \end{pmatrix} \tag{4.107}$$

sei der Vektor

$$\mathbf{A} = A^i \mathbf{e}_i = 2\mathbf{e}_1 + 1\mathbf{e}_2 \tag{4.108}$$

mit den Komponenten $A^1 = 2$ sowie $A^2 = 1$ gegeben. Gesucht sind die entsprechenden kovarianten Komponenten A_i des Vektors (vgl. Box 4.6). Dazu bestimmen wir zunächst

$$\mathbf{A} = A^i \mathbf{e}_i = \begin{pmatrix} 3 \\ 1 \end{pmatrix} \tag{4.109}$$

und erhalten dann mit (4.105)

$$A_1 = 3 \ , \quad A_2 = 4 \ . \tag{4.110}$$

4.4.5 Symmetrie indizierter Gleichungen

Wie bei jeder anderen Gleichung, gilt auch für Gleichungen mit indizierten Größen, dass beide Seiten von ihrer Form her übereinstimmen müssen. Wir wollen dies an einem Beispiel zeigen und gehen aus von der Gleichung

$$A_i = A_i \ , \tag{4.111}$$

bei der auf beiden Seiten ein tiefgestellter Index auftaucht. Wir können die rechte Seite nun mit der Verschieberegel äquivalent umformen und erhalten

$$A_i = g_{ij} A^j \ . \tag{4.112}$$

Dabei gilt, dass sich wegen der Summationskonvention der hoch- und der tiefgestellte Index j jeweils aufheben; durch die Umformung bleibt die Symmetrie der ursprünglichen

Gleichung also erhalten. Der hochgestellte und die beiden tiefgestellten Indizes auf der rechten Seite entsprechen daher effektiv einem tiefgestellten Index, d.h.

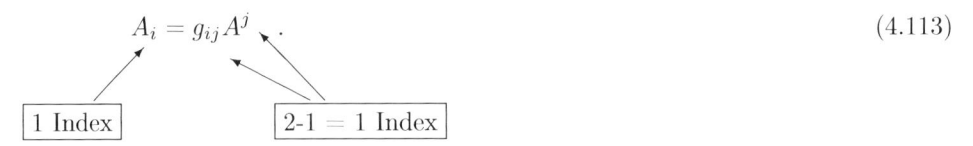

$$A_i = g_{ij} A^j \ . \tag{4.113}$$

1 Index   2-1 = 1 Index

Daraus lässt sich die allgemeine Regel formulieren, dass die Zahl der tiefgestellten Indizes abzüglich der Zahl der hochgestellten Indizes auf jeder Seite der Gleichung identisch sein muss. Eine Anwendung dieser Regel ist in Box 4.13 gezeigt.

Box 4.13: Anwendung der Symmetrieregel

Als nützliche Anwendung der Symmetrieregel betrachten wir den Fall, dass wir eine Gleichung ansetzen wollen, die beispielsweise eine Größe a^i mit drei anderen Größen b^j, c^k und d^l verknüpft, also

$$a^i \sim b^j c^k d^l \ . \tag{4.114}$$

Auf beiden Seiten der Gleichung muss damit die effektive Zahl der hochgestellten Indizes eins betragen. Um dies zu gewährleisten, können wir auf der rechten Seite dann einen Ausdruck der Form e^i_{jkl} einfügen, also

$$a^i = e^i_{jkl} \, b^j c^k d^l \ . \tag{4.115}$$

Wir werden diese Regel später bei der Berechnung der Krümmung in höherdimensionalen Räumen anwenden.

4.5 Indizierte Größen in der Physik

Um die in diesem Kapitel eingeführten indizierten Größen zu veranschaulichen, betrachten wie in diesem Abschnitt ein praktisches Beispiel aus der Physik. Das Beispiel zeigt, wie die elektrische Polarisation eines isolierenden Materials von der angelegten elektrischen Feldstärke abhängt [2]. Ein solcher Isolator besteht, vereinfacht gesagt, aus Atomen, die einen positiv geladenen Kern und eine Hülle aus negativ geladenen Elektronen besitzen. Die positiven und die negativen Ladungen heben sich dabei gegenseitig auf, so dass das Material nach außen hin neutral erscheint (Abb. 4.6, links).

Legt man nun ein elektrisches Feld **E** an das Material, so verschieben sich die positiven und die negativen Ladungen in entgegengesetzte Richtungen. Dadurch entstehen kleine Dipole und das Material wird polarisiert. Der Zusammenhang zwischen der angelegten elektrischen Feldstärke **E** und der sog. Polarisation **P** des Materials ist proportional und durch

$$\mathbf{P} = a\mathbf{E} \tag{4.116}$$

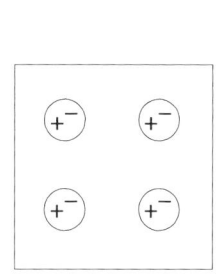

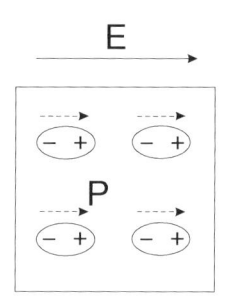

Abb. 4.6: *Durch Anlegen eines elektrischen Feldes werden in einem Isolator die positiven und die negativen Ladungen gegeneinander verschoben und es entstehen Dipole. Je mehr die Ladungen bei gegebenem elektrischen Feld* **E** *verschoben werden, um so stärker ist die Polarisation* **P**

gegeben, wobei a die Polarisierbarkeit des Materials ist[2]. Die Polarisierbarkeit a des Materials hängt dabei davon ab, wie leicht sich die Ladungen gegeneinander verschieben lassen. Lassen sich die Ladungen nun in einer Richtung leichter verschieben als in eine andere, was zum Beispiel sehr oft bei kristallinen Materialien auftritt, so ist die Polarisierbarkeit richtungsabhängig. Man spricht in diesem Fall auch von anisotropen Materialien, im Gegensatz zu isotropen Materialien, bei denen die Polarisierbarkeit richtungsunabhängig ist. Im Folgenden untersuchen wir nun die beiden Fälle isotroper und anisotroper Materialien.

4.5.1 Polarisation isotroper Materialien

Bei isotropen Materialien ist die Polarisierbarkeit richtungsunabhängig. Legen wir ein elektrisches Feld z.B. in x-Richtung an, so ergibt sich die entsprechende Komponente der Polarisation zu

$$P_x = aE_x \ . \tag{4.117}$$

Entsprechend ergibt sich beim Anlegen eines Feldes in y-Richtung

$$P_y = aE_y \ . \tag{4.118}$$

Die Polarisation eines Feldes **E**, welches sowohl eine x- als auch eine y- Komponente hat, ergibt sich dann durch Vektoraddition der einzelnen Polarisationsanteile, wie in Abb. 4.7 dargestellt ist. Dabei weist die Polarisation stets in Richtung des elektrischen Feldes und wir erhalten allgemein unter Verwendung der Indexschreibweise

$$P_i = aE_i \ . \tag{4.119}$$

Die Polarisierbarkeit eines isotropen Materials ist also ein Skalar und (4.119) ist für beliebige Koordinatensysteme gültig. So gilt (4.119) auch dann, wenn wir beispielsweise

---

[2]Der Zusammenhang zwischen der Polarisation und dem elektrischen Feld ist eigentlich durch **P** = $\chi\epsilon_0$**E** gegeben, wobei χ die Suszeptibilität des Materials und ϵ_0 die Vakuumpermittivität ist. Um die Schreibweise zu vereinfachen, setzen wir hier jedoch einfach $a = \chi\epsilon_0$ und nennen dies die Polarisierbarkeit.

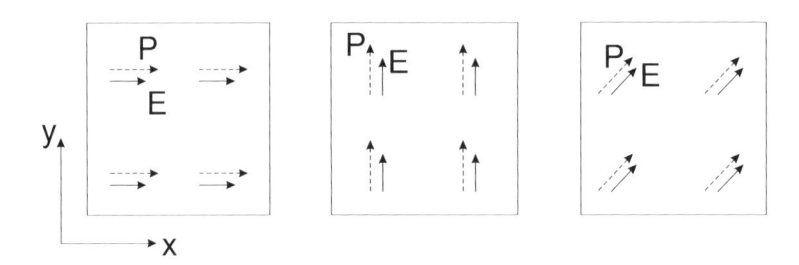

Abb. 4.7: *Bei einem isotropen Material ist die Polarisation* **P**, *unabhängig von der Richtung des angelegten elektrischen Feldes* **E**, *proportional zu der elektrischen Feldstärke*

unser Koordinatensystem so drehen, dass dessen x-Achse in Richtung des Feldstärkevektors zeigt.

Isotrope Materialien bei gedrehtem Koordinatensystem

Wir zeigen nun, wie sich eine Drehung des Koordinatensystems auf die Gleichung (4.119) auswirkt. Um die Schreibweise nicht unnötig zu verkomplizieren, verzichten wir dabei auf die Darstellung der Indizes und verwenden stattdessen fett gedruckte Größen zur Darstellung von Matrizen und Vektoren. Dann wird

$$\mathbf{P} = a\mathbf{E}. \tag{4.120}$$

Um die Komponenten eines Vektors bei einer Drehung des Koordinatensystems auszurechnen, verwenden wir die Drehmatrix **D**. In einem neuen, gedrehten Koordinatensystem mit den Koordinaten x' und y' erhalten wir die entsprechenden Größen also durch Multiplikation von (4.120) mit **D**. Dies wird

$$\mathbf{D}\mathbf{P} = \mathbf{D}\,a\,\mathbf{E}, \tag{4.121}$$

wobei wir den Skalar a vor die Multiplikation ziehen können. Dann ist

$$\underbrace{\mathbf{D}\mathbf{P}}_{\mathbf{P}'} = a\,\underbrace{\mathbf{D}\mathbf{E}}_{\mathbf{E}'}, \tag{4.122}$$

und wir erhalten schließlich in dem gedrehten Koordinatensystem

$$\mathbf{P}' = a\,\mathbf{E}'. \tag{4.123}$$

Diese Gleichung hat die gleiche Form wie (4.120); sie ist also invariant unter einer Koordinatentransformation. Diese Eigenschaft bezeichnet man auch als Kovarianz im Sinne der Definition in Abschnitt 4.3.1. Dort hatten wir bereits darauf hingewiesen, dass physikalische Gleichungen allgemein, d.h. insbesondere auch bei Verwendung unterschiedlicher Koordinatensysteme gültig sein müssen.

Wir werden nun sehen, dass der einfache Zusammenhang (4.120), bei dem die Polarisation über einen Skalar mit dem elektrischen Feld verknüpft ist, nicht mehr gilt, wenn das Material anisotrop ist. Um auch in diesem Fall eine koordinatensystemunabhängige Darstellung zu erhalten, benötigen wir eine andere Darstellung, bei der der Skalar a durch eine indizierte Größe ersetzt werden muss.

4.5.2 Polarisation anisotroper Materialien

Bei anisotropen Materialien ist die Polarisierbarkeit richtungsabhängig. Legen wir jetzt ein elektrisches Feld in x-Richtung an, so ergibt sich die entsprechende Polarisation beispielsweise zu

$$P_x = a_x E_x \ . \tag{4.124}$$

Entsprechend ergibt sich beim Anlegen eines Feldes in y-Richtung

$$P_y = a_y E_y \ , \tag{4.125}$$

wobei a_x und a_y nun unterschiedliche Werte haben sollen. Bei Anlegen eines Feldes mit beliebiger Richtung ergibt sich daher eine resultierende Polarisation, die nicht mehr in Richtung des Vektors der elektrischen Feldstärke E weist, sondern gegenüber diesem gedreht ist, wie man durch Addition der einzelnen Komponenten leicht erkennt (Abb. 4.8).

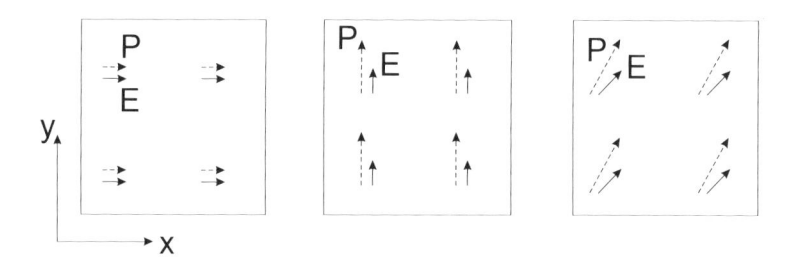

Abb. 4.8: *Bei einem anisotropen Material ist die Polarisierbarkeit richtungsabhängig (linkes und mittleres Teilbild). Bei Anlegen eines elektrischen Feldes mit beliebiger Richtung stimmt daher die Richtung des elektrischen Feldes* **E** *im Allgemeinen nicht mit der Richtung der Polarisation* **P** *überein (rechtes Teilbild)*

Die Frage ist nun, welche Art von Gleichung diesen etwas komplizierteren Zusammenhang beschreibt; offensichtlich gilt die einfache Beziehung (4.119) ja nicht mehr. Wir müssen daher einen allgemeineren Ansatz der Form

$$P_x = A_x^x E_x + A_x^y E_y \tag{4.126}$$
$$P_y = A_y^x E_x + A_y^y E_y \tag{4.127}$$

wählen. Dies lässt sich in Matrixform notieren

$$\begin{pmatrix} P_x \\ P_y \end{pmatrix} = \begin{pmatrix} A_x^x & A_x^y \\ A_y^x & A_y^y \end{pmatrix} \cdot \begin{pmatrix} E_x \\ E_y \end{pmatrix} \tag{4.128}$$

oder kürzer unter Verwendung der Indexschreibweise

$$P_i = A_i^j E_j \ , \tag{4.129}$$

mit der Polarisierbarkeit A_i^j in Matrixdarstellung

$$[A_i^j] = \begin{pmatrix} A_x^x & A_x^y \\ A_y^x & A_y^y \end{pmatrix} . \qquad (4.130)$$

Dabei gibt A_i^j den Zusammenhang zwischen der Polarisation in Richtung der Koordinate i an, wenn ein elektrisches Feld in Richtung der Koordinate j angelegt wird. Entscheidend ist nun, dass diese Gleichung auch unter Koordinatentransformationen gültig ist, wie wir nachfolgend für eine Drehung des Koordinatensystems zeigen und weiter unten in der Box 4.14 anhand eines konkreten Beispiels illustrieren.

Anisotrope Materialien bei gedrehtem Koordinatensystem

Wir wollen nun die Beziehung (4.129) bei Drehung des Koordinatensystems untersuchen. Auch hier vereinfachen wir die Schreibweise durch Verzicht auf die Indizes und erhalten

$$\mathbf{P} = \mathbf{A}\,\mathbf{E} . \qquad (4.131)$$

Um die Gleichung für ein gedrehtes Koordinatensystem zu erhalten, multiplizieren wir wieder mit der Drehmatrix $\mathbf{D}$ und erhalten

$$\mathbf{D}\,\mathbf{P} = \mathbf{D}\,\mathbf{A}\,\mathbf{E} . \qquad (4.132)$$

Bezeichnen wir die invertierte Matrix der Drehmatrix mit $\mathbf{D}^{-1}$, so gilt $\mathbf{D}^{-1}\mathbf{D} = \mathbf{I}$, wobei $\mathbf{I}$ die Einheitsmatrix ist. Damit können wir schreiben

$$\underbrace{\mathbf{D}\,\mathbf{P}}_{\mathbf{P}'} = \underbrace{\mathbf{D}\,\mathbf{A}\,\mathbf{D}^{-1}}_{\mathbf{A}'}\underbrace{\mathbf{D}\,\mathbf{E}}_{\mathbf{E}'} . \qquad (4.133)$$

Damit ergeben sich die Transformationsgleichungen

$$\mathbf{D}\,\mathbf{P} = \mathbf{P}' \;,\quad \mathbf{D}\,\mathbf{E} = \mathbf{E}' \;,\quad \mathbf{D}\,\mathbf{A}\,\mathbf{D}^{-1} = \mathbf{A}' , \qquad (4.134)$$

und wir erhalten

$$\mathbf{P}' = \mathbf{A}'\,\mathbf{E}' . \qquad (4.135)$$

Diese Gleichung hat wieder die Form von (4.131); sie gilt also auch bei Koordinatentransformationen und ist daher kovariant.

Der entscheidende Punkt im Fall eines anisotropen Materials ist also, dass wir für die korrekte physikalische Beschreibung die Polarisierbarkeit nicht durch einen Skalar a ausdrücken können, sondern eine indizierte Größe - in unserem Beispiel eine Matrix $\mathbf{A}$ - verwenden müssen. Diese Größe kann dann, ebenso wie ein Vektor, in verschiedene Koordinatensysteme transformiert werden, wobei die Transformationsgleichungen (4.134) gelten. Der Fall eines isotropen Materials ist demnach lediglich ein Sonderfall der allgemeinen Darstellung.

Box 4.14: Anisotropes Material bei Drehung des Koordinatensystems

Wir werden nun ein Zahlenbeispiel durchrechnen, bei dem wir die Polarisation in einem anisotropen Material in zwei zueinander gedrehten Koordinatensystemen bestimmen. Der Einfachheit halber verzichten wir dabei auf die Einheiten und verwenden dimensionslose Größen. So sei in dem x-y-Koordinatensystem

$$P_x = E_x \quad \text{und} \quad P_y = 2\,E_y \tag{4.136}$$

und damit

$$\begin{pmatrix} P_x \\ P_y \end{pmatrix} = \begin{pmatrix} 1 & 0 \\ 0 & 2 \end{pmatrix} \cdot \begin{pmatrix} E_x \\ E_y \end{pmatrix}. \tag{4.137}$$

Diese Beziehung liefert für beliebige Feldstärkevektoren **E** die dazugehörige Polarisation **P**. Wählen wir den Feldstärkevektor beispielsweise zu

$$\mathbf{E} = \begin{pmatrix} 1 \\ 1 \end{pmatrix}, \tag{4.138}$$

wird mit (4.131) die entsprechende Polarisation **P**

$$\underbrace{\begin{pmatrix} 1 \\ 2 \end{pmatrix}}_{\mathbf{P}} = \underbrace{\begin{pmatrix} 1 & 0 \\ 0 & 2 \end{pmatrix}}_{\mathbf{A}} \cdot \underbrace{\begin{pmatrix} 1 \\ 1 \end{pmatrix}}_{\mathbf{E}},$$

was in Abb. 4.9 dargestellt ist.

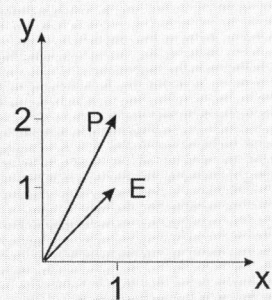

*Abb. 4.9: Elektrische Feldstärke **E** und entsprechende Polarisation **P** bei einem anisotropen Material im xy-Koordinatensystem*

Nun wollen wir die Verhältnisse in einem gedrehten Koordinatensystem mit den Koordinaten x' und y' betrachten, bei dem die x'-Koordinate in Richtung des Feldstärkevektors **E** zeigt. Wir drehen also das Koordinatensystem um 45° nach links, was der Drehmatrix (vgl. A.1)

$$\mathbf{D} = \begin{pmatrix} 0,707 & 0,707 \\ -0,707 & 0,707 \end{pmatrix} \tag{4.139}$$

entspricht. Kennzeichnen wir die transformierten Größen als gestrichene Größen, erhalten wir durch Anwendung der Transformationsgleichungen (4.134) zunächst

$$\mathbf{E'} = \mathbf{DE} = \begin{pmatrix} 0,707 & 0,707 \\ -0,707 & 0,707 \end{pmatrix} \cdot \begin{pmatrix} 1 \\ 1 \end{pmatrix} = \begin{pmatrix} 1,41 \\ 0 \end{pmatrix}. \tag{4.140}$$

Da die Determinante der Drehmatrix $\mathbf{D}$ gleich 1 ist, ist deren Inverse $\mathbf{D}^{-1}$ die Adjunkte von $\mathbf{D}$ und wir erhalten

$$\mathbf{A'} = \mathbf{D A D^{-1}} = \begin{pmatrix} 0,707 & 0,707 \\ -0,707 & 0,707 \end{pmatrix} \cdot \begin{pmatrix} 1 & 0 \\ 0 & 2 \end{pmatrix} \cdot \begin{pmatrix} 0,707 & -0,707 \\ 0,707 & 0,707 \end{pmatrix}$$

$$= \begin{pmatrix} 1,5 & 0,5 \\ 0,5 & 1,5 \end{pmatrix}. \tag{4.141}$$

Damit können wir nun die Polarisation in dem gedrehten Koordinatensystem bestimmen und erhalten

$$\boxed{\mathbf{P'}} \qquad \boxed{\mathbf{A'}} \qquad \boxed{\mathbf{E'}}$$

$$\begin{pmatrix} 2,12 \\ 0,7 \end{pmatrix} = \begin{pmatrix} 1,5 & 0,5 \\ 0,5 & 1,5 \end{pmatrix} \cdot \begin{pmatrix} 1,41 \\ 0 \end{pmatrix},$$

was in Abb. 4.10 dargestellt ist.

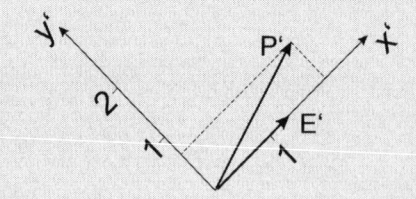

Abb. 4.10: *Elektrische Feldstärke* $\mathbf{E'}$ *und entsprechende Polarisation* $\mathbf{P'}$ *bei einem anisotropen Material im gedrehten* $x'y'$-*Koordinatensystem. Man erkennt, dass die Komponenten in dem gedrehten Koordinatensystem die selben Vektoren ergeben, wie im nicht gedrehten Koordinatensystem (vgl. Abb. 4.9)*

Der physikalische Zusammenhang zwischen dem Feldstärkevektor und der Polarisation bleibt also erhalten, unabhängig davon, ob wir das x-y-Koordinatensystem oder das gedrehte x'-y'-Koordinatensystem verwenden.

4.5.3 Tensoren

Wir haben gesehen, dass im allgemeinen Fall die Polarisierbarkeit durch eine zweifach indizierte Größe ausgedrückt werden muss. Diese Größe zeichnete sich insbesondere dadurch aus, dass sie - ähnlich wie ein Vektor - durch geeignete Transformationen in ein anderes Koordinatensystem überführt werden kann. Eine solche Größe mit definierten Transformationseigenschaften bezeichnet man auch als Tensor. Die Zahl der Indizes bezeichnet die sog. Stufe des Tensors. Die Polarisierbarkeit A_i^j mit zwei Indizes ist damit ein Tensor zweiter Stufe, Vektoren wie E_j und P_i sind Tensoren erster Stufe, und ein Skalar, also beispielsweise a, ist ein Tensor nullter Stufe.

Die beiden Polarisationsgleichungen (4.119) und (4.129), bei denen die Polarisierbarkeit als Skalar bzw. als Tensor auftrat, und die jeweiligen Zusammenhänge zwischen den Vektoren E_j und P_i sind in Abb. 4.11 nochmals gegenübergestellt. Ist die Polarisierbarkeit ein Skalar a, ist der Vektor **P** gegenüber dem Vektor **E** lediglich um den Faktor a skaliert; ist die Polarisierbarkeit hingegen ein Tensor **A**, sind **E** und **P** im Allgemeinen auch gegeneinander verdreht[3]. Tensorgleichungen kommen, wie das Beispiel zeigt, in der Physik sehr häufig vor. Im allgemeinen Fall müssen Gleichungen daher in tensorieller Form ausgedrückt werden, damit sie in beliebigen Koordinatensystemen gültig sind.

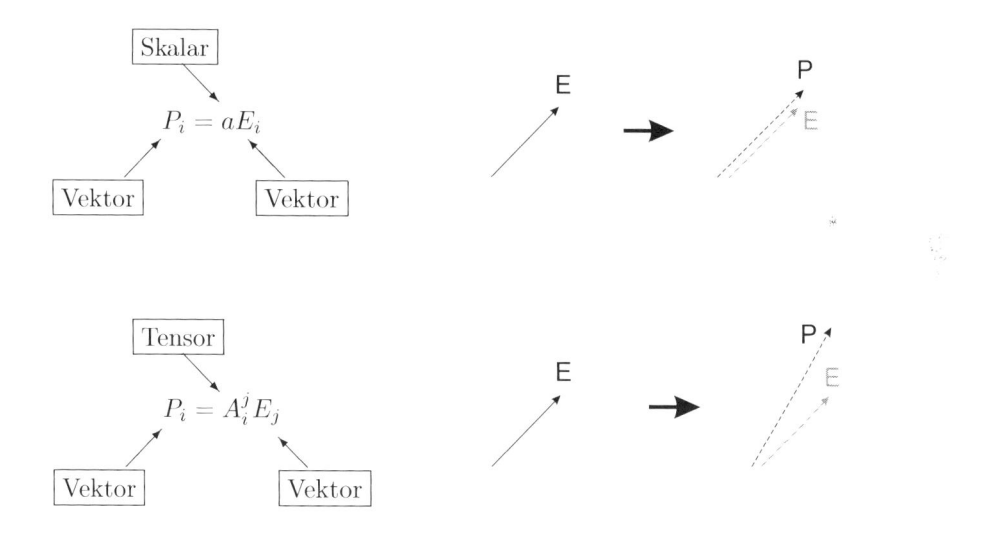

Abb. 4.11: *Wirkung eines Skalars (oben) und eines Tensors (unten) auf einen Vektor. Der Skalar führt nur zu einer Skalierung, der Tensor dreht im allgemeinen Fall den Vektor zusätzlich*

---

[3] Wir hatten in Box 4.14 gesehen, dass für zwei Richtungen der Vektor **P** nicht durch eine Drehung, sondern nur eine Skalierung aus dem Vektor **E** hervorgeht. Diese beiden Vektoren **E** sind die Eigenvektoren der Matrix **A** und die Skalierungsfaktoren die entsprechenden Eigenwerte.

5 Metrik und die Vermessung des Raumes

Nachdem bereits im letzten Kapitel auf die zentrale Bedeutung der Metrik zur Charakterisierung von Räumen hingewiesen wurde, befasst sich dieses Kapitel detailliert mit der Metrik und der Bestimmung von Abständen in Räumen. Darüber hinaus wird der wichtige Zusammenhang zwischen der Metrik und der Krümmung eines Raumes aufgezeigt.

5.1 Metrik und Abstand

5.1.1 Differentielle Länge

Um den Zusammenhang zwischen der Metrik und der Messung von Abständen aufzuzeigen, betrachten wir zunächst einfache Koordinatensysteme im zweidimensionalen Raum, wie in Abb. 5.1 dargestellt.

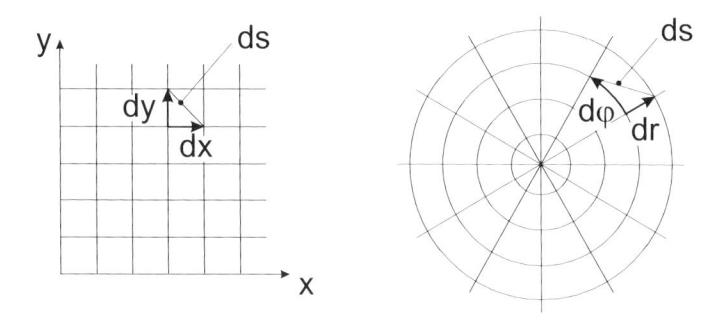

Abb. 5.1: *Berechnung des differentiellen Wegelementes in kartesischen Koordinaten* (links) *und Polarkoordinaten* (rechts)

Bei zweidimensionalen kartesischen Koordinaten x und y (Abb. 5.1, links) ist der Zusammenhang zwischen den Koordinatenänderungen dx, dy und dem Wegelement ds durch

$$ds^2 = dx^2 + dy^2 \tag{5.1}$$

gegeben. Entsprechend gilt bei den zweidimensionalen Polarkoordinaten r und φ (Abb. 5.1, rechts)

$$ds^2 = dr^2 + r^2 d\varphi^2 \ . \tag{5.2}$$

Im Allgemeinen setzt sich der Ausdruck für das Wegelement aus den einzelnen Koordinatenänderungen, die jeweils mit einem Vorfaktor versehen sind, zusammen. Diese Vorfaktoren werden als Metrikkoeffizienten bezeichnet. Im Fall der Polarkoordinaten können wir daher etwas ausführlicher schreiben

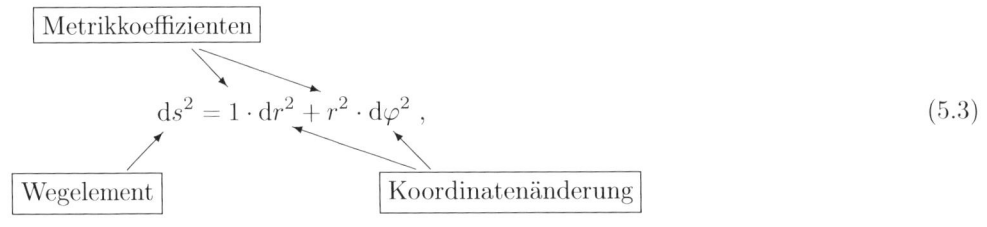

Metrikkoeffizienten

$$\mathrm{d}s^2 = 1 \cdot \mathrm{d}r^2 + r^2 \cdot \mathrm{d}\varphi^2 \,, \tag{5.3}$$

Wegelement   Koordinatenänderung

wobei die beiden Metrikkoeffizienten vor der r- bzw. φ-Koordinate 1 bzw. r^2 lauten.

Wir lösen uns nun von den speziellen Koordinaten r und φ und gehen zu allgemeinen Koordinaten über, die wir im Zweidimensionalen mit x^1 und x^2 bezeichnen. Die allgemeine Form für das Wegelement $\mathrm{d}s$ lautet dann

$$\mathrm{d}s^2 = g_{11}\mathrm{d}x^1\mathrm{d}x^1 + g_{12}\mathrm{d}x^1\mathrm{d}x^2 + g_{21}\mathrm{d}x^2\mathrm{d}x^1 + g_{22}\mathrm{d}x^2\mathrm{d}x^2 \,, \tag{5.4}$$

wobei die g_{ij} die einzelnen Metrikkoeffizienten sind. Insbesondere gilt $g_{12} = g_{21}$, da das Wegelement $\mathrm{d}s$ bei Vertauschen der Variablen x^1 und x^2 gleich bleiben muss. Bei dieser Gleichung müssen wir darauf achten, die Indizes nicht mit Exponenten zu verwechseln. So bedeutet die hochgestellte 2 bei dem Wegelement das Quadrat, wohingegen alle Zahlen auf der rechten Seite Indizes darstellen. Die etwas unhandliche Gleichung (5.4) für das Wegelement nimmt mit Hilfe der Summationskonvention (4.4) die sehr kompakte Form

$$\boxed{\mathrm{d}s^2 = g_{ij}\,\mathrm{d}x^i\mathrm{d}x^j} \tag{5.5}$$

an, wobei i und j jeweils von 1 bis 2 laufen (vgl. Box 4.1). Die einzelnen Metrikkoeffizienten lassen sich sehr übersichtlich in Matrixform darstellen, wobei sich im Zweidimensionalen eine 2x2-Matrix ergibt, die symmetrisch zur Hauptdiagonalen ist, also

$$[g_{ij}] = \begin{pmatrix} g_{11} & g_{12} \\ g_{21} & g_{22} \end{pmatrix} \,. \tag{5.6}$$

Satz 5.1: Die Metrik stellt für ein Koordinatensystem den Zusammenhang zwischen den Koordinaten und dem Wegelement her.

5.1.2 Metrik in kartesischen Koordinaten

Für das rechtwinklige Koordinatensystem in der Ebene mit den Koordinaten x und y hatten wir bereits gesehen (108), dass sich für das Wegelement

$$\boxed{\mathrm{d}s^2 = \mathrm{d}x^2 + \mathrm{d}y^2} \tag{5.7}$$

ergibt. Entsprechend erhält man für die Metrik in Matrixdarstellung

$$[g_{ij}] = \begin{pmatrix} 1 & 0 \\ 0 & 1 \end{pmatrix}. \tag{5.8}$$

Diese Metrik ist offensichtlich ortsunabhängig, was wir später als hinreichendes Kriterium dafür kennenlernen, dass es sich um eine flache Metrik handelt, also eine Metrik, die einen nicht gekrümmten Raum beschreibt.

5.1.3 Metrik in Polarkoordinaten

Für die Polarkoordinaten r und φ in der Ebene hatten wir für das Wegelement bereits die Beziehung

$$\boxed{ds^2 = dr^2 + r^2 d\varphi^2} \tag{5.9}$$

gefunden. Die entsprechende Matrixdarstellung der Metrikkoeffizienten lautete

$$[g_{ij}] = \begin{pmatrix} 1 & 0 \\ 0 & r^2 \end{pmatrix}. \tag{5.10}$$

Diese Metrik ist nun ortsabhängig, was jedoch nicht zwingend bedeutet, dass der entsprechende Raum gekrümmt ist. So lassen sich die Polarkoordinaten beispielsweise durch eine einfache Transformation in kartesische Koordinaten umrechnen, deren Metrik ortsunabhängig ist. Wir werden daher später in Kapitel 7 ein anderes Kriterium ableiten, mit dem die Krümmungseigenschaften eindeutig aus der Metrik bestimmt werden können.

5.2 Metrik und Krümmung

An dieser Stelle sei nochmals auf den wichtigen Zusammenhang zwischen der Krümmung und der Metrik hingewiesen. Dazu stellen wir uns ein rechtwinkliges Gitter vor, dessen einzelnen Gitterstäbe in x- bzw. y-Richtung angeordnet sind. Da die Länge eines Gitterstabes von der Metrik abhängt, sind alle Stäbe gleich lang, wenn die Metrik ortsunabhängig ist. In diesem Fall ist das Gitter flach (Abb. 5.2, links).

Nun ändern wir lokal die Länge einiger Stäbe. Im Fall eines Metallgitters lässt sich dies beispielsweise dadurch erreichen, dass man das Gitter lokal erwärmt, wodurch die Stäbe an dieser Stelle etwas länger werden. Dies entspricht dann einer lokalen Änderung der Metrik. Die Folge davon ist, dass das Gitter nun nicht mehr flach ist, sondern sich ausbeult (Abb. 5.2, rechts). Die Metrik hängt also unmittelbar mit den Krümmungseigenschaften eines Raumes zusammen.

Wir werden später in Kapitel 7 einen allgemeinen Ausdruck, die sog. Riemann-Krümmung ableiten, welche genau diesen wichtigen Zusammenhang zwischen Metrik und Krümmung beschreibt.

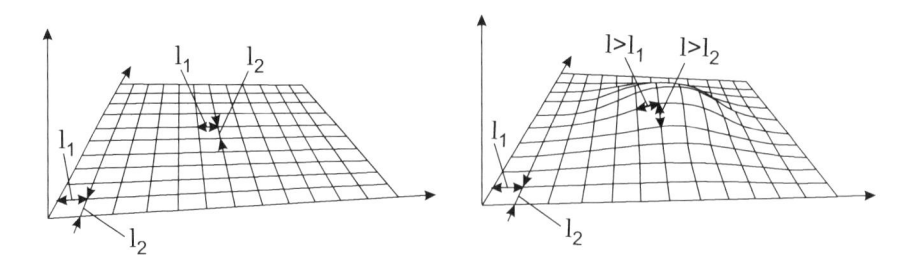

Abb. 5.2: *Darstellung des Zusammenhangs zwischen Metrik und Krümmung anhand einer Fläche im Raum. Ist die Metrik ortsunabhängig, haben alle Wegelemente die gleiche Länge l_1 bzw. l_2 (links). Ist die Metrik ortsabhängig, hängt die Länge der Wegelemente l vom Ort ab (rechts). In dem gezeigten Beispiel sind die Wegelemente in der Mitte der Fläche größer als am Rand, was zu einer Verkrümmung der Fläche führt*

> **Satz 5.2:** Die Krümmungseigenschaften eines Raumes spiegeln sich in der Metrik wider.

Die Metrik und die allgemeine Relativitätstheorie

Die zentrale Bedeutung der Metrik für die allgemeine Relativitätstheorie wird deutlich, wenn wir die bisherigen Ergebnisse zusammenfassen. Wurde in der Newton'schen Theorie die Gravitation noch durch das Gravitationspotential beschrieben, so hatten wir in Kapitel 3 gezeigt, dass Gravitation einer Krümmung des Raumes entspricht (Satz 3.2). Da die Krümmung eines Raumes durch die Metrikkoeffizienten beschrieben werden kann (Satz 5.2), folgt daraus, dass sich Gravitation durch die Metrikkoeffizienten beschreiben lässt. Das Newton'sche Gravitationspotential wird daher in der allgemeinen Relativitätstheorie durch die Metrikkoeffizienten ersetzt werden.

> **Satz 5.3:** In der allgemeinen Relativitätstheorie entsprechen die Metrikkoeffizienten dem Gravitationspotential.

5.3 Metriken im Raum

Wir werden nun, ausgehend vom zweidimensionalen Raum, einige wichtige Metriken des dreidimensionalen Raumes ableiten.

5.3.1 Kartesische Koordinaten im dreidimensionalen Raum

Der einfachste Fall ist der eines rechtwinkligen Koordinatensystems mit den Koordinaten x, y und z (Abb. 5.3).

5.3 Metriken im Raum

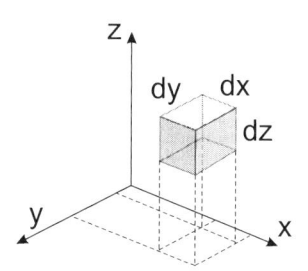

Abb. 5.3: *Weglängen zur Berechnung des Wegelementes in kartesischen Koordinaten. Das Wegelement selbst ist der Übersichtlichkeit halber nicht eingezeichnet*

Hier gilt, analog zu dem zweidimensionalen Fall, für das Wegelement

$$\mathrm{d}s^2 = \mathrm{d}x^2 + \mathrm{d}y^2 + \mathrm{d}z^2 \;. \tag{5.11}$$

Da die Metrikkoeffizienten konstant sind, ist diese Metrik ortsunabhängig und daher flach. Die Metrikkoeffizienten sind in Matrixdarstellung

$$[g_{ij}] = \begin{pmatrix} 1 & 0 & 0 \\ 0 & 1 & 0 \\ 0 & 0 & 1 \end{pmatrix} \;. \tag{5.12}$$

Zur Abkürzung schreibt man für diese Matrix mit Einsen in der Hauptdiagonalen auch $[\delta_{ij}]$.

5.3.2 Kugelkoordinaten im dreidimensionalen Raum

Wir betrachten nun Kugelkoordinaten r, θ und φ im dreidimensionalen Raum (Abb. 5.4).

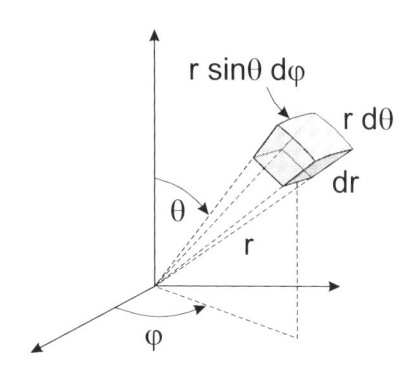

Abb. 5.4: *Definition des Wegelementes in Kugelkoordinaten. Dargestellt sind die Längen der Kanten des Volumenelementes. Das Wegelement ist der Übersichtlichkeit halber nicht eingezeichnet*

Aus den Längen der Kanten des in Abb. 5.4 dargestellten Volumenelementes ergibt sich das Wegelement zu

$$\mathrm{d}s^2 = \mathrm{d}r^2 + r^2\left(\mathrm{d}\theta^2 + \sin^2\theta\,\mathrm{d}\varphi^2\right), \tag{5.13}$$

was wir in kompakter Form als Matrix notieren

$$[g_{ij}] = \begin{pmatrix} 1 & 0 & 0 \\ 0 & r^2 & 0 \\ 0 & 0 & r^2\sin^2\theta \end{pmatrix}. \tag{5.14}$$

5.3.3 Zylinderkoordinaten im dreidimensionalen Raum

Zur Bestimmung der Metrik in Zylinderkoordinaten r, φ und z betrachten wir das in Abb. 5.5 gezeigte Koordinatensystem.

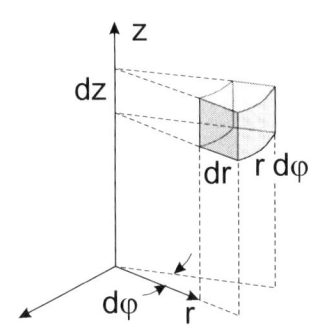

Abb. 5.5: *Definition des Wegelementes in Zylinderkoordinaten*

Das Linienelement ds ergibt sich zu

$$\mathrm{d}s^2 = \mathrm{d}r^2 + r^2\mathrm{d}\varphi^2 + \mathrm{d}z^2 \tag{5.15}$$

und für die Metrik erhalten wir

$$[g_{ij}] = \begin{pmatrix} 1 & 0 & 0 \\ 0 & r^2 & 0 \\ 0 & 0 & 1 \end{pmatrix}. \tag{5.16}$$

5.4 Metriken in der Raumzeit

Wir hatten bereits gesehen, dass im relativistischen Fall Raum und Zeit nicht voneinander unabhängig, sondern in der vierdimensionalen Raumzeit zusammengefasst sind. Entsprechend benötigen wir nun die Metrik dieser Raumzeit.

5.4.1 Minkowski-Metrik in kartesischen Koordinaten

Die Minkowski-Metrik für die Raumzeit erhalten wir durch Erweiterung der euklidischen Metrik (5.11) durch Hinzufügen des Zeitelementes $c\,\mathrm{d}t$. Dabei berücksichtigen wir, dass das Wegelement der Raumzeit invariant gegenüber der Lorentz-Transformation sein muss. Die Zeitkoordinate ct versehen wir daher mit einem negativen Vorzeichen und erhalten so gemäß (2.25) das *Wegelement der Minkowski-Metrik*

$$\mathrm{d}s^2 = -c^2\mathrm{d}t^2 + \mathrm{d}x^2 + \mathrm{d}y^2 + \mathrm{d}z^2 \ . \tag{5.17}$$

Wegelement der Raumzeit | Zeitelement | Wegelement des Raumes

In Matrixschreibweise wird die *Minkowski-Metrik*

$$[g_{ij}] = \begin{pmatrix} -1 & 0 & 0 & 0 \\ 0 & 1 & 0 & 0 \\ 0 & 0 & 1 & 0 \\ 0 & 0 & 0 & 1 \end{pmatrix}, \tag{5.18}$$

wobei diese Matrix oft mit $[\eta_{ij}]$ bezeichnet wird. Auch diese Metrik ist ortsunabhängig und daher flach. Da wir im Folgenden statt der Zeit- und den Ortskoordinaten ct, x, y und z oft allgemeine Koordinaten x^i mit Indizes verwenden, lassen wir diese nun von 0 bis 3 laufen, wobei der Index 0 die Zeitkoordinate und die Indizes 1 bis 3 die Ortskoordinaten definieren.

Satz 5.4: Die Minkowski-Metrik der Raumzeit ergibt sich durch Hinzufügen des Zeitelementes zu der Metrik des entsprechenden Raumes.

5.4.2 Minkowski-Metrik in Kugelkoordinaten

In Kugelkoordinaten erhalten wir durch Hinzufügen der Zeitkoordinate zu der entsprechenden Metrik des dreidimensionalen Raumes (5.13) das Wegelement

$$\boxed{\mathrm{d}s^2 = -c^2\mathrm{d}t^2 + \mathrm{d}r^2 + r^2\left(\mathrm{d}\theta^2 + \sin^2\theta\,\mathrm{d}\varphi^2\right)} \tag{5.19}$$

und damit die Metrik

$$[g_{ij}] = \begin{pmatrix} -1 & 0 & 0 & 0 \\ 0 & 1 & 0 & 0 \\ 0 & 0 & r^2 & 0 \\ 0 & 0 & 0 & r^2\sin^2\theta \end{pmatrix}. \tag{5.20}$$

> **Hermann Minkowski** (* 22. Juni 1864 in Aleksotas (heute Kaunas); † 12. Januar 1909 in Göttingen) war ein deutscher Mathematiker. Minkowski war Professor in Bonn, Königsberg, Zürich und Göttingen. Er arbeitete zunächst u.a. auf dem Gebiet der Zahlentheorie und wandte sich später der theoretischen Physik zu. Minkowski führte die sog. Raumzeit ein, indem er den dreidimensionalen Raum mit der Zeit zu einem vierdimensionalen Kontinuum, dem sog. Minkowski-Raum, zusammenfasste. Die Definition der Raumzeit trägt der Tatsache Rechnung, dass Raum und Zeit gemäß der speziellen Relativitätstheorie miteinander verknüpft sind, und führt zu einer einfachen mathematischen Beschreibung. Einstein erkannte, dass die Zusammenfassung der Raumkoordinaten mit der Zeit eine geometrische Interpretation der Relativitätstheorie ermöglichte, was ein wesentlicher Schritt bei der Entwicklung der allgemeinen Relativitätstheorie war. (Bild: akg-images)

5.5 Eigenschaften der Metrik

Wegen der Bedeutung der Metrik für die weiteren Betrachtungen, wollen wir an dieser Stelle nochmals einige wichtige Aussagen über Metriken zusammenfassen:

- Eine Metrik beschreibt eindeutig die Krümmungseigenschaften eines Raumes.
- Ein Raum kann mit unterschiedlichen Metriken beschrieben werden.

Neben diesen allgemeinen Eigenschaften hatten wir folgende spezielle Eigenschaften festgestellt:

- Die Koeffizienten g_{ij} einer Metrik sind symmetrisch, d.h. $g_{ij} = g_{ji}$.
- Sind die Elemente der Metrik außerhalb der Hauptdiagonalen gleich null, ist die Metrik orthogonal.
- Ist die Metrik eines Raumes ortsunabhängig, folgt, dass dieser flach ist.

5.6 Metriken von Räumen mit konstanter Krümmung

Dieser Abschnitt wird lediglich für die Bestimmung der Metrik einer homogenen Massenverteilung in Kapitel 14 benötigt. Er kann daher beim ersten Lesen übersprungen werden.

Wir wollen nun Metriken von Flächen mit konstanter Krümmung, also Sphäre (Kugeloberfläche) und Pseudosphäre untersuchen.

5.6.1 Metriken von Flächen mit konstanter Krümmung

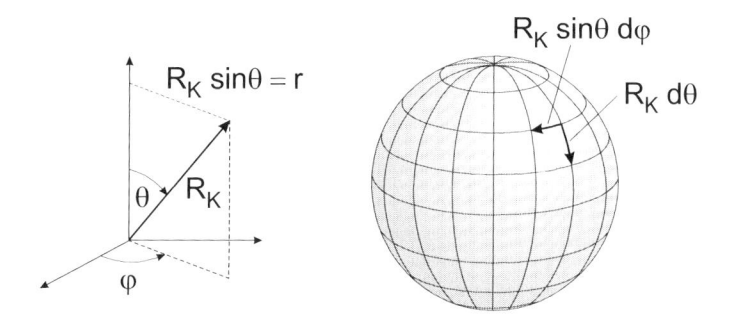

Abb. 5.6: *Definition der Koordinaten zur Beschreibung der Sphäre. Im Fall von Kugelkoordinaten benutzen wir die Variablen θ und φ; zur Beschreibung der Sphäre in Zylinderkoordinaten verwenden wir r und φ. Der Parameter R_K ist der Krümmungsradius der Sphäre*

Sphäre in Kugelkoordinaten

Für die Sphäre in zweidimensionalen Polarkoordinaten θ und φ gelten die in Abb. 5.6 gezeigten Zusammenhänge zwischen den Koordinaten und den einzelnen Wegelementen in Koordinatenrichtung. Damit ergibt sich schließlich das gesamte Wegelement zu

$$\mathrm{d}s^2 = R_K^2 \mathrm{d}\theta^2 + R_K^2 \sin^2\theta \, \mathrm{d}\varphi^2 \; . \tag{5.21}$$

Dabei ist R_K keine Ortskoordinate, sondern ein Parameter, der den Krümmungsradius der Sphäre angibt. Die Metrik lautet dann

$$[g_{ij}] = R_K^2 \begin{pmatrix} 1 & 0 \\ 0 & \sin^2\theta \end{pmatrix} \; . \tag{5.22}$$

Sphäre in Zylinderkoordinaten

Es wird sich für die späteren Betrachtungen als zweckmäßig erweisen, das Wegelement der Sphäre in zweidimensionalen Zylinderkoordinaten anzugeben. Wir werden daher als Koordinaten statt θ und φ nunmehr r und φ (vgl. Abb. 5.6) verwenden. Dazu eliminieren wir θ, indem wir zunächst

$$r = R_K \sin\theta \tag{5.23}$$

differenzieren. Damit wird

$$\mathrm{d}\theta = \frac{\mathrm{d}r}{R_K \cos\theta} \tag{5.24}$$

und

$$\mathrm{d}\theta^2 = \frac{\mathrm{d}r^2}{R_K^2(1 - \sin^2\theta)} \; . \tag{5.25}$$

Das Wegelement (5.21) lässt sich damit umschreiben in

$$ds^2 = \frac{1}{1 - \frac{1}{R_K^2}r^2} dr^2 + r^2 d\varphi^2 \,, \tag{5.26}$$

wobei die neue Variable r von 0 bis R_K läuft. In Matrixschreibweise lautet die Metrik damit

$$[g_{ij}] = \begin{pmatrix} \frac{1}{1 - \frac{1}{R_K^2}r^2} & 0 \\ 0 & r^2 \end{pmatrix} \,. \tag{5.27}$$

5.6.2 Allgemeine Darstellung einer zweidimensionalen Metrik mit konstanter Krümmung

Wir wollen nun einen Ausdruck für die Metrik angeben, der für alle zweidimensionalen Geometrien mit konstanter Krümmung gilt. Dies werden wir in Kapitel 14 benötigen, wenn wir die Metrik für eine homogene Massenverteilung, die sog. Robertson-Walker-Metrik ableiten. Dazu gehen wir von dem Wegelement der Sphäre in Zylinderkoordinaten (5.26) aus. Der entsprechende Ausdruck ist

$$ds^2 = \frac{1}{1 - \underbrace{\frac{1}{R_K^2}}_{\text{Krümmung}} r^2} dr^2 + r^2 d\varphi^2 \,. \tag{5.28}$$

Man erkennt, dass die Krümmung $K = 1/R_K^2$ der Sphäre als Faktor im Nenner des Ausdrucks auftaucht. Wir verallgemeinern dies nun, indem wir den Term $1/R_K^2$, der die Krümmung der Sphäre beschreibt, durch den allgemeinen Ausdruck für die Krümmung K gemäß (3.9) ersetzen, so dass

$$\boxed{ds^2 = \frac{1}{1 - Kr^2} dr^2 + r^2 d\varphi^2 \,.} \tag{5.29}$$

Ersetzt man in diesem Ausdruck K durch die Krümmung der Sphäre (3.13), erhalten wir wieder das Wegelement (5.26); setzen wir $K = 0$, was einer flachen Ebene entspricht, ergibt sich das Wegelement für Polarkoordinaten (5.9), so dass der Ausdruck sowohl für flache Geometrien wie auch für Geometrien mit positiver Krümmung gültig ist. Es ist daher naheliegend, dass die Beziehung auch im Fall negativer Krümmung das Wegelement richtig beschreibt. Tatsächlich haben wir mit (5.29) ein Wegelement gefunden, das sämtliche zweidimensionale Geometrien mit beliebigen Krümmungsradien (vgl. Abb. 3.8) beschreibt.

5.6 Metriken von Räumen mit konstanter Krümmung

Box 5.1: Berechnung der Weglänge im gekrümmten Raum

Um ein Gefühl für die Entfernungsberechnung in gekrümmten Räumen zu bekommen, bestimmen wir die Weglänge s, für den Fall, dass wir uns auf einer Kugeloberfläche mit dem Krümmungsradius R_K von $r=0$ bis $r=r_0$ entlang eines Meridians, also $\varphi = \text{const.}$, bewegen. Zum Vergleich bestimmen wir die entsprechende Weglänge im ungekrümmten Fall, wie in Abbildung 5.7 dargestellt ist.

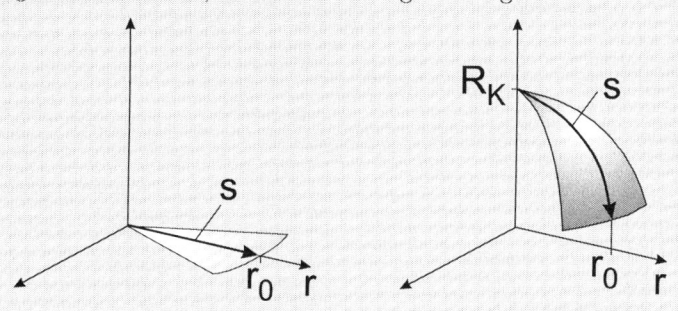

Abb. 5.7: Die Entfernung s unterscheidet sich in einem flachen Raum (links) von der in einem gekrümmten Raum (rechts)

Im ungekrümmten Raum ergibt sich die Weglänge durch Integration des Wegelementes (5.29) mit $R_K \to \infty$, d.h. $K = 0$ sowie $d\varphi = 0$. Wir erhalten also

$$s = \int ds = \int_0^{r_0} dr = r_0 \,. \tag{5.30}$$

Nun betrachten wir die Sphäre mit der Krümmung $K = 1/R_K^2$. Die entsprechende Rechnung liefert mit dem Wegelement (5.29) und $d\varphi = 0$

$$s = \int ds = \int_0^{r_0} \frac{1}{\sqrt{1 - \frac{1}{R_K^2}r^2}} dr \,. \tag{5.31}$$

Dies wird zu

$$s = R_K \arcsin\left(\frac{r}{R_K}\right)\Big|_0^{r_0} \tag{5.32}$$

$$= R_K \arcsin\left(\frac{r_0}{R_K}\right) \,. \tag{5.33}$$

Um dieses Ergebnis mit dem des ungekrümmten Raumes besser vergleichen zu können, betrachten wir den Fall, dass $r_0 \ll R_K$. Wir können dann (5.33) in eine Taylor-Reihe entwickeln und erhalten für die ersten beiden Terme

$$s \approx r_0 + \frac{1}{6}\left(\frac{r_0}{R_K}\right)^3 \,. \tag{5.34}$$

Die tatsächliche Entfernung s ist in einem Raum mit positiver Krümmung R_K daher größer als in dem entsprechenden Raum ohne Krümmung.

6 Vektoren in gekrümmten Koordinaten

In diesem Kapitel untersuchen wir Vektoren in gekrümmten Koordinaten. Insbesondere werden wir die sog. Christoffelsymbole definieren und eine Differentiation einführen, die die Änderung eines Vektors unabhängig von dem verwendeten Koordinatensystem beschreibt, die sog. kovariante Differentiation. Das Kapitel endet mit der Beschreibung des Paralleltransportes, der später bei der Ableitung eines allgemeinen Ausdrucks für die Krümmung sowie bei der Herleitung der Einstein'schen Bewegungsgleichung eine wichtige Rolle spielt.

6.1 Partielle Ableitung

6.1.1 Ableitung in geraden Koordinaten

Wir betrachten ein Vektorfeld **A** in einem nicht gekrümmten, zweidimensionalen Raum, in dem eine Koordinatenachse mit dem Basisvektor e_1 und den entsprechenden Koordinaten x^1 definiert ist. Das Vektorfeld sei konstant, so dass die Vektoren an jedem Punkt im Raum die gleiche Länge haben und in die gleiche Richtung weisen. Zeichnen wir einige Vektoren entlang der Koordinatenachse x^1, ergibt sich somit die in Abb. 6.1 gezeigte Darstellung.

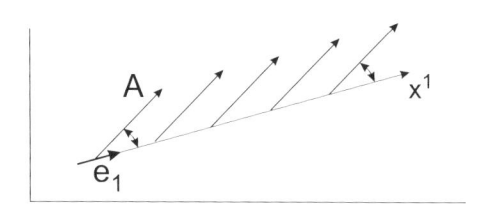

Abb. 6.1: *Konstantes Vektorfeld* **A** *entlang einer geradlinigen Koordinatenachse* x^1. *Der rechtwinklige Rahmen soll den ungekrümmten Raum darstellen*

Wir wollen nun untersuchen, wie sich die Vektoren entlang der Koordinatenachse ändern. Dazu betrachten wir beispielsweise die kovariante Komponente des Vektors und differenzieren diese nach der Koordinate x^1. Da die Vektoren **A** entlang der Koordinatenachse x^1 weder ihre Länge noch ihre Richtung ändern, ergibt sich für die Ableitung der kovarianten Komponente der Ausdruck

$$\frac{\partial A_i}{\partial x^j} = 0 \,. \tag{6.1}$$

> **Johann Carl Friedrich Gauß** (* 30. April 1777 in Braunschweig; † 23. Februar 1855 in Göttingen) war ein deutscher Mathematiker, Astronom und Physiker. Gauß stammte aus einfachsten Verhältnissen und konnte, da seine mathematischen Begabungen früh erkannt wurden, dank eines Stipendiums die Universität Göttingen besuchen. Ab 1807 war Gauß in Göttingen Professor für Astronomie und Direktor der dortigen Sternwarte. Gauß gilt als einer der bedeutendsten Mathematiker aller Zeiten. Er arbeitete auf vielen Gebieten der Mathematik, wie der Zahlentheorie, der Numerik oder der Flächentheorie, in der er u.a. die Krümmung von Flächen untersuchte. Darüber hinaus war er an praktischen Anwendungen interessiert, arbeitete an der Erforschung des Erdmagnetismus, beschäftigte sich mit Kartenprojektionen sowie mit Fragestellungen der Optik und der Mechanik. (Bild: akg-images / bilwissedition)

Wir formen diese Gleichung um und erhalten mit $A_i = \mathbf{e}_i \mathbf{A}$ (vgl. (4.105))

$$\frac{\partial A_i}{\partial x^j} = \frac{\partial (\mathbf{e}_i \mathbf{A})}{\partial x^j} = \mathbf{e}_i \frac{\partial \mathbf{A}}{\partial x^j} = 0 \ . \tag{6.2}$$

Dabei haben wir bei der letzten Umformung die Tatsache ausgenutzt, dass sich der Basisvektor $\mathbf{e}_i$ entlang der Koordinatenachse nicht ändert und wir ihn daher vor die Ableitung ziehen können.

Wir wollen an dieser Stelle eine etwas kürzere Schreibweise einführen, welche die Gleichungen in diesem und den kommenden Abschnitten übersichtlicher macht. Wir definieren dazu

$$\boxed{\partial_x = \frac{\partial}{\partial x}} \ . \tag{6.3}$$

Entsprechend schreiben wir für die partielle Ableitung eines beliebigen Ausdrucks, z.B. der eines Vektors $\mathbf{A}$ nach der Koordinate x^i, statt $\partial \mathbf{A}/\partial x^i$ einfach $\partial_{x_i} \mathbf{A}$ oder noch kürzer $\partial_i \mathbf{A}$. Aus (6.2) erhalten wir damit

$$\partial_j A_i = \mathbf{e}_i \, \partial_j \mathbf{A} = 0 \ . \tag{6.4}$$

> **Satz 6.1:** Die partielle Ableitung eines konstanten Vektorfeldes entlang einer geradlinigen Koordinatenachse ist gleich null.

6.1.2 Ableitung in gekrümmten Koordinaten

Nun betrachten wir das selbe Vektorfeld $\mathbf{A}$, verwenden dabei aber eine krummlinige Koordinatenachse (Abb. 6.2). Man erkennt, dass die Vektoren, obwohl sie bezogen auf den Raum konstant sind, bezogen auf die Koordinatenachse x^1 ihre Richtung ändern.

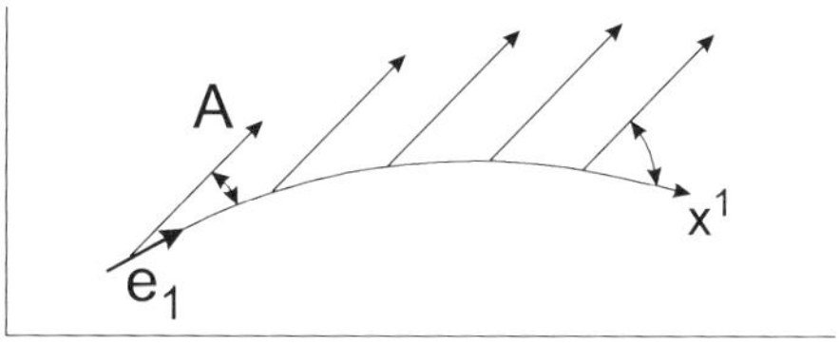

6.1 Partielle Ableitung

Abb. 6.2: *Konstantes Vektorfeld* **A** *entlang einer krummlinigen Koordinatenachse* x^1. *Da das Vektorfeld in Bezug auf den nicht gekrümmten Raum konstant ist, ändern sich die Vektoren, wenn man sich entlang der Koordinatenachse* x^1 *bewegt*

Diese scheinbare Änderung wird also nicht durch das Vektorfeld selbst hervorgerufen, sondern ausschließlich durch die Krümmung der Koordinatenachse x^1.

Dies drückt sich auch bei der Ausführung der Differentiation aus, da wir nun berücksichtigen müssen, dass die Basisvektoren $\mathbf{e}_i$ ortsabhängig sind. Diese können dann nicht mehr vor die Differentiation gezogen werden wie in (6.2), sondern wir müssen die Produktregel anwenden. Statt (6.4) erhalten wir daher

$$\partial_j A_i = \mathbf{e}_i \, \partial_j \mathbf{A} + \mathbf{A} \, \partial_j \mathbf{e}_i \, . \tag{6.5}$$

Die partielle Ableitung $\partial_j A_i$ hat also bei gekrümmten Koordinatenachsen im Allgemeinen zwei Anteile: einen, der durch die tatsächliche Änderung des Vektorfeldes $\partial_j \mathbf{A}$ hervorgerufen wird, und einen, der durch die Änderung der Basisvektoren $\partial_j \mathbf{e}_i$ hervorgerufen wird. Im Fall eines konstanten Vektorfeldes ist dann zwar der erste Anteil gleich null, der zweite, der die Änderungen der Basisvektoren beschreibt, ist jedoch von null verschieden.

Satz 6.2: Die partielle Ableitung eines konstanten Vektorfeldes entlang einer krummlinigen Koordinatenachse ist ungleich null.

In der Regel interessieren wir uns für die tatsächliche Änderung einer Funktion oder eines Vektorfeldes unabhängig von dem verwendeten Koordinatensystem. Diese erhalten wir durch Umstellen von (6.5)

tatsächliche Änderung von **A**

$$\mathbf{e}_i \, \partial_j \mathbf{A} = \partial_j A_i - \mathbf{A} \, \partial_j \mathbf{e}_i \, . \tag{6.6}$$

partielle Ableitung von **A** Änderung der Basisvektoren

Bevor wir in Abschnitt 6.3 die tatsächliche Änderung eines Vektors näher untersuchen, wollen wir im folgenden Abschnitt zunächst den zweiten Term auf der rechten Seite von (6.6), der die Änderung der Basisvektoren beschreibt, detailliert betrachten. Dabei werden wir zeigen, dass sich dieser für ein gegebenes Koordinatensystem aus der entsprechenden Metrik bestimmen lässt. Der Zusammenhang wird dabei durch die sog. Christoffelsymbole[1] beschrieben.

6.2 Basisvektoren und Christoffelsymbole

6.2.1 Definition der Christoffelsymbole

Die Christoffelsymbole spielen in der allgemeinen Relativitätstheorie eine wichtige Rolle, da sie in vielen Gleichungen auftauchen. In diesem Abschnitt werden wir anschaulich die Bedeutung der Christoffelsymbole erläutern und an mehreren Beispielen zeigen, wie sie sich für ein Koordinatensystem mit gegebener Metrik bestimmen lassen.

Satz 6.3: Die Christoffelsymbole beschreiben die Änderung eines Basisvektors, wenn dieser entlang einer Koordinatenachse verschoben wird.

Christoffelsymbole für kovariante Basisvektoren

In dem zweiten Term auf der rechten Seite von (6.6) beschreibt $\partial_j \mathbf{e}_i$ die Änderung des kovarianten Basisvektors $\mathbf{e}_i$, wenn man sich in x^j-Richtung bewegt. In Abb. 6.3, links, ist dazu als Beispiel der Basisvektor $\mathbf{e}_2$ an der Stelle x^1 sowie an der Stelle $x^1 + \mathrm{d}x^1$ dargestellt. Diese Änderung des Basisvektors wird sichtbar, wenn man den

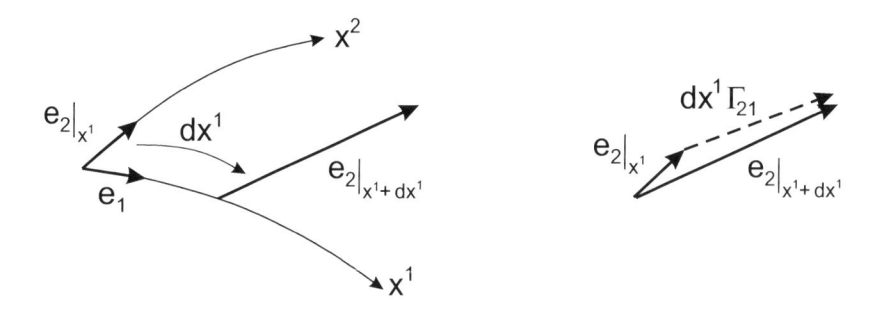

Abb. 6.3: *Definition der Christoffelsymbole. Der ortsabhängige Basisvektor $\mathbf{e}_2$ ändert sich, wenn man sich entlang der Koordinatenachse x^1 bewegt (links). Der Unterschied zwischen den Basisvektoren $\mathbf{e}_2$ an der Stelle x^1 und $x^1 + \mathrm{d}x^1$ ist die Größe $\mathrm{d}x^1 \mathbf{\Gamma}_{21}$ (rechts)*

verschobenen mit dem ursprünglichen Basisvektor direkt vergleicht, wie in Abb. 6.3, rechts, dargestellt. Bezeichnen wir allgemein die Differenz zweier um $\mathrm{d}x^j$ verschobener

---
[1] Die Christoffelsymbole sind nach dem deutschen Mathematiker Elwin Bruno Christoffel (*1829 †1900) benannt, der sich u.a. mit Tensoranalysis beschäftigte.

6.2 Basisvektoren und Christoffelsymbole

Basisvektoren $\mathbf{e}_i$ mit $\mathrm{d}x^j\,\mathbf{\Gamma}_{ij}$, so gilt

$$\mathbf{\Gamma}_{ij} = \frac{\mathbf{e}_i|_{x^j+\mathrm{d}x^j} - \mathbf{e}_i|_{x^j}}{\mathrm{d}x^j} = \partial_j \mathbf{e}_i \,. \tag{6.7}$$

In dieser Gleichung gibt der Index i an, welchen Basisvektor wir verschieben, und der Index j gibt an, in welche Richtung die Verschiebung erfolgt. Die Größe $\mathbf{\Gamma}_{ij}$ hat ebenfalls je eine Komponente in $\mathbf{e}_1$- und in $\mathbf{e}_2$-Richtung (Abb. 6.4), so dass

$$\mathbf{\Gamma}_{ij} = \Gamma_{ij}^1 \mathbf{e}_1 + \Gamma_{ij}^2 \mathbf{e}_2 \tag{6.8}$$
$$= \Gamma_{ij}^k \mathbf{e}_k \,, \tag{6.9}$$

wobei der Index k die einzelnen Komponenten bezeichnet.

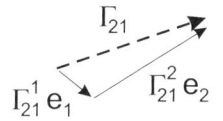

Abb. 6.4: *Die einzelnen Komponenten der Größe $\mathbf{\Gamma}_{ij}$ sind die Christoffelsymbole Γ_{ij}^k.*

Durch Vergleich von (6.7) und (6.9) erhalten wir

$$\partial_j \mathbf{e}_i = \Gamma_{ij}^k \mathbf{e}_k \,. \tag{6.10}$$

mit den Bezeichnungen: Komponente der Änderung (Γ_{ij}^k), Komponente des Basisvektors ($\mathbf{e}_k$... bzw. Index i), Richtung der Ableitung (Index j).

Den Ausdruck Γ_{ij}^k bezeichnet man als Christoffelsymbol. Wir multiplizieren nun (6.10) mit $\mathbf{A}$ und erhalten

$$\mathbf{A}\,\partial_j \mathbf{e}_i = \Gamma_{ij}^k\,\mathbf{A}\,\mathbf{e}_k \tag{6.11}$$
$$= \Gamma_{ij}^k A_k \,, \tag{6.12}$$

wobei wir bei der letzten Umformung die Projektionsregel (4.105) verwendet haben. Damit haben wir einen Ausdruck für den Term auf der rechten Seite von (6.6) gefunden, der die Änderung der kovarianten Basisvektoren beschreibt, wenn diese entlang der Koordinatenachsen verschoben werden.

Christoffelsymbole für kontravariante Basisvektoren

Ein ähnlicher Zusammenhang gilt nun auch für die Änderung der kontravarianten Basisvektoren. So hatten wir bereits gesehen (6.10), dass $\partial_j \mathbf{e}_i = \Gamma_{ij}^k \mathbf{e}_k$. Entsprechend setzen wir nun an [8]

$$\partial_j \mathbf{e}^i = \tilde{\Gamma}_{kj}^i \mathbf{e}^k \,, \tag{6.13}$$

wobei $\tilde{\Gamma}^i_{kj}$ das Christoffelsymbol für die kontravarianten Basisvektoren ist. Zur Bestimmung von $\tilde{\Gamma}^i_{kj}$ bilden wir $\partial_k(\mathbf{e}^i\mathbf{e}_j)$ und erhalten einerseits mit (4.34)

$$\partial_k(\mathbf{e}^i\mathbf{e}_j) = \partial_k \delta^i_j = 0 \,. \tag{6.14}$$

Andererseits ist wegen der Produktregel

$$\partial_k(\mathbf{e}^i\mathbf{e}_j) = \mathbf{e}_j \partial_k \mathbf{e}^i + \mathbf{e}^i \partial_k \mathbf{e}_j \,. \tag{6.15}$$

Ersetzt man nun in (6.15) die Ableitungen der Basisvektoren durch die entsprechenden Christoffelsymbole (6.10) bzw. (6.13), ergibt sich

$$\partial_k(\mathbf{e}^i\mathbf{e}_j) = \mathbf{e}_j \tilde{\Gamma}^i_{mk} \mathbf{e}^m + \mathbf{e}^i \Gamma^l_{jk} \mathbf{e}_l \tag{6.16}$$
$$= \delta^m_j \tilde{\Gamma}^i_{mk} + \delta^i_l \Gamma^l_{jk} \tag{6.17}$$
$$= \tilde{\Gamma}^i_{jk} + \Gamma^i_{jk} \tag{6.18}$$
$$= 0 \,. \tag{6.19}$$

Daraus folgt unmittelbar

$$\tilde{\Gamma}^i_{jk} = -\Gamma^i_{jk} \,. \tag{6.20}$$

Ersetzen des Christoffelsymbols in (6.13) durch den entsprechenden Ausdruck gemäß (6.20) ergibt schließlich

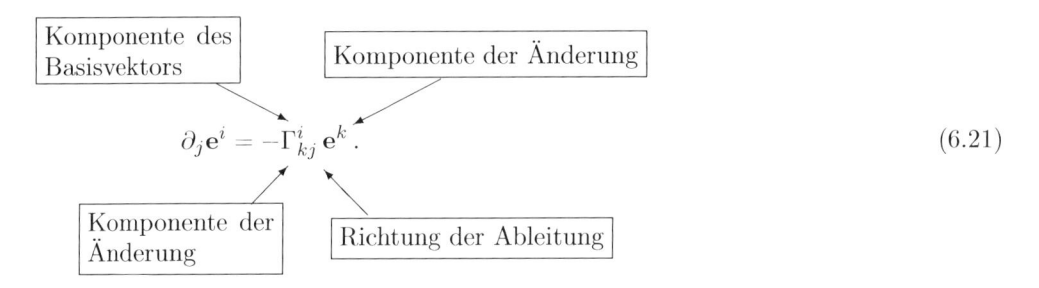

$$\partial_j \mathbf{e}^i = -\Gamma^i_{kj} \mathbf{e}^k \,. \tag{6.21}$$

Komponente des Basisvektors — Komponente der Änderung — Komponente der Änderung — Richtung der Ableitung

Die Christoffelsymbole werden uns in vielen Gleichungen der allgemeinen Relativitätstheorie begegnen. Es ist daher nicht nur wichtig, ihre Bedeutung zu kennen, sondern auch, sie für konkrete Fälle berechnen zu können. Bevor wir die Gleichung (6.6) für die tatsächliche Änderung eines Vektors näher untersuchen, zeigen wir daher zunächst, wie die Christoffelsymbole aus der Metrik bestimmt werden können.

6.2.2 Bestimmung der Christoffelsymbole aus der Metrik

Da wir in späteren Rechnungen die Christoffelsymbole Γ^i_{jk} für unterschiedliche Koordinatensysteme benötigen, zeigen wir hier, wie sich die Christoffelsymbole aus der Metrik

6.2 Basisvektoren und Christoffelsymbole

bestimmen lassen. Wir folgen der Rechnung in [8] und starten mit dem Ausdruck (vgl. (4.42))

$$\mathbf{e}_i = g_{ki}\,\mathbf{e}^k\,. \tag{6.22}$$

Daraus wird durch Ableiten unter Verwendung der Produktregel

$$\partial_n \mathbf{e}_i = \mathbf{e}^k\,\partial_n g_{ki} + g_{ki}\,\partial_n \mathbf{e}^k\,. \tag{6.23}$$

Multiplikation mit $\mathbf{e}^p$ bzw. mit $\mathbf{e}^p = \mathbf{e}_q g^{pq}$ ergibt

$$\Gamma^p_{ni} = g^{pk}\,\partial_n g_{ki} - g_{ki}\,g^{pq}\,\Gamma^k_{qn}\,, \tag{6.24}$$

wobei wir berücksichtigt haben, dass aus (6.10) bzw. (6.21) wegen $\mathbf{e}^k \mathbf{e}_q = \delta^k_q$

$$\mathbf{e}^p\,\partial_n \mathbf{e}_i = \Gamma^p_{ni} \tag{6.25}$$
$$\mathbf{e}_q\,\partial_n \mathbf{e}^k = -\Gamma^k_{qn} \tag{6.26}$$

folgt. Multiplikation von (6.24) mit g_{pj} ergibt schließlich

$$g_{pj}\,\Gamma^p_{ni} = \delta^k_j \partial_n g_{ki} - \delta^q_j g_{ki}\,\Gamma^k_{qn} \tag{6.27}$$

bzw.

$$\underline{g_{pj}\,\Gamma^p_{ni}} + \underline{\underline{g_{ki}\,\Gamma^k_{jn}}} = \partial_n g_{ji}\,. \tag{6.28}$$

Zyklisches Vertauschen von i, j und n in (6.28) ergibt zudem

$$g_{pn}\,\Gamma^p_{ij} + \underline{\underline{g_{kj}\,\Gamma^k_{ni}}} = \partial_i g_{nj} \tag{6.29}$$
$$\underline{g_{pi}\,\Gamma^p_{jn}} + g_{kn}\,\Gamma^k_{ij} = \partial_j g_{in}\,. \tag{6.30}$$

Multipliziert man (6.28) mit -1 und addiert zu dieser Gleichung dann (6.29) und (6.30), so heben sich die unterstrichenen Terme jeweils auf, wenn man die Summationsindizes p bzw. k entsprechend austauscht. Anschließende Multiplikation mit $\frac{1}{2}g^{kn}$ ergibt schließlich den gesuchten Zusammenhang zwischen den Christoffelsymbolen und der Metrik

$$\boxed{\Gamma^k_{ij} = \frac{1}{2}g^{kn}[\partial_j g_{in} + \partial_i g_{nj} - \partial_n g_{ij}]\,.} \tag{6.31}$$

Aus der Symmetrie der Metrikkoeffizienten $g_{ij} = g_{ji}$ (4.15) ergibt sich zudem, dass die Christoffelsymbole bezüglich der unteren Indizes symmetrisch sind, d.h. es gilt

$$\boxed{\Gamma^k_{ij} = \Gamma^k_{ji}\,.} \tag{6.32}$$

Satz 6.4: Die Christoffelsymbole entsprechen der ersten Ableitung der Metrik. Sie sind symmetrisch bezüglich der unteren Indizes.

Als Beispiel wollen wir nun in Box 6.1 die Christoffelsymbole für zweidimensionale kartesische und Polarkoordinaten berechnen.

Box 6.1: Beispiele zur Berechnung der Christoffelsymbole

Christoffelsymbole in kartesischen Koordinaten

Mit den Metrikkoeffizienten für zweidimensionale kartesische Koordinaten $g_{11} = g_{22} = 1$ und $g_{12} = g_{21} = 0$ (5.8) erhalten wir für die Christoffelsymbole unmittelbar

$$\Gamma^1_{11} = \Gamma^2_{11} = \Gamma^1_{21} = \ldots = 0 \,, \tag{6.33}$$

d.h. alle Christoffelsymbole verschwinden bei kartesischen Koordinaten. Das ist einsichtig, da die Koordinatenachsen gerade sind und sich die jeweiligen Basisvektoren bei Verschiebung entlang der Achsen nicht ändern.

Christoffelsymbole in Polarkoordinaten

Zur Bestimmung der Christoffelsymbole in Polarkoordinaten tragen wir zunächst die Basisvektoren in Polarkoordinaten in ein Koordinatensystem ein. Dabei gelten zwischen kartesischen und Polarkoordinaten die Umrechnungen (Abb. 6.5)

$$x = r \cos\varphi \quad ; \quad y = r \sin\varphi \,. \tag{6.34}$$

Als natürliche Basisvektoren erhält man damit in Polarkoordinaten

$$\mathbf{e}_r = \mathbf{e}_x \cos\varphi + \mathbf{e}_y \sin\varphi \tag{6.35}$$

$$\mathbf{e}_\varphi = -\mathbf{e}_x r \sin\varphi + r\,\mathbf{e}_y \cos\varphi \,. \tag{6.36}$$

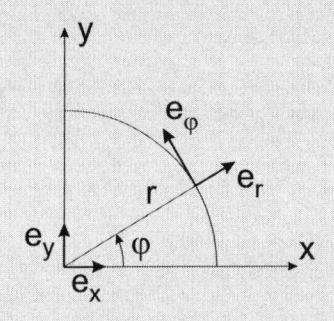

Abb. 6.5: Umrechnung von kartesischen in Polarkoordinaten

Aus der Metrik für Polarkoordinaten (5.10) und mit (4.49) erhalten wir zunächst

$$[g_{ij}] = \begin{pmatrix} 1 & 0 \\ 0 & r^2 \end{pmatrix} \quad ; \quad [g^{ij}] = \begin{pmatrix} 1 & 0 \\ 0 & 1/r^2 \end{pmatrix} \,. \tag{6.37}$$

Wir bestimmen nun die partiellen Ableitungen der Metrikkoeffizienten, die wir in (6.31) benötigen. Diese verschwinden bis auf

$$\partial_r g_{\varphi\varphi} = \partial_r(r^2) = 2r \,, \tag{6.38}$$

so dass sich schließlich folgende Christoffelsymbole ergeben:

$$\Gamma^r_{\varphi\varphi} = -\frac{g^{rr}}{2}\partial_r g_{\varphi\varphi} = -r \tag{6.39}$$

und

$$\Gamma^\varphi_{\varphi r} = \Gamma^\varphi_{r\varphi} = -\frac{g^{\varphi\varphi}}{2}\partial_r g_{\varphi\varphi} = \frac{1}{r}\,, \tag{6.40}$$

während die anderen Ausdrücke verschwinden. Die Zusammenhänge sind in (Abb. 6.6) nochmals grafisch dargestellt.

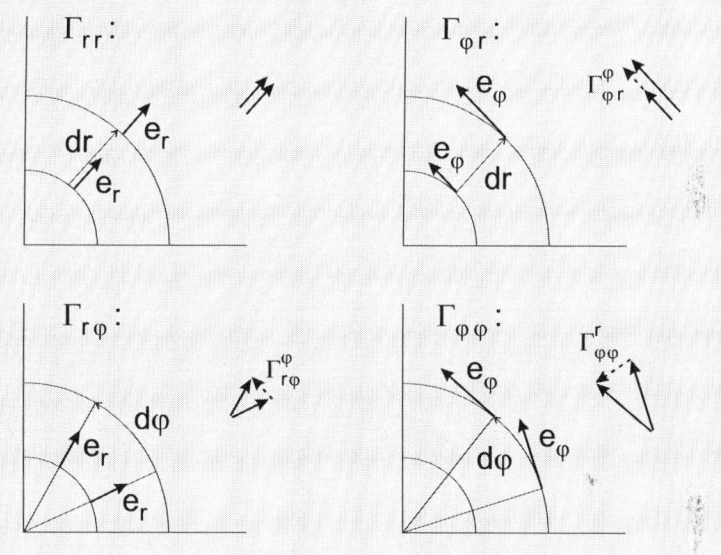

Abb. 6.6: *Grafische Darstellung der Bestimmung der Christoffelsymbole für Polarkoordinaten. Durch Verschiebung eines Basisvektors $\mathbf{e}_i$ entlang der Koordinatenachse um dx_j ändert sich dieser um $dx_j\,\mathbf{\Gamma}_{ij}$. Zerlegt man $\mathbf{\Gamma}_{ij}$ in seine Komponenten, ergeben sich die Christoffelsymbole, wobei in diesem Beispiel jeweils nur eine Komponente von $\mathbf{\Gamma}_{ij}$ von null verschieden ist. Neben den Koordinatensystemen sind jeweils die Basisvektoren vor und nach der Verschiebung um dx_j (durchgezogene Pfeile) sowie die von null verschiedene Größe Γ^k_{ij} (gestrichelter Pfeil) dargestellt*

6.3 Kovariante Ableitung

6.3.1 Definition der kovarianten Ableitung

In Abschnitt 6.1.2 hatten wir bereits einen Ausdruck abgeleitet, der die tatsächliche Änderung des Vektors **A**, unabhängig von dem verwendeten Koordinatensystem beschreibt. Dieser Ausdruck wird als kovariante Ableitung bezeichnet und im Folgenden mit D_j abgekürzt, d.h. es gilt

$$D_j A_i = \mathbf{e}_i\, \partial_j \mathbf{A}\ . \tag{6.41}$$

Damit erhalten wir aus (6.6)

$$D_j A_i = \partial_j A_i - \mathbf{A}\, \partial_j \mathbf{e}_i\ . \tag{6.42}$$

Ersetzen wir nun in (6.42) den Ausdruck $\mathbf{A}\partial_j\mathbf{e}_i$ mit Hilfe des im letzten Abschnitt abgeleiteten Christoffelsymbols (6.12), erhalten wir schließlich den Ausdruck für die *kovariante Ableitung einer kovarianten Vektorkomponente*

$$D_j A_i = \partial_j A_i - \Gamma_{ij}^k\, A_k\ . \tag{6.43}$$

- tatsächliche Änderung von $\mathbf{A}$ → $D_j A_i$
- partielle Ableitung von $\mathbf{A}$ → $\partial_j A_i$
- Änderung der Basisvektoren → $\Gamma_{ij}^k A_k$

Dabei ist zu bemerken, dass der Begriff kovariant in Bezug auf die Ableitung im Sinne von koordinatenunabhängig zu verstehen ist und in Bezug auf die Vektorkomponente im Sinne der Definition in Box 4.4.

Analog ergibt sich mit (6.21) die *kovariante Ableitung einer kontravarianten Vektorkomponente*

$$\boxed{D_j A^i = \partial_j A^i + \Gamma_{jk}^i A^k\ .} \tag{6.44}$$

Satz 6.5: Die kovariante Ableitung beschreibt die tatsächliche Änderung eines Vektors unabhängig vom Koordinatensystem.

Für die mathematische Beschreibung der allgemeinen Relativitätstheorie ist die kovariante Ableitung von grundlegender Bedeutung. So hatten wir bereits darauf hingewiesen, dass physikalische Gleichungen unabhängig von dem verwendeten Koordinatensystem gültig sein müssen. Statt der gewöhnlichen partiellen Ableitung müssen wir daher die kovariante Ableitung verwenden, um eine koordinatensystemunabhängige Beschreibung zu erhalten. Ein Beispiel zur Berechnung der kovarianten Ableitung ist in Box 6.2 gezeigt.

Aus der Definition der kovarianten Ableitung (6.43) folgt eine weitere Eigenschaft der Christoffelsymbole, auf die wir hier kurz eingehen wollen. So hatten wir bereits festgestellt, dass die Christoffelsymbole im Allgemeinen nicht koordinatenunabhängig sind,

6.3 Kovariante Ableitung

da sie ja gerade die Abhängigkeit der partiellen Ableitung von dem verwendeten Koordinatensystem ausgleichen. Sie lassen sich daher auch nicht wie andere indizierte Größen, z.B. Vektoren, transformieren und es lassen sich auch nicht die Regeln aus Abschnitt 4.4 anwenden.

Box 6.2: Kovariante Ableitung in Polarkoordinaten

Als Beispiel für die Bestimmung der kovarianten Ableitung untersuchen wir ein Vektorfeld **A** im zweidimensionalen Raum, welches nur die Komponente $A_x = A$ besitzt und im gesamten Raum konstant ist (Abb. 6.7). In kartesischen Koordinaten ist die Rechnung einfach, da dort die Christoffelsymbole verschwinden, so dass gemäß (6.43)

$$D_j A_i = \partial_j A_i \,. \tag{6.45}$$

Da **A** nur die Komponente $A_i = A_x$ mit $A_x = $ const. besitzt, verschwinden die partiellen Ableitungen und wir erhalten erwartungsgemäß für die kovariante Ableitung

$$D_j A_i = 0 \,. \tag{6.46}$$

Wir wollen die selbe Rechnung nun auch in Polarkoordinaten r und φ, also in einem krummlinigen Koordinatensystem durchführen. Dort hängen die entsprechenden Vektorkomponenten A_r und A_φ von den Koordinaten r und φ ab, so dass nun die partiellen Ableitungen ungleich null sind.

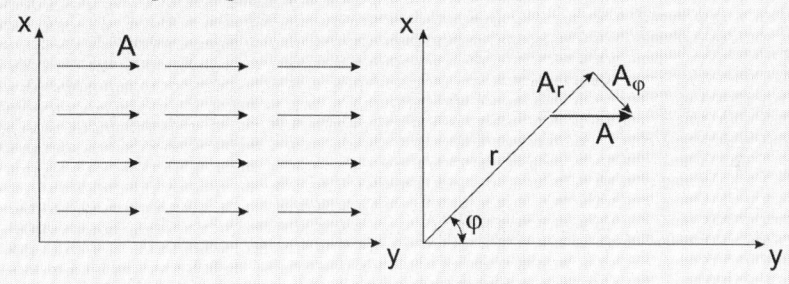

Abb. 6.7: *Konstantes Vektorfeld in einem nicht gekrümmten Raum (links). Bei Verwendung von Polarkoordinaten r- und φ sind die entsprechenden Komponenten A_r und A_φ jedoch koordinatenabhängig*

Um die Berechnung der kovarianten Ableitung in Polarkoordinaten durchführen zu können, zerlegen wir die Vektoren **A** zunächst in die r- und φ-Komponente. Da **A** nur eine x-Komponente $A_x = A$ besitzt, erhalten wir analog zu (6.35)

$$A_r = A \cos\varphi \tag{6.47}$$
$$A_\varphi = -A r \sin\varphi \,. \tag{6.48}$$

Wir beschränken uns in diesem Beispiel auf die Bestimmung der kovarianten Ableitung $D_\varphi A_\varphi$. Dies führt mit (6.43) auf

$$D_\varphi A_\varphi = \partial_\varphi A_\varphi - \Gamma^k_{\varphi\varphi} A_k \,. \tag{6.49}$$

Der Index k kann dabei die Werte r und φ annehmen. Wir hatten allerdings in Box 6.1 bereits gezeigt, dass $\Gamma^\varphi_{\varphi\varphi} = 0$, so dass mit (6.39)

$$D_\varphi A_\varphi = \partial_\varphi A_\varphi - \Gamma^r_{\varphi\varphi} A_r \tag{6.50}$$
$$= \partial_\varphi A_\varphi + r A_r \tag{6.51}$$

folgt. Mit (6.47) und (6.48) wird schließlich

$$D_\varphi A_\varphi = \underbrace{-rA\cos\varphi}_{\text{partielle Ableitung}} + \underbrace{rA\cos\varphi}_{\text{Änderung der Basisvektoren}} = 0 \; .$$

Dabei entspricht der erste Term in dem mittleren Ausdruck der partiellen Ableitung der Vektoren nach φ und der zweite Term der Änderung der Basisvektoren des krummlinigen Polarkoordinatensystems. Beide Terme sind offensichtlich ungleich null, heben sich aber gerade auf, so dass die kovariante Ableitung $D_\varphi A_\varphi$, d.h. die tatsächliche Änderung, gleich null ist.

Dies zeigt also, dass die kovariante Ableitung eines konstanten Vektorfeld, unabhängig vom verwendeten Koordinatensystem, gleich null ist.

Satz 6.6: Die kovariante Ableitung eines konstanten Vektorfeldes ist unabhängig von dem verwendeten Koordinatensystem gleich null.

6.3.2 Sonderfälle der kovarianten Ableitung

Kovariante Ableitung in geradlinigen Koordinaten

In geradlinigen Koordinaten ist die kovariante Ableitung gleich der gewöhnlichen Ableitung, da die Christoffelsymbole bei geradlinigen Koordinaten verschwinden (siehe Box 6.1). Es gilt daher für die Ableitung einer Größe A^j in geradlinigen Koordinaten

$$D_i A^j = \partial_i A^j \; . \tag{6.52}$$

Kovariante Ableitung bei Paralleltransport

Wird ein Vektor so im Raum verschoben, dass seine tatsächliche Änderung gleich null ist, nennt man dies Paralleltransport. In diesem Fall gilt für einen Vektor mit den Komponenten A^j

$$D_i A^j = 0 \; . \tag{6.53}$$

Der Paralleltransport wird unter anderem für die Bestimmung eines Ausdruckes für die Raumkrümmung in Kapitel 7 verwendet. Wir werden den Paralleltransport daher ausführlich im folgenden Abschnitt untersuchen.

6.4 Paralleltransport

Als Paralleltransport bezeichnet man die Verschiebung eines Vektors, den wir hier mit **V** bezeichnen, entlang einer Kurve x^j in einem Raum derart, dass die tatsächliche Änderung $D_j A^i$ während der Verschiebung gleich null ist. Nach (6.44) heben sich also die scheinbare Änderung des Vektors entlang der Koordinatenachse x^j und die Änderung der Basisvektoren entlang dieser Achse gerade auf.

Aus der Definition der kovarianten Ableitung (6.44) und mit $D_j A^i = 0$ erhalten wir damit die Beziehung

$$\boxed{\frac{\partial V^i}{\partial x^j} = -\Gamma^i_{jk} V^k} \quad . \tag{6.54}$$

Satz 6.7: Beim Paralleltransport ist die tatsächliche Änderung eines Vektors gleich null.

Gekrümmte und nicht gekrümmte Räume

Wir werden nun den Paralleltransport eines Vektors entlang einer Kurve sowohl für den Fall eines nicht gekrümmten Raumes als auch für den eines gekrümmten Raumes untersuchen. Dazu betrachten wir zunächst ein konstantes Vektorfeld in einem nicht gekrümmten Raum (Abb. 6.8, links), wobei der nicht gekrümmte Raum durch den rechtwinkligen Rahmen angedeutet ist. Krümmen wir den Raum, wird das Vektorfeld entsprechend verzerrt, und wir erhalten die Darstellung in Abb. 6.8, rechts, wobei das Vektorfeld - bezogen auf den Raum - nach wie vor konstant ist. In beiden Fällen ist also die kovariante Ableitung, welche die tatsächliche Änderung des Vektorfeldes beschreibt, offensichtlich gleich null.

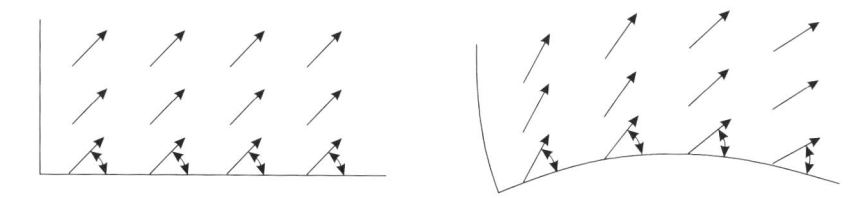

Abb. 6.8: *Konstantes Vektorfeld in einem nicht gekrümmten (links) und einem gekrümmten Raum (rechts). In beiden Fällen ist die kovariante Ableitung, welche die tatsächliche Änderung des Vektorfeldes beschreibt, gleich null*

Paralleltransport im nicht gekrümmten Raum

Gemäß Satz 6.7 ist die tatsächliche Änderung eines Vektors beim Paralleltransport entlang einer beliebigen Koordinatenachse gleich null, der Vektor bleibt also konstant. In Abb. 6.9 ist dies für den Fall der Verschiebung einer geradlinigen (links) bzw. krummlinigen Koordinatenachse (rechts) dargestellt. Man sieht, dass in beiden Fällen der Vektor durch die Verschiebung weder seine Länge noch seine Richtung im Raum ändert.

Die partielle Ableitung, welche die Änderung des Vektors auf die Koordinatenlinie bezieht, ist dagegen im allgemeinen Fall ungleich null. So sieht man aus Abb. 6.9, rechts, dass sich der Winkel zwischen dem Vektor und der Koordinatenlinie während des Transports ändert. Folgt die Transportkurve jedoch der Raumkrümmung, d.h. in diesem Fall einer Geraden, so ist auch die partielle Ableitung gleich null (Abb. 6.9, links).

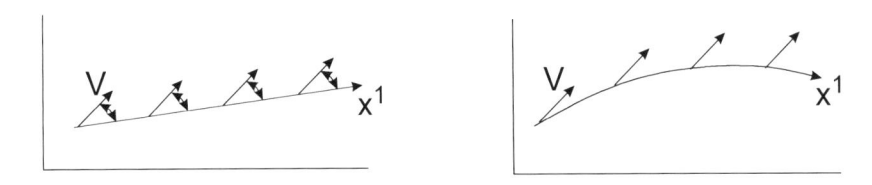

Abb. 6.9: *Paralleltransport eines Vektors* **V** *in einem nicht gekrümmten Raum entlang einer geradlinigen (links) bzw. krummlinigen Koordinatenachse x^1 (rechts). Die Achse im linken Teilbild folgt der Raumkrümmung, die im rechten nicht*

Paralleltransport im gekrümmten Raum

Wir wollen nun den Fall des gekrümmtem Raumes betrachten. Auch hier gilt, dass nach Satz 6.7 während des Paralleltransportes die tatsächliche Änderung des Vektors gleich null ist. Der Vektor **V** ändert demnach durch die Verschiebung weder seine Länge noch seine Richtung in Bezug auf den gekrümmten Raum, und wir erhalten die Darstellung nach Abb. 6.10, in der der Transport entlang einer geradlinigen (links) bzw. krummlinigen Koordinatenachse (rechts) dargestellt ist.

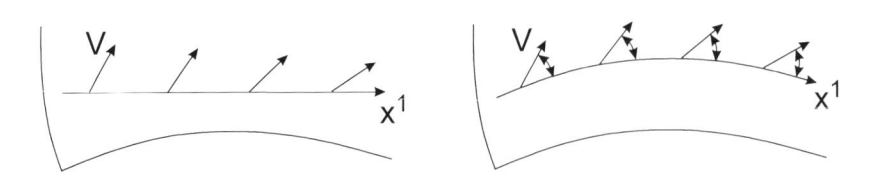

Abb. 6.10: *Paralleltransport eines Vektors* **V** *in einem gekrümmten Raum. Die rechte Koordinatenachse folgt der Raumkrümmung, die linke nicht*

Satz 6.8: Die Orientierung eines Vektors in Bezug auf den Raum ändert sich beim Paralleltransport nicht.

Paralleltransport des Tangentenvektors

Ein wichtiger Sonderfall ist der Paralleltransport eines Tangentenvektors. Dazu betrachten wir nochmals Abb. 6.10, rechts und ersetzen den dort paralleltransportierten Vektor durch den Tangentenvektor an einer Stelle der Kurve x^1. Transportieren wir diesen Tangentenvektor nun parallel, folgt er quasi der Raumkrümmung, da seine Orientierung in Bezug auf den Raum konstant bleibt. Wir erhalten damit eine Kurve, die genau der Raumkrümmung folgt (Abb. 6.11).

Solche Kurven sind von besonderer Bedeutung, da sie Kurven kürzesten Abstandes, sog. geodätische Kurven, sind. Wir werden später sehen, dass die Bewegung eines freien Teilchens in der gekrümmten Raumzeit stets entlang einer solchen geodätischen Kurve erfolgt.

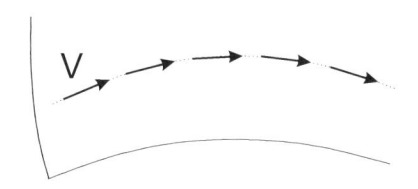

Abb. 6.11: *Paralleltransportiert man einen Vektor* **V** *in Richtung seiner Tangente, lässt sich eine Kurve konstruieren, welche der Raumkrümmung folgt*

> **Satz 6.9:** Durch den Paralleltransport eines Vektors in Richtung seiner Tangente erhält man eine geodätische Kurve, also eine Kurve kürzesten Abstandes, die der Raumkrümmung folgt.

7 Messung der Krümmung

Dieses Kapitel befasst sich mit der Krümmung allgemeiner Räume. Zentraler Punkt ist dabei die Ableitung der sog. Riemann-Krümmung mit Hilfe der Methode des Paralleltransportes. Es wird gezeigt, wie sich die Riemann-Krümmung aus der Metrik bestimmen lässt, und es werden die Eigenschaften der Riemann-Krümmung beschrieben.

7.1 Krümmung im zweidimensionalen Raum

Wir hatten bereits in Kapitel 3 die Krümmung K einer Kugeloberfläche untersucht und gefunden, dass (3.8)

$$\sigma = KA ,\tag{7.1}$$

wobei A die Fläche eines beliebigen Dreiecks auf der Kugeloberfläche und σ die Abweichung der Winkelsumme des Dreiecks von dem Wert π, der sog. sphärische Exzess, ist. Wir werden nun zeigen, dass sich die Krümmung K einer Fläche auch durch Paralleltransport eines Vektors $\mathbf{V}$ bestimmen lässt. Dazu paralleltransportieren wir einen Vektor $\mathbf{V}$ auf der Fläche entlang einer geschlossenen Kurve und untersuchen, ob sich der Vektor $\mathbf{V}_{\text{start}}$, mit dem wir starten, von dem Vektor $\mathbf{V}_{\text{ziel}}$ unterscheidet, mit dem wir wieder am Ausgangspunkt ankommen (Abb. 7.1). Die Differenz von Start- und Zielvektor ist dabei gegeben durch

$$\mathbf{dV} = \mathbf{V}_{\text{ziel}} - \mathbf{V}_{\text{start}} .\tag{7.2}$$

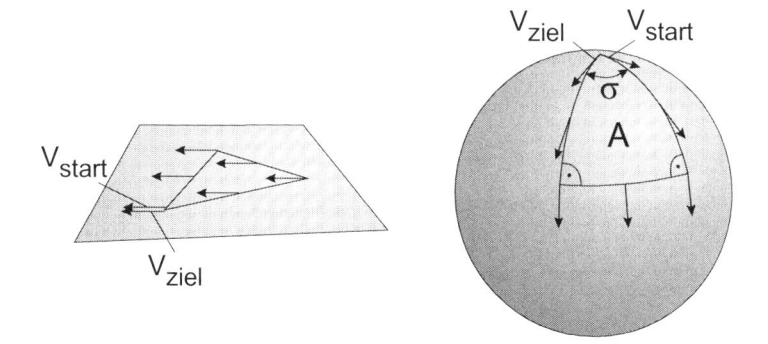

Abb. 7.1: *Paralleltransport eines Vektor auf einer ebenen Fläche (links) und einer gekrümmten Fläche (rechts). Die Differenz von Ziel- und Startvektor ist ein Maß für die Krümmung*

> **Georg Friedrich Bernhard Riemann** (* 17. September 1826 in Breselenz bei Dannenberg (Elbe); † 20. Juli 1866 in Selasca bei Verbania am Lago Maggiore) war ein deutscher Mathematiker. Riemann war ab 1859 Professor in Göttingen und arbeitete unter anderem auf den Gebieten der Analysis, der Funktionentheorie und der mathematischen Physik. Riemann gilt als einer der bedeutendsten Mathematiker des 19. Jahrhunderts. In seinem Habilitationsvortrag „Über die Hypothesen, welche der Geometrie zugrunde liegen" entwickelte er seine Ideen zur Geometrie in höherdimensionalen Räumen und führte insbesondere die Metrik als quadratische Form von Differentialen ein. Riemann legte damit eine wesentliche Grundlage zur mathematischen Darstellung der allgemeinen Relativitätstheorie. In weiteren Arbeiten beschäftigte er sich u.a. mit der Verteilung von Primzahlen, der analytischen Zahlentheorie und der Theorie von Differentialgleichungen. (Bild: akg-images)

Ziel unserer Rechnung ist nun, die Krümmung K in (7.1) statt durch den sphärischen Exzess σ durch den Wert von $\mathbf{dV}$ auszudrücken.

Dazu führen wir den Paralleltransport des Vektors $\mathbf{V}$ zunächst auf einer nicht gekrümmten Fläche (Abb. 7.1, links) durch. Da, wie wir im letzten Kapitel gezeigt hatten, ein Vektor beim Paralleltransport der Raumkrümmung folgt (Satz 6.8), bleibt die Orientierung des Vektors $\mathbf{V}$ in der ebenen Fläche erhalten, und Start- und Zielvektor sind gleich, so dass $\mathbf{dV} = 0$.

Nun paralleltransportieren wir den Vektor $\mathbf{V}$ auf einer Kugeloberfläche (Abb. 7.1, rechts). Auch hier folgt der Vektor beim Transport der Raumkrümmung, was aber nun dazu führt, dass Start- und Zielvektor voneinander um $\mathbf{dV}$ abweichen. Dabei gilt der in Abb. 7.2 dargestellte Zusammenhang zwischen den Vektoren $\mathbf{V}_{\text{start}}$, $\mathbf{V}_{\text{ziel}}$, dem Differenzvektor $\mathbf{dV}$ und dem sphärischen Exzess σ. Betrachten wir die Beträge, ergibt

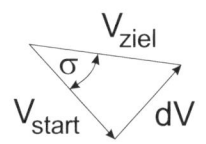

Abb. 7.2: *Zusammenhang zwischen der Differenz $\mathbf{dV}$ von Ziel- und Startvektor und dem sphärischen Exzess σ*

sich für kleine Werte von σ der einfache Zusammenhang

$$dV = V\sigma \,, \tag{7.3}$$

mit dem wir den sphärischen Exzess σ in (7.1) durch den Betrag dV der Abweichung zwischen Start- und Zielvektor ausdrücken können. Dies führt schließlich auf die Definition für die *Krümmung K im zweidimensionalen Raum*

7.2 Riemann-Krümmung

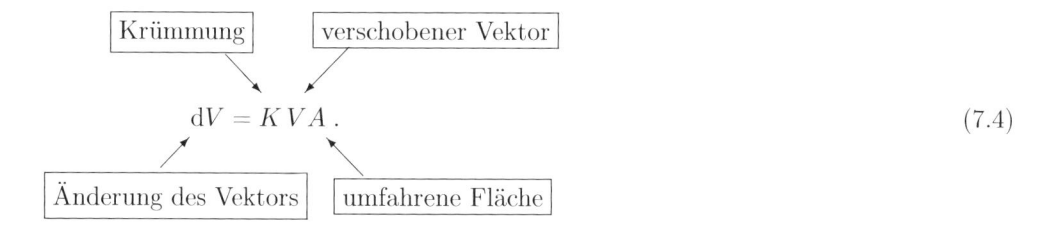

$$\underset{\text{Änderung des Vektors}}{\text{d}V} = \underset{\text{Krümmung}}{K} \underset{\text{verschobener Vektor}}{V} \underset{\text{umfahrene Fläche}}{A} \, . \tag{7.4}$$

Satz 7.1: Die Differenz von Ziel- und Startvektor beim Paralleltransport entlang einer geschlossenen Kurve ist ein Maß für die Krümmung.

7.2 Riemann-Krümmung

7.2.1 Krümmung in höherdimensionalen Räumen

Im Fall einer zweidimensionalen Geometrie ist einem Punkt auf der Fläche genau eine Krümmung zugeordnet (Abb. 7.3, links). Lediglich das Vorzeichen der Krümmung hängt von der Richtung des Verschiebeweges ab. Im dreidimensionalen Raum hängt die gemessene Krümmung in einem bestimmten Punkt jedoch davon ab, in welcher Ebene die Verschiebung erfolgt. So unterscheidet sich beispielsweise die Krümmung, die durch Paralleltransport eines Vektors in der x^1-x^2-Ebene gemessen wird, im Allgemeinen von der in der x^1-x^3- oder x^2-x^3-Ebene gemessenen Krümmung (Abb. 7.3, rechts). Einem Punkt im Raum können daher mehrere Krümmungen zugeordnet werden. Wir müssen

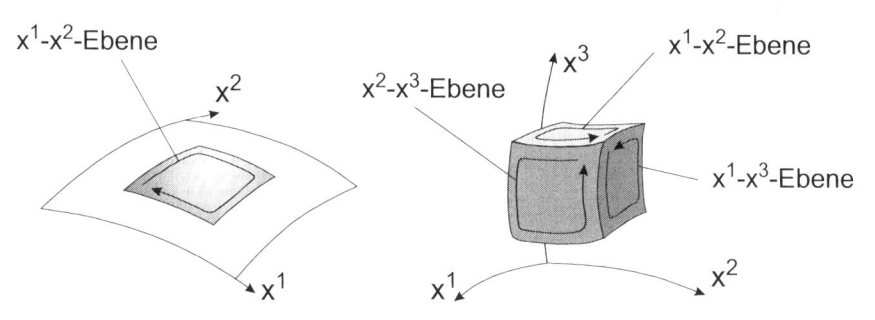

Abb. 7.3: *Bestimmung der Krümmung durch Paralleltransport im zweidimensionalen (links) und im dreidimensionalen Fall (rechts). Im Zweidimensionalen erhält man bis auf das Vorzeichen unabhängig vom Weg stets die selbe Krümmung; im Dreidimensionalen kann der Verschiebeweg von unterschiedlichen Vektoren aufgespannt werden, was auf unterschiedliche Krümmungen führt. Die jeweiligen Verschiebewege sind durch Pfeile dargestellt*

nun einen Ansatz finden, der das oben Gesagte berücksichtigt. Dazu beschreiben wir den Verschiebeweg allgemein durch zwei Vektoren **a** und **b** (Abb. 7.4) und beachten, dass der paralleltransportierte Vektor **V** in Räumen mit mehr als zwei Dimensionen nicht notwendigerweise in der durch **a** und **b** aufgespannten Fläche liegt, sondern eine beliebige Orientierung aufweisen kann. Entsprechendes gilt dann für den Vektor **dV**.

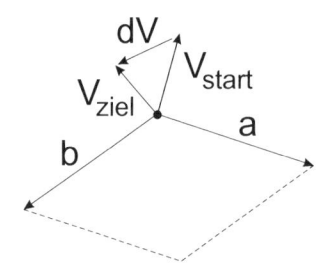

Abb. 7.4: *Allgemeine Darstellung des durch die Vektoren **a** und **b** definierten Verschiebeweges sowie des transportierten Vektors **V** und der Änderung **dV**, welche der Vektor durch den Transport erfährt*

Nun setzen wir analog zu (7.4) eine Gleichung für die Krümmung höherdimensionaler Räume in Komponentenschreibweise an und erhalten

$$\mathrm{d}V^i = K\, V^j\, a^k b^l\,. \tag{7.5}$$

Da nach der Symmetrieregel (vgl. Abschnitt 4.4.5) die effektive Zahl der Indizes auf beiden Seiten der Gleichung übereinstimmen muss, kann die Krümmung K in (7.5) jedoch kein Skalar sein, sondern es muss sich um eine indizierte Größe handeln. Damit ergibt sich schließlich der Ansatz (vgl. Box 4.13)

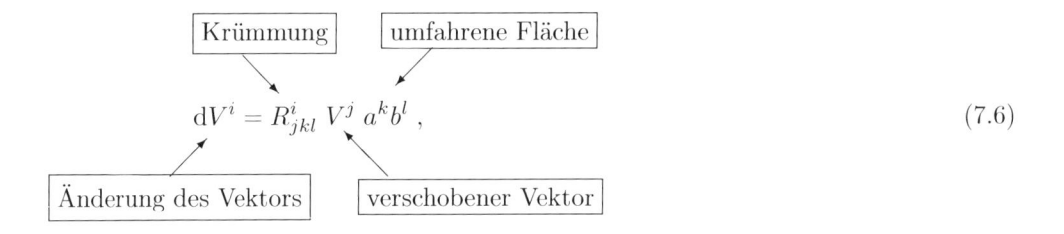

$$\mathrm{d}V^i = R^i_{jkl}\, V^j\, a^k b^l\,, \tag{7.6}$$

wobei R^i_{jkl} als die sog. Riemann-Krümmung bezeichnet wird, die eine Verallgemeinerung der für den zweidimensionalen Fall gültigen Krümmung K ist. Die Indizes der Riemann-Krümmung können, abhängig von der Raumdimension, jeweils unterschiedliche Werte annehmen. Im Zweidimensionalen laufen die Indizes von 1 bis 2, im Dreidimensionalen von 1 bis 3 und in der Raumzeit von 0 bis 3, wenn wir der Zeitkoordinate den Index 0 zuordnen. Die Bedeutung der einzelnen Indizes der Riemann-Krümmung ist nachfolgend dargestellt:

7.2 Riemann-Krümmung

$$R^i_{\ j\,kl} \cdot \tag{7.7}$$

with labels: "Komponente von **dV**" pointing to i, "Komponente von **V**" pointing to j, "Verschiebeweg" pointing to kl.

Satz 7.2: Die Riemann-Krümmung liefert bei gegebener Metrik einen allgemeinen Ausdruck für die Krümmung eines mathematischen Raumes.

In dem folgenden Abschnitt werden wir nun einen Ausdruck für die Riemann-Krümmung ableiten, wobei die Rechnung darauf basiert, dass wir die Krümmung als zweite Ableitung der Metrik interpretieren. Diese Rechnung ist weniger aufwändig als die, bei der die Krümmung durch Paralleltransport eines Vektors entlang einer geschlossenen Kurve bestimmt wird, und die wir nur kurz in Box 7.1 skizzieren.

7.2.2 Berechnung der Riemann-Krümmung

Wir leiten nun einen Ausdruck für die Riemann-Krümmung ab, wobei wir jedoch nicht mathematisch exakt vorgehen, sondern versuchen werden, den Begriff der Riemann-Krümmung möglichst anschaulich zu definieren. Dazu gehen wir von der Darstellung einer zweidimensionalen Geometrie durch ein Gitter aus, wobei die Länge der Gitterstäbe durch die Metrikkoeffizienten festgelegt ist. Diese Darstellung hatten wir bereits in Abb. 5.2 verwendet und dabei erkannt, dass sich die Krümmungseigenschaften eines Raumes in der Metrik widerspiegeln (Satz 5.2).

Wir werden nun ein einzelnes dieser Gitterelemente betrachten und ein Kriterium ableiten, aus dem die Krümmung dieses Gitterelementes bestimmt werden kann. Dazu sei nochmals daran erinnert, dass die Steigung S einer Funktion durch die erste Ableitung (Abb. 7.5, links) und die Krümmung K durch die zweite Ableitung beschrieben werden kann (Abb. 7.5, mitte).

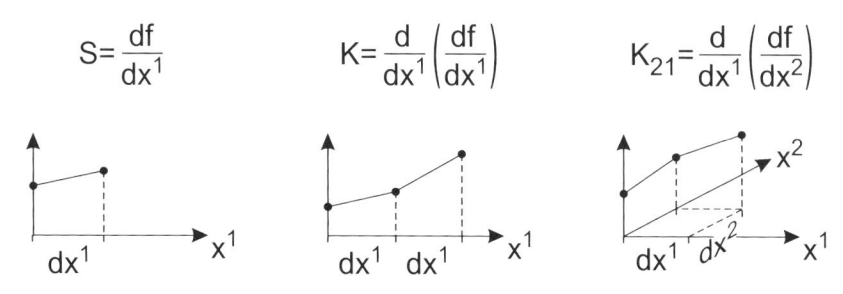

$$S = \frac{df}{dx^1} \qquad K = \frac{d}{dx^1}\left(\frac{df}{dx^1}\right) \qquad K_{21} = \frac{d}{dx^1}\left(\frac{df}{dx^2}\right)$$

Abb. 7.5: *Definition der Steigung S als erste Ableitung, der Krümmung K als zweite Ableitung und der Krümmung K_{21} als modifizierte zweite Ableitung*

Wir verallgemeinern nun diese zweite Ableitung, indem wir uns bei der Auswertung der Stützstellen nicht nur in eine Koordinatenrichtung, z.B. x^1, bewegen, sondern erst in die eine Richtung, z.B. x^2, und dann in die andere, d.h. x^1 (Abb. 7.5, rechts). Diese Ableitung bezeichnen wir hier mit K_{21}, wobei das Vorzeichen dieser Ableitung positiv ist, wenn die Kurve f eine positive Krümmung aufweist. Entsprechend definieren wir eine Ableitung K_{12}, bei der wir den umgekehrten Weg, also erst x^1 und dann x^2, gehen. Das Vorzeichen von K_{12} wählen wir positiv, wenn die Kurve f eine negative Krümmung aufweist.

Mit diesen Definitionen lässt sich nun leicht die Krümmung eines Gitterelementes bestimmen, wie in Abb. 7.6 beispielhaft für drei verschiedene Fälle dargestellt ist.

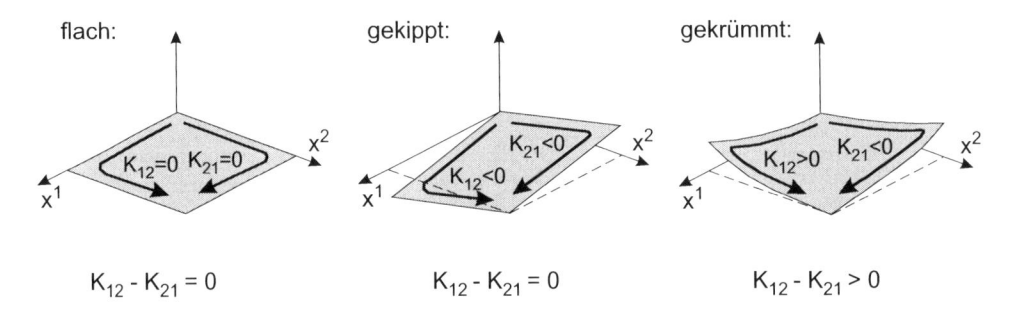

Abb. 7.6: *Gitterelemente aus dem durch die Metrik definierten Gitternetz. Dargestellt sind sind ein flaches, ein gekipptes und ein gekrümmtes Gitter mit den jeweiligen Krümmungen K_{12} und K_{21}*

In dem linken Teilbild ist das Gitterelement flach, also nicht gekrümmt, in dem mittleren Bild ist das Gitterelement gekippt, indem die eine Ecke nach oben und die gegenüberliegende Ecke in gleichem Maße nach unten gezogen wird. Dieses Gitterelement ist ebenfalls nicht gekrümmt. In dem rechten Teilbild wird das Gitterelement dadurch gekrümmt, dass das Gitter an zwei Ecken nach oben gezogen wird. Die Vorzeichen der jeweiligen Krümmungen K_{12} und K_{21} ergeben sich dabei aus der obigen Definition. Bilden wir nun die Differenz

$$\Delta K = K_{12} - K_{21} \,, \tag{7.8}$$

so sieht man, dass diese nur für den Fall eines gekrümmten Gitters (Abb. 7.6, rechts) von null verschieden ist und ansonsten verschwindet (Abb. 7.6, links und mitte). Die Größe ΔK ist also ein geeignetes Maß für die Krümmung eines Gitterelementes.

Um nun ΔK für ein durch die Metrik definiertes Gitterelement zu bestimmen, verwenden wir die Aussage von Satz 6.4, dass das Christoffelsymbol Γ^i_{jk} der ersten Ableitung der Metrik nach k entspricht. Die zweite Ableitung der Metrik erhalten wir dann, indem wir das Christoffelsymbol nochmals kovariant nach l differenzieren. Analog zu (6.44) erhalten wir also für die Ableitung der Metrik (erst nach k und dann nach l)

$$D_l \Gamma^i_{jk} = \partial_l \Gamma^i_{jk} + \Gamma^i_{lm} \Gamma^m_{jk} \,. \tag{7.9}$$

7.2 Riemann-Krümmung

Entsprechend ergibt sich bei Umkehrung der Reihenfolge der Ableitung (erst nach l und dann nach k)

$$D_k \Gamma^i_{jl} = \partial_k \Gamma^i_{jl} + \Gamma^i_{km} \Gamma^m_{jl} . \tag{7.10}$$

Diese beiden Ausdrücke entsprechen damit den Krümmungen K_{kl} und K_{lk}, wobei die Indizes k und l für die Koordinatenrichtung der Ableitung stehen.

Nun können wir die Krümmung des Gitterelementes bestimmen, indem wir gemäß (7.8) die Differenz der beiden Krümmungen K_{kl} und K_{lk} bilden. Diese Größe bezeichnen wir als die Riemann-Krümmung R^i_{jkl} und erhalten

$$R^i_{jlk} = D_l \Gamma^i_{jk} - D_k \Gamma^i_{jl} . \tag{7.11}$$

Mit (7.9) und (7.10) wird schließlich die *Riemann-Krümmung*

$$\boxed{R^i_{jlk} = \partial_l \Gamma^i_{jk} - \partial_k \Gamma^i_{jl} + \Gamma^i_{lm} \Gamma^m_{jk} - \Gamma^i_{km} \Gamma^m_{jl} .} \tag{7.12}$$

Satz 7.3: Die Riemann-Krümmung entspricht einer zweiten Ableitung der Metrik.

Box 7.1: Bestimmung der Krümmung durch Paralleltransport

Wir skizzieren nun die Berechnung der Riemann-Krümmung nach der oben gezeigten Methode des Paralleltransportes (Abb. 7.4) gemäß [10]. Dazu betrachten wir einen Vektor **V**, den wir entlang einer durch zwei Vektoren aufgespannten Fläche paralleltransportieren (Abb. 7.7) und berechnen die Änderung d**V** nach einem kompletten Umlauf. Die so erhaltene Gleichung formen wir dann um, bis sie die Form der Gleichung (7.6) annimmt und wir den Ausdruck für R^i_{jkl} direkt ablesen können.

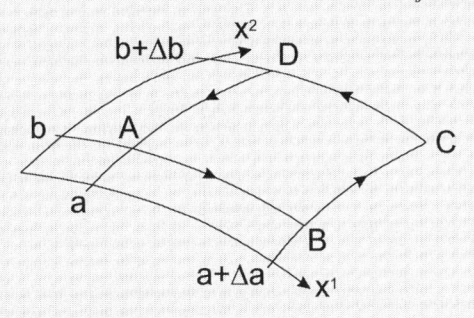

Abb. 7.7: Definition der Koordinaten für den Paralleltransport des Vektors **V**. Der Transport erfolgt von dem Punkt A ausgehend über B, C und D wieder zurück zu A

Wir erhalten zunächst für die Integration von A nach B und mit der Gleichung für den Paralleltransport (6.54)

$$\frac{\partial V^i}{\partial x^1} = -\Gamma^i_{1j} V^j . \tag{7.13}$$

Dabei steht der Index i für die betrachtete Komponente von $\mathbf{dV}$ und der Index j beschreibt die Komponente des Vektors $\mathbf{V}$ (vgl. (7.7)). Der Index 1 bezeichnet die Koordinate x^1, entlang derer wir integrieren. Ausführen der Integration von A nach B ergibt

$$V^i(B) - V^i(A) = \int_A^B \frac{\partial V^i}{\partial x^1} \mathrm{d}x^1 \,. \tag{7.14}$$

Entsprechende Ausdrücke ergeben sich für die Wege von B nach C, von C nach D und von D nach A. Integriert man über die gesamte Schleife, ergibt sich auf der linken Seite die Gesamtänderung $\mathrm{d}V^i$ des paralleltransportierten Vektors und rechts die Summe der vier Integrale. Die Integration lässt sich vereinfachen, wenn wir voraussetzen, dass die Integrationswege kurz sind. Dann können wir das Integral an der Stellen $x = a + \Delta a$ durch eine Taylor-Entwicklung, die wir nach dem linearen Glied abbrechen,

$$f(x)\Big|_{x=a+\Delta a} \approx f(x)\Big|_{x=a} + \partial_x f(x)\Big|_{x=a} \Delta a \tag{7.15}$$

annähern. Weiterhin gilt näherungsweise

$$\int_{x=a}^{a+\Delta a} f(x)\,\mathrm{d}x \approx f(a)\Delta a \,, \tag{7.16}$$

so dass sich der Ausdruck mit den vier Integralen durch einen linearen Ausdruck darstellen lässt. Durch Vergleich mit (7.6) ergibt sich dann die gesuchte *Riemann-Krümmung*

$$R^i_{jlk} = \partial_l \Gamma^i_{jk} - \partial_k \Gamma^i_{jl} + \Gamma^i_{lm}\Gamma^m_{jk} - \Gamma^i_{km}\Gamma^m_{jl} \,, \tag{7.17}$$

welche eine allgemeine mathematische Beschreibung der Krümmung eines beliebigdimensionalen Raumes ist.

7.2.3 Symmetrieeigenschaften der Riemann-Krümmung

Die Riemann-Krümmung R^i_{jkl} besitzt zahlreiche Symmetrieeigenschaften, was dazu führt, dass sich die Zahl der unabhängigen Komponenten reduziert. Als Beispiel betrachten wir den dritten und den vierten Index, also l und k. Diese Indizes definieren gemäß (7.7) den Weg entlang dem der Paralleltransport des Vektors $\mathbf{V}$ erfolgt. Vertauscht man diese Indizes, ändert sich die Richtung des Paralleltransportes und damit das Vorzeichen der Krümmung, so dass

$$R^i_{jkl} = -R^i_{jlk}. \tag{7.18}$$

Die unmittelbare Folge davon ist, dass die Komponenten der Riemann-Krümmung, bei denen die letzen beiden Indizes identisch sind, verschwinden. So ist beispielsweise für

7.2 Riemann-Krümmung

$k = l = 1$ die Beziehung $R^i_{j11} = -R^i_{j11}$ nur dann für alle i und j erfüllt wenn $R^i_{j11} = 0$.

Zur Darstellung der weiteren Symmetrieeigenschaften bringt man zweckmäßigerweise zunächst alle Indizes auf die untere Position, d.h.

$$R_{mjkl} = g_{mi} R^i_{jkl} \,. \tag{7.19}$$

Dann lässt sich zeigen, dass

$$R_{mjkl} = -R_{mjlk} = -R_{jmkl} = R_{klmj} \,. \tag{7.20}$$

Weiterhin gilt

$$R_{mjkl} + R_{mljk} + R_{mklj} = 0 \,. \tag{7.21}$$

7.2.4 Kontraktion der Riemann-Krümmung

Ricci-Krümmung

Für das Aufstellen der Einstein'schen Feldgleichung im Kapitel 8 werden wir eine kontrahierte Form der Riemann-Krümmung benötigen, d.h. wir müssen die Summe über gleiche Indizes bilden. Wegen der oben beschriebenen Symmetrieeigenschaften der Riemann-Krümmung gilt hier, dass z.B. bei der Kontraktion des dritten mit dem vierten Index die entsprechenden Komponenten verschwinden. Das gleiche gilt bei Kontraktion des ersten mit dem zweiten Index, so dass letztlich nur eine Kontraktion von null verschiedene Komponenten liefert, nämlich die des ersten mit dem dritten Index. Die so entstehende Größe bezeichnet man als die Ricci-Krümmung

$$R^i_{jik} = R_{jk} \,. \tag{7.22}$$

Die einzelnen Komponenten berechnen sich mit (7.12) durch Anwendung der Kontraktionsregel. Damit ergibt sich für die *Ricci-Krümmung*

$$\boxed{R_{jk} = R^i_{jik} = \partial_i \Gamma^i_{jk} - \partial_k \Gamma^i_{ji} + \Gamma^i_{im} \Gamma^m_{jk} - \Gamma^i_{km} \Gamma^m_{ji}} \,. \tag{7.23}$$

Da zur Berechnung der Ricci-Krümmung einzelne Komponenten Riemann-Krümmung addiert werden, kann die Ricci-Krümmung auch als eine gemittelte Krümmung der Riemann-Krümmung betrachtet werden.

Satz 7.4: Die Ricci-Krümmung entspricht einer gemittelten Riemann-Krümmung.

Krümmungsskalar

Auch die Ricci-Krümmung R_{jk} lässt sich kontrahieren. Dazu ziehen wir einen Index durch Multiplikation mit der Metrik nach oben und erhalten

$$g^{ik} R_{jk} = R^i_j \,. \tag{7.24}$$

Setzt man nun $i = j$ und summiert dann gemäß der Summationsregel auf, ergibt sich der sog. *Krümmungsskalar*

$$R_j^j = R, \tag{7.25}$$

den wir ebenfalls beim Aufstellen der Einstein'schen Feldgleichung benötigen.

7.3 Die Bianchi-Identität

Die Riemann-Krümmung ist ein allgemeiner mathematischer Ausdruck für Krümmung eines beliebigdimensionalen Raumes. In physikalischen Räumen[1] unterliegt die Krümmung jedoch bestimmten Bedingungen. Eine wichtige Bedingung, die bei der Aufstellung der Einstein'schen Feldgleichung eine zentrale Rolle spielt, ist die sog. Bianchi-Identität. Um die Bianchi-Identität abzuleiten, betrachten wir ein Volumenelement im dreidimensionalen Raum mit den Kantenlängen dx, dy und dz [11]. Nun berechnen wir die Summe der Krümmungen der sechs Oberflächen (vgl. Abb. 7.3). Dabei erfolgt die Berechnung der Krümmung jeder einzelnen Fläche durch Paralleltransport eines Vektors entlang der dargestellten Wege (Abb. 7.8) gemäß (7.6). Man erkennt, dass der Transport des Vektors entlang jeder einzelnen der zwölf Kanten des Volumenelements einmal in die eine und einmal in die entgegengesetzte Richtung erfolgt. Die Gesamtänderung eines Vektors, wenn dieser nacheinander entlang aller Wege transportiert wird, ist demnach null.

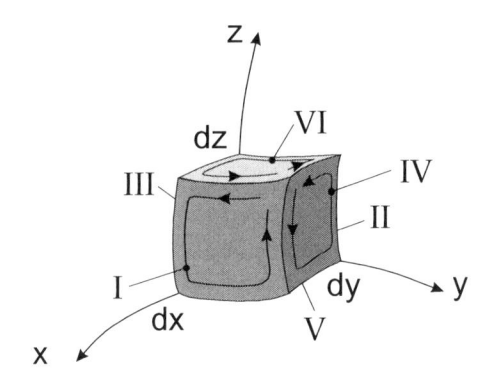

Abb. 7.8: *Volumenelement zur Herleitung der Bianchi-Identitäten. Bei der Integration über die Berandungen aller Flächen heben sich die Beiträge der Kanten jeweils auf*

Wir bestimmen nun die Krümmungen zweier sich auf dem Volumenelement gegenüberliegenden Flächen. Wir betrachten zunächst die mit I und II gekennzeichneten Flächen und erhalten gemäß (7.6) für die Änderung dA_I bei der Verschiebung entlang von Weg

---

[1] Damit meinen wir torsionsfreie Räume. Diese zeichnen sich dadurch aus, dass der Zielvektor, den wir erhalten, wenn wir einen Startvektor erst in die eine und anschließend in die andere Koordinatenrichtung transportieren, und der Zielvektor, der sich bei umgekehrter Reihenfolge des Transports ergibt, zueinander verdreht, aber nicht zueinander verschoben sind.

7.3 Die Bianchi-Identität

I an der Stelle $x + dx$

$$dA_I = R^i_{jyz}\big|_{x+dx} A^j \, dy \, dz \, . \tag{7.26}$$

Entsprechend erhalten wir für Weg II an der Stelle x

$$dA_{II} = -R^i_{jyz}\big|_{x} A^j \, dy \, dz \, , \tag{7.27}$$

wobei wir wegen der umgekehrten Richtung bei dem Transport nun ein negatives Vorzeichen haben. Damit wird

$$dA_{I+II} = \left(R^i_{jyz}\big|_{x+dx} - R^i_{jyz}\big|_{x}\right) A^j \, dy \, dz \, . \tag{7.28}$$

Erweitern wir die rechte Seite mit dx erhalten wir

$$dA_{I+II} = \frac{R^i_{jyz}\big|_{x+dx} - R^i_{jyz}\big|_{x}}{dx} A^j \, dx \, dy \, dz \, . \tag{7.29}$$

Für kleine dx können wir den Differenzenquotient durch die Ableitung ersetzen und erhalten

$$dA_{I+II} = \frac{dR^i_{jyz}}{dx} A^j \, dx \, dy \, dz \tag{7.30}$$

$$= \partial_x R^i_{jyz} A^j \, dx \, dy \, dz \, , \tag{7.31}$$

wobei wir in der letzten Zeile die abgekürzte Darstellung der Differentiation $\partial/\partial x = \partial_x$ verwendet haben. Entsprechende Ausdrücke ergeben sich für die anderen Flächenpaare III-IV und V-VI. Da, wie oben beschrieben, die Gesamtänderung eines Vektors gleich null ist, wenn wir ihn nacheinander entlang aller Kanten der sechs Flächen paralleltransportieren, erhalten wir

$$dA_{I+II} + dA_{III+IV} + dA_{V+VI} = 0 \, . \tag{7.32}$$

Nun setzen wir in (7.32) die rechte Seite von (7.31) sowie der anderen entsprechenden Ausdrücke ein und erhalten so nach Division durch $dx \, dy \, dz$

$$\partial_x R^i_{jyz} + \partial_y R^i_{jzx} + \partial_z R^i_{jxy} = 0 \, . \tag{7.33}$$

Verwenden wir noch statt der partiellen Ableitungen die entsprechenden kovarianten Ableitungen ergibt sich

$$D_x R^i_{jyz} + D_y R^i_{jzx} + D_z R^i_{jxy} = 0 \, . \tag{7.34}$$

Durch Ersetzen der Indizes x, y und z durch allgemeine Größen und Herunterziehen des Index i durch Multiplikation mit dem Metrikkoeffizienten g_{im}, erhält man schließlich die sog. *Bianchi-Identität*

$$\boxed{D_m R_{ijkl} + D_k R_{ijlm} + D_l R_{ijmk} = 0 \, ,} \tag{7.35}$$

welche die Bedingung angibt, der die Riemann-Krümmung in einem physikalischen Raum unterliegt.

> **Satz 7.5:** Die Bianchi-Identitäten legen die Bedingungen der Krümmung für einen physikalischen Raum fest.

8 Die Einstein'sche Feldgleichung

In diesem Kapitel wird mit Hilfe der Ergebnisse der vorangegangenen Kapitel die Einstein'sche Feldgleichung abgeleitet, welche die Masse mit der Raumkrümmung verknüpft. Dabei wird zunächst die rechte Seite der Feldgleichung betrachtet, welche die Eigenschaften der Materie beschreibt und dann die linke, welche die Krümmung definiert.

8.1 Ansatz zur Bestimmung der Feldgleichung

Die Beschreibung der Gravitation durch die Krümmung der Raumzeit lässt sich nicht aus bereits bekannten physikalischen Theorien ableiten, so dass die Aufstellung der Einstein'schen Feldgleichung ein hohes Maß an Intuition erfordert. Wir wollen im Folgenden den Weg von den Ergebnissen der bisherigen Kapitel bis hin zu der Einstein'schen Feldgleichung anschaulich skizzieren und versuchen zunächst, einen sinnvollen Ansatz für die Einstein'sche Feldgleichung zu finden. So folgt aus den bisherigen Ergebnissen:

- Die Einstein'sche Feldgleichung ist die relativistische Verallgemeinerung der Newton'schen Feldgleichung. Für den nichtrelativistischen Fall muss die Einstein'sche Feldgleichung daher in die Newton'sche Feldgleichung übergehen.

- Auf der linken Seite der Einstein'schen Feldgleichung wird die Krümmung der Raumzeit als Funktion der Metrikkoeffizienten g_{ij} stehen, da diese in der allgemeinen Relativitätstheorie die Funktion des Gravitationspotentials Φ übernehmen (Satz 5.3).

- Da auf der rechten Seite der Newton'schen Feldgleichung die Masse als Quelle des Gravitationsfeldes steht, wird auf der rechten Seite der Einstein'schen Feldgleichung ebenfalls eine Funktion der Masse bzw. der Energie stehen.

- Damit die Einstein'sche Feldgleichung allgemein gültig ist, muss sie auch die Erhaltungssätze für Energie und Impuls beinhalten.

Die Einstein'sche Feldgleichung wird also folgende Struktur haben:

$$\underbrace{G(g_{ij})}_{\text{Krümmung}} = \kappa \underbrace{T(\rho)}_{\text{Energie}} , \tag{8.1}$$

wobei die noch unbekannte Funktion $G(g_{ij})$ die sog. Einstein-Krümmung ist, $T(\rho)$ die sog. Energie-Impuls-Matrix bezeichnet und κ ein Proportionalitätsfaktor ist.

David Hilbert (* 23. Januar 1862 in Königsberg; † 14. Februar 1943 in Göttingen) war ein deutscher Mathematiker. Hilbert war Professor in Königsberg und in Göttingen. Er arbeitete in mehreren Schaffensperioden auf unterschiedlichen Bereichen der Mathematik wie der Invariantentheorie, der Geometrie, der Analysis und der mathematischen Physik und gilt als einer der bedeutendsten Mathematiker aller Zeiten. Hilbert lieferte wesentliche Beiträge zur mathematischen Grundlagenforschung und arbeitete auch an der mathematischen Formulierung der Allgemeinen Relativitätstheorie. Seine Arbeit zu diesem Thema reichte er noch vor Einstein zur Veröffentlichung ein, Einsteins Arbeit wurde jedoch früher publiziert. Weitere Arbeiten Hilberts sind u.a. die Lösung des Dirichlet'schen Problems und die Einführung des Hilbert-Raums, der eine bequeme Formulierung der Quantenmechanik ermöglicht. (Bild: akg / Science Photo Library)

In den folgenden Abschnitten werden wir zunächst die rechte Seite der Einstein'schen Feldgleichung, die Energie-Impuls-Matrix untersuchen und dann die linke Seite, welche durch die Einstein-Krümmung beschrieben wird.

Zur Vereinfachung der Schreibweise werden wir die Indexschreibweise verwenden, wobei die Indizes in der vierdimensionalen Raumzeit von 0 bis 3 laufen, wie in Box 8.1 dargestellt ist.

Box 8.1: Bedeutung der Indizes in der vierdimensionalen Raumzeit

Bereits in Kapitel 4 hatten wir der Einfachheit halber statt der Koordinaten x, y und z die Schreibweise in allgemeinen Koordinaten, die wir mit x^1, x^2 und x^3 bezeichnet hatten, verwendet. Durch Einführung der Indexschreibweise konnten wir dann einfach x^i schreiben, wobei der Index i im dreidimensionalen Raum vereinbarungsgemäß von 1 bis 3 lief.

In der vierdimensionalen Raumzeit kommt nun noch die Zeitkoordinate hinzu, was wir in Kapitel 2 zu dem Vierervektor der Raumzeit (2.39) zusammengefasst hatten. Definieren wir nun die Zeitkoordinate ct als x^0 gilt für den Fall kartesischer Raumkoordinaten die Zuordnung

$$\mathbf{x} = [x^i] = \begin{pmatrix} x^0 \\ x^1 \\ x^2 \\ x^3 \end{pmatrix} = \begin{pmatrix} ct \\ x \\ y \\ z \end{pmatrix}. \tag{8.2}$$

Die Indizes in der vierdimensionalen Raumzeit laufen daher von 0 bis 3, wobei der Index 0 die zeitliche Komponente bezeichnet und die Indizes 1 bis 3 entsprechend die räumlichen Komponenten. Entsprechend schreiben wir für die partielle Ableitung einer Größe $\mathbf{A}$ nach der Koordinate x^i statt $\partial \mathbf{A}/\partial x^i$ einfach $\partial_i \mathbf{A}$, so dass beispielsweise $\partial_1 \mathbf{A}$ die Ableitung von $\mathbf{A}$ nach x bedeutet.

8.2 Die Energie-Impuls-Matrix

Der einfachste Zugang zu der Einstein'schen Feldgleichung ist der von der rechten Seite, also der Energie-Impuls-Matrix, welche die Eigenschaften der Materie beschreibt. Wir werden daher zunächst die Energie-Impuls-Matrix aufstellen und dann aufgrund der Eigenschaften dieser Matrix einen entsprechenden Ansatz für die linke Seite der Feldgleichung angeben.

8.2.1 Energie-Impuls-Matrix für bewegte Materie

Der Impulsstrom im dreidimensionalen Raum

Wir untersuchen zunächst den Fall, dass sich Materie mit der Masse m relativ zu einem Volumenelement im dreidimensionalen Raum mit der Geschwindigkeit v bewegt (Abb. 8.1).

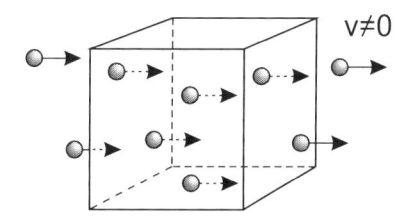

Abb. 8.1: *Ist die Materie relativ zu dem betrachteten Volumenelement bewegt, muss der Zu- und Abfluss der Masse berücksichtigt werden*

Um die Bewegung der Masse zu beschreiben, definieren wir den sog. Impulsstrom T^{ij}, der den Impuls durch eine Fläche angibt. Als Beispiel betrachten wir die durch $\Delta x\, \Delta y$ definierte Fläche A_z einmal für den Fall, dass sich die Masseteilchen in z-Richtung bewegen (Abb. 8.2, links) und dann für den Fall, dass sich die Masseteilchen in x-Richtung bewegen (Abb. 8.2, rechts).

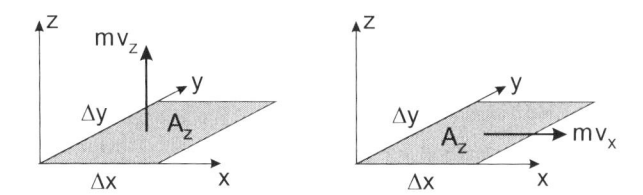

Abb. 8.2: *Zur Definition des Impulsstromes mv durch eine Fläche A_z mit der Flächennormalen in z-Richtung. Dargestellt sind die beiden Fälle, dass die Richtung des Impulses parallel zur Flächennormalen (links) bzw. senkrecht zur Flächennormalen (rechts) weist*

Im ersten Fall erhalten wir für den Impulsstrom im Dreidimensionalen

$$T^{zz}|_{3D} = \frac{p_z}{A_z} = \frac{mv_z}{\Delta x\, \Delta y} = \frac{mv_z \Delta z}{\Delta x\, \Delta y\, \Delta z}, \tag{8.3}$$

wobei die beiden Indizes von $T^{zz}|_{3D}$ die Richtung des Impulses bzw. die Normalenrichtung der Fläche angeben. Für den zweiten Fall ergibt sich entsprechend

$$T^{xz}|_{3D} = \frac{p_x}{A_z} = \frac{mv_x}{\Delta x \, \Delta y} = \frac{mv_x \Delta z}{\underbrace{\Delta x \, \Delta y \, \Delta z}_{\Delta V_{3D}}} \; . \tag{8.4}$$

Dabei steht im Nenner des letzten Terms das Volumenelement im Dreidimensionalen ΔV_{3D}.

Der Impulsstrom in der vierdimensionalen Raumzeit

Nun verallgemeinern wir die Definition des Impulsstromes auf die vierdimensionale Raumzeit, indem wir zum einen statt des Volumenelementes des Raumes ΔV_{3D}, das der Raumzeit ΔV_{4D} mit dem zusätzlichen Term $c\Delta t$ verwenden. Nach Multiplikation mit c erhalten wir somit aus (8.4)

$$T^{xz} = \frac{cmv_x \Delta z}{\underbrace{c\Delta t \, \Delta x \, \Delta y \, \Delta z}_{\Delta V_{4D}}} = \frac{m}{\Delta x \, \Delta y \, \Delta z} v_x \frac{\Delta z}{\Delta t} = \rho v_x v_z \; , \tag{8.5}$$

mit der Massendichte ρ. Zum anderen verwenden wir statt der Geschwindigkeit $\mathbf{v}$ im dreidimensionalen Raum den Vierervektor der Geschwindigkeit

$$\mathbf{u} = [u^i] = \gamma \begin{pmatrix} c \\ v_x \\ v_y \\ v_z \end{pmatrix} \tag{8.6}$$

gemäß (2.42). Die einzelnen Komponenten bezeichnen wir mit u^i, wobei der Index i in der Raumzeit von 0 bis 3 läuft. Damit erhalten wir in Verallgemeinerung von (8.5) für die Elemente der *Energie-Impuls-Matrix* den Ausdruck

$$\boxed{T^{ij} = \rho \, u^i u^j \; .} \tag{8.7}$$

In ausgeschriebener Form wird somit die *Energie-Impuls-Matrix für bewegte Materie*

$$[T^{ij}] = \rho \begin{pmatrix} c^2 & v_x c & v_y c & v_z c \\ v_x c & v_x^2 & v_x v_y & v_x v_z \\ v_y c & v_x v_y & v_y^2 & v_y v_z \\ v_z c & v_x v_z & v_y v_z & v_z^2 \end{pmatrix} \; . \tag{8.8}$$

Für das Verständnis ist es hilfreich, sich die physikalische Bedeutung der einzelnen Komponenten von T^{ij} in (8.8) zu verdeutlichen, was in der folgenden Box 8.2 gezeigt ist.

Box 8.2: Die physikalische Bedeutung der Elemente der Energie-Impuls-Matrix

Die physikalische Bedeutung der Elemente der Energie-Impuls-Matrix erschließt sich am einfachsten, indem man die einzelnen Elemente T^{ij} für den nichtrelativistischen Fall, d.h. $\gamma = 1$ bestimmt.

Energiedichte

Für den Fall $i = j = 0$ erhalten wir aus (8.7) und (8.6) mit $\gamma = 1$

$$T^{00} = \rho c^2 = \frac{m}{\Delta x \Delta y \Delta z} c^2 = \frac{E}{\Delta x \Delta y \Delta z}, \tag{8.9}$$

was der Energiedichte in dem betrachteten Volumenelement entspricht.

Energiestrom

Entsprechend werden die restlichen Komponenten der ersten Zeile von T^{ij}, d.h. für $i = 0$ und $j = 1...3$

$$T^{0j} = \rho u^j c. \tag{8.10}$$

Als Beispiel setzen wir $j = 1$ und bestimmen das Element T^{01}. Dies wird mit $u^1 = v_x$ gemäß (8.6)

$$T^{01} = \rho v_x c = \frac{m}{\Delta x \Delta y \Delta z} \frac{\Delta x}{\Delta t} c = \frac{1}{c} \frac{mc^2}{\Delta y \Delta z} \frac{1}{\Delta t} = \frac{1}{c} \frac{\dot{E}}{A_x}. \tag{8.11}$$

Dabei ist $\dot{E}$ die zeitlichen Änderung der Energie $E = mc^2$ und A_x die durch $\Delta y \Delta z$ definierte Fläche mit der Normalen in x-Richtung. Das Element T^{0j} beschreibt damit den Energiestrom in j-Richtung.

Druck

Sind i und j jeweils größer null, erhalten wir aus (8.6)

$$T^{ij} = \rho v^i v^j. \tag{8.12}$$

Wir berechnen auch hier beispielhaft ein Element, wobei wir zunächst $i = j$ betrachten. Für $i = j = 1$ erhalten wir dann

$$T^{11} = \rho v_x v_x = \frac{m}{\Delta x \Delta y \Delta z} v_x \frac{\Delta x}{\Delta t} = \frac{m}{\Delta y \Delta z} \frac{v_x}{\Delta t} = \frac{m \dot{v}_x}{A_x} = \frac{F_x}{A_x}. \tag{8.13}$$

Dabei F_x die Kraft in x-Richtung und A_x die Fläche $\Delta y \Delta z$ mit der Normalen in x-Richtung. Die Elemente T^{ii} beschreiben damit den Druck in dem betrachteten Volumenelement.

Scherkraft

Nun untersuchen wir noch den Fall, dass i und j jeweils größer null sind, wenn $i \neq j$. Als Beispiel setzen wir $i = 1$ und $j = 2$ und erhalten

$$T^{12} = \rho v_x v_y = \frac{m}{\Delta x \Delta y \Delta z} v_x \frac{\Delta y}{\Delta t} = \frac{m}{\Delta x \Delta z} \frac{v_x}{\Delta t} = \frac{m \dot{v}_x}{A_y} = \frac{F_x}{A_y}. \qquad (8.14)$$

Dies ist die Kraft in x-Richtung an einem Flächenelement mit der Normalen in y-Richtung, was der Scherkraft entspricht, die an dem Volumenelement wirkt.

Insgesamt ergibt sich damit die folgende, schematisch dargestellte Energie-Impuls-Matrix $[T^{ij}]$

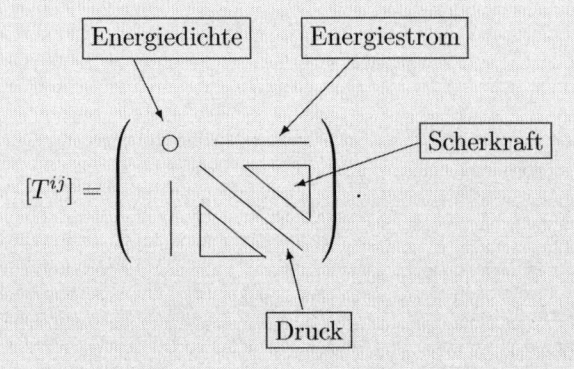

Abb. 8.3: *Darstellung der physikalischen Bedeutung der Elemente der Energie-Impuls-Matrix*

8.2.2 Energie- und Impulserhaltung

Eine der Forderungen an die Einstein'sche Feldgleichung ist, dass sie sowohl den Energie- als auch den Impulserhaltungssatz beinhalten soll. Wir werden nun zeigen, dass die Forderung der Gültigkeit des Energie- und des Impulserhaltungssatz genau dann erfüllt ist, wenn die Divergenz der Energie-Impuls-Matrix $[T^{ij}]$ verschwindet. Entsprechend setzen wir an

$$\operatorname{div} T^{ij} = \partial_j T^{ij} = 0. \qquad (8.15)$$

Da über den Index j summiert wird, ergeben sich abhängig von dem Index i verschiedene Gleichungen, die wir für den nichtrelativistischen Fall, also $\gamma = 1$ betrachten.

Energieerhaltungssatz

Wir untersuchen zunächst den Fall $i = 0$ und erhalten aus (8.7) und (8.15)

$$\partial_0 T^{00} + \partial_j T^{0j} = 0 \qquad (8.16)$$

$$c\frac{\partial \rho}{\partial t} + \frac{\partial}{\partial x^j}(c\rho u^j) = 0, \qquad (8.17)$$

8.2 Die Energie-Impuls-Matrix

wobei u^j die Werte v_x, v_y und v_z annimmt. Den zweite Term auf der linken Seite können wir daher durch die Divergenz des Massestroms $\rho \mathbf{v}$ ausdrücken und erhalten so nach Multiplikation mit c in vektorieller Schreibweise

$$\frac{\partial \rho c^2}{\partial t} + \operatorname{div}(\rho c^2 \mathbf{v}) = 0 \ . \tag{8.18}$$

- Zeitliche Änderung der Energie
- Abfluss bzw. Zustrom von Energie

Bei dieser Gleichung handelt es sich um den Energieerhaltungssatz, der aussagt, dass eine zeitliche Änderung der Energie in einem Volumen nur dadurch erfolgen kann, dass Energie aus dem oder in das Volumen fließt. Es wird also Energie in dem Volumen weder erzeugt noch vernichtet.

Impulserhaltungssatz

Wir setzen nun $i \neq 0$ und erhalten

$$\partial_0 T^{i0} + \partial_j T^{ij} = 0 \tag{8.19}$$

$$\frac{\partial}{\partial t}(\rho u^i) + \frac{\partial}{\partial x^j}(\rho u^i u^j) = 0 \ . \tag{8.20}$$

Daraus ergibt sich nach Ersetzen des zweiten Terms auf der linken Seite durch die Divergenz in vektorieller Schreibweise

$$\frac{\partial}{\partial t}(\rho u^i) + \operatorname{div}(u^i \rho \mathbf{v}) = 0 \ . \tag{8.21}$$

- Zeitliche Änderung des Impulses
- Ab- bzw. Zunahme des Impulses

Auch dies ist eine Erhaltungsgleichung; als Erhaltungsgrößen treten hier nun die Komponenten der Impulsdichte ρu^i auf, so dass diese Gleichung dem Impulserhaltungssatz entspricht.

Der Ansatz (8.7) für die Energie-Impuls-Matrix beschreibt also die Eigenschaften bewegter Materie. Dabei folgt aus der Gültigkeit der Erhaltungssätze für die Energie und den Impuls, dass die Divergenz der Energie-Impuls-Matrix gleich null ist, d.h. es gilt (8.15)

$$\boxed{\operatorname{div} T^{ij} = 0 \ .} \tag{8.22}$$

Satz 8.1: Aus dem Energie- und Impulserhaltungssatz folgt, dass die Divergenz der Energie-Impuls-Matrix verschwindet.

8.2.3 Energie-Impuls-Matrix für ruhende Materie

Wir betrachten nun den Fall ruhender Massen, d.h es ist $v = 0$, so dass sich also keine Masse in das Volumenelement hinein oder von dort hinaus bewegt (Abb. 8.4). In

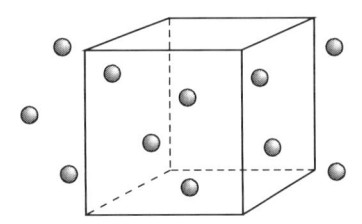

Abb. 8.4: *Ist die Materie relativ zu dem Volumenelement in Ruhe, verschwinden alle geschwindigkeitsabhängigen Komponenten der Energie-Impuls-Matrix*

der Energie-Impuls-Matrix verschwinden daher alle geschwindigkeitsabhängigen Komponenten und wir erhalten *Energie-Impuls-Matrix für ruhende Materie*

$$[T^{ij}] = \begin{pmatrix} \rho c^2 & 0 & 0 & 0 \\ 0 & 0 & 0 & 0 \\ 0 & 0 & 0 & 0 \\ 0 & 0 & 0 & 0 \end{pmatrix} \tag{8.23}$$

mit der einzigen von null verschiedenen Komponente $T^{00} = \rho c^2$.

8.2.4 Energie-Impuls-Matrix für den materiefreien Raum

Ein wichtiger Sonderfall ist der materie- bzw. energiefreie Raum, für den $\rho = 0$ gilt. Hier verschwinden alle Komponenten T^{ij} und die Energie-Impuls-Matrix vereinfacht sich zu

$$\boxed{T^{ij} = 0\,.} \tag{8.24}$$

Dieser Fall ist von besonderer Bedeutung, da er unter anderem die Situation außerhalb einer Masse, z.B. in der Umgebung eines Sterns beschreibt, was wir in Kapitel 9 untersuchen werden.

8.2.5 Energie-Impuls-Matrix für eine Flüssigkeit

Wir werden später sehen, das wir unserer Universum als eine Masseansammlung betrachten können, bei der sich die einzelnen Galaxien wie die Teilchen einer Flüssigkeit verhalten. D.h. es treten zwar Kräfte zwischen ihnen, jedoch keine Scherkräfte auf. Dies führt dazu, dass in (8.7) nur Diagonalelemente auftreten, und wir erhalten

$$[T^{ij}] = \begin{pmatrix} \rho c^2 & 0 & 0 & 0 \\ 0 & p & 0 & 0 \\ 0 & 0 & p & 0 \\ 0 & 0 & 0 & p \end{pmatrix}. \tag{8.25}$$

8.2 Die Energie-Impuls-Matrix

Um diese Matrix in Indexschreibweise zu notieren, betrachten wir den Fall ruhender Materie in einem flachen Raum, in dem die Minkowsky-Metrik η^{ij} (5.18) gilt. Dann lässt sich die rechte Seite von (8.25) darstellen durch

$$\begin{pmatrix} \rho c^2 & 0 & 0 & 0 \\ 0 & p & 0 & 0 \\ 0 & 0 & p & 0 \\ 0 & 0 & 0 & p \end{pmatrix} = \begin{pmatrix} \rho c^2 + p & 0 & 0 & 0 \\ 0 & 0 & 0 & 0 \\ 0 & 0 & 0 & 0 \\ 0 & 0 & 0 & 0 \end{pmatrix} + \begin{pmatrix} -p & 0 & 0 & 0 \\ 0 & p & 0 & 0 \\ 0 & 0 & p & 0 \\ 0 & 0 & 0 & p \end{pmatrix}, \quad (8.26)$$

was sich durch

$$T^{ij} = (\rho + \frac{p}{c^2}) u^i u^j + p \eta^{ij} \quad (8.27)$$

beschreiben lässt.

Die Beziehung (8.27) gilt allgemein, wenn wir statt der Minkowski-Metrik η^{ij} die jeweilige Metrik g^{ij} des Raumes verwenden. Damit erhalten wir schließlich für die *Energie-Impuls-Matrix für Flüssigkeiten*

$$\boxed{T^{ij} = (\rho + \frac{p}{c^2}) u^i u^j + p\, g^{ij}\,,} \quad (8.28)$$

wobei p der Druck ist. Entsprechend erhält man durch Herunterziehen der Indizes die Darstellung in kovarianter Form

$$T_{ij} = (\rho + \frac{p}{c^2}) u_i u_j + p\, g_{ij}\,. \quad (8.29)$$

Für spätere Berechnungen benötigen wir noch die kontrahierte Form T der Energie-Impuls-Matrix T^{ij}. Dazu ziehen wir einen Index durch Multiplikation mit der Metrik η_{jk} nach unten, setzen dann in T^i_k beide Indizes gleich und erhalten nach Anwendung der Summationsregel

$$T = T^i_i = -\rho c^2 + 3p\,. \quad (8.30)$$

8.2.6 Eigenschaften der Energie-Impuls-Matrix

Für die nachfolgenden Überlegungen ist es hilfreich, nochmals die wichtigsten Eigenschaften der Energie-Impuls-Matrix T^{ij} zusammenzufassen:

- Die Energie-Impuls-Matrix T^{ij} beschreibt die Eigenschaften bewegter und ruhender Materie im relativistischen Fall,
- Die Energie-Impuls-Matrix T^{ij} hat zwei Indizes,
- im nichtrelativistischen Fall und bei ruhender Materie steht auf der rechten Seite der Energie-Impuls-Matrix - wie bei der Newton'schen Feldgleichung - nur die Massendichte ρ,

- die Divergenz der Energie-Impuls-Matrix ist gleich null, was aus dem Impuls- bzw. Energieerhaltungssatz folgt.

> **Satz 8.2:** Die Energie-Impuls-Matrix beschreibt die Eigenschaften von Materie einschließlich der Energie- und Impulserhaltung in der Raumzeit.

8.3 Herleitung der Einstein'schen Feldgleichung

8.3.1 Einstein-Krümmung

Nachdem wir die rechte Seite der Einstein'schen Feldgleichung (8.1), der Energie-Impuls-Matrix T^{ij}, untersucht haben, wenden wir uns nun der linken Seite der Feldgleichung, der Einstein-Krümmung G^{ij}, zu. Die Eigenschaften der Einstein-Krümmung lassen sich dabei aus den bisherigen Ergebnissen ableiten:

- Die Einstein-Krümmung G^{ij} muss zwei Indizes besitzen, da auch die Energie-Impuls-Matrix T^{ij} zwei Indizes hat.

- Die Divergenz der Einstein-Krümmung muss verschwinden, da dies auch für die Energie-Impuls-Matrix zutrifft.

- Da die linke Seite der Einstein'schen Feldgleichung die Krümmung des Raumes beschreibt, und diese der zweiten Ableitung der Metrik entspricht (Satz 7.3), wird auch die Einstein-Krümmung die zweite Ableitung der Metrikkoeffizienten beinhalten.

- Es müssen die Bianchi-Identitäten erfüllt sein, da diese die Bedingungen für die Krümmung eines physikalischen Raumes festlegen.

Das Finden eines Ausdrucks G^{ij}, der alle o.g. Eigenschaften erfüllt, erfordert jedoch ein hohes Maß an mathematischer Intuition. Tatsächlich gelang es Einstein gemeinsam mit dem mit ihm befreundeten Mathematiker Marcel Grossmann erst nach mehreren Jahren und vielen Fehlversuchen eine passende Formulierung zu finden. So erscheint es beispielsweise naheliegend, die Riemann-Krümmung (7.12) als linke Seite der Feldgleichung zu verwenden, da wir diese bereits als Maß für die Krümmung eines Raumes identifiziert hatten. Die Riemann-Krümmung hat jedoch vier Indizes, so dass dieser Ansatz nicht zielführend ist. Ähnliches gilt für die Ricci-Krümmung (7.23), die zwar zwei Indizes hat, aber deren Divergenz nicht verschwindet.

Wir zeigen nun im Folgenden einen Weg zu der Einstein'schen Feldgleichung, wobei wir von der Bianchi-Identität (7.35) ausgehen [7], d.h.

$$D_m R_{klij} + D_l R_{mkij} + D_k R_{lmij} = 0 \ . \tag{8.31}$$

Multiplikation mit g^{ki} und anschließende Kontraktion[1] ergibt wegen der Kovarianz der Metrikkoeffizienten, d.h. $D_m g^{ij} = 0$, den Ausdruck

$$D_m R_{lj} - D_l R_{mj} + D_k g^{ki} R_{lmij} = 0 \,. \tag{8.32}$$

Dabei haben wir zuvor in dem zweiten Term von (8.31) unter Verwendung von (7.20) die Indizes m und k vertauscht. Multiplikation mit g^{lj} und erneute Kontraktion führt entsprechend auf

$$D_m R - D_l g^{lj} R_{mj} - D_k g^{ki} R_{mi} = 0 \,, \tag{8.33}$$

wobei wir nun eine Funktion mit zwei Indizes haben. Dies wird mit der Verschieberegel

$$D_m R - D_l R_m^l - D_k R_m^k = D_m R - 2 D_l R_m^l = 0 \,. \tag{8.34}$$

Multiplikation mit $-g^{km}/2$ ergibt schließlich

$$D_m (R^{km} - \frac{1}{2} R\, g^{km}) = 0 \,. \tag{8.35}$$

Definieren wir den Klammerausdruck in (8.35) als die *Einstein-Krümmung*

$$\boxed{G^{km} = R^{km} - \frac{1}{2} R\, g^{km} \,,} \tag{8.36}$$

so ist

$$D_m (G^{km}) = 0 \,, \tag{8.37}$$

d.h. die Divergenz der Einstein-Krümmung G^{km} ist null.

Mit der Einstein-Krümmung G^{ij} haben wir also eine kontrahierte Form der Riemann-Krümmung mit zwei Indizes gefunden, deren Divergenz verschwindet. Damit erfüllt der Ausdruck alle o.g. Forderungen und entspricht der linken Seite der Einstein'schen Feldgleichung.

Satz 8.3: Die Einstein-Krümmung beschreibt für eine gegebene Metrik die mittlere Krümmung eines physikalischen Raumes. Dabei ist die Divergenz der Einstein-Krümmung gleich null.

8.3.2 Masse und die Krümmung des Raumes

Wir bringen nun die linke und die rechte Seite der Feldgleichung, also Einstein-Krümmung und Energie-Impuls-Matrix, gemäß (8.1) zusammen und erhalten

$$G^{ij} = \kappa\, T^{ij} \,. \tag{8.38}$$

---

[1] Diese Operation, bei der eine indizierte Größe mit einer anderen multipliziert wird und anschließend die Indizes zusammengefasst werden, bezeichnet man auch als Überschieben.

Nach Einsetzen von (8.36) ergibt sich schließlich die *Einstein'sche Feldgleichung*

$$\boxed{R^{ij} - \frac{1}{2}Rg^{ij} = \kappa T^{ij}} \,, \tag{8.39}$$

welche den Zusammenhang zwischen der Masse und der Krümmung der Raumzeit beschreibt. Die Größe κ ist ein Proportionalitätsfaktor, den wir in Kapitel 9 bestimmen werden.

Eine etwas andere Form der Darstellung der Feldgleichung erhalten wir durch Herunterziehen eines Indexes in (8.39) durch Multiplikation mit g_{jk} und anschließender Kontraktion durch Gleichsetzen von k mit i. Dies führt mit $g^{ij}g_{jk} = \delta^i_k$ auf

$$R^i_i - \frac{1}{2}R\delta^i_i = \kappa T^i_i \tag{8.40}$$

und mit $\delta^i_i = 4$ sowie $R^i_i = R$ auf

$$-R = \kappa T \,. \tag{8.41}$$

Einsetzen in (8.39) ergibt

$$R^{ij} = \kappa \left(T^{ij} - \frac{1}{2}Tg^{ij} \right) \,. \tag{8.42}$$

Hier können wir noch die Indizes herunterziehen und erhalten so die Beziehung

$$\boxed{R_{ij} = \kappa \left(T_{ij} - \frac{1}{2}Tg_{ij} \right)} \,, \tag{8.43}$$

die wir später in den Kapiteln 9 und 14 verwenden werden.

Wir wollen nun die Struktur der Einstein'schen Feldgleichung untersuchen und vergleichen dazu die Darstellung nach (8.38) mit der Newton'schen Feldgleichung (1.17), was auf

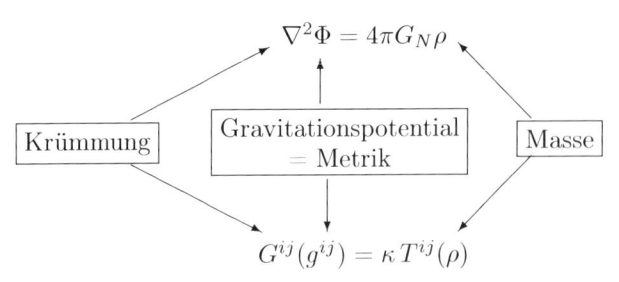

$$\nabla^2 \Phi = 4\pi G_N \rho$$

Krümmung — Gravitationspotential = Metrik — Masse

$$G^{ij}(g^{ij}) = \kappa T^{ij}(\rho)$$

führt. Dies zeigt, dass die Einstein'sche Feldgleichung eine Verallgemeinerung der Newton'schen Feldgleichung ist. Die Struktur beider Gleichungen ist die selbe: links steht die mittlere Krümmung, rechts die Masse, bzw. die Energie.

Zusammenfassend beschreibt die Einstein'sche Feldgleichung den Einfluss von Masse bzw. Energie auf die Metrik eines Raumes. Sie geht für den nichtrelativistischen Fall in die bekannte Newton'sche Feldgleichung über und enthält auch die Erhaltungssätze für Impuls und Energie.

> **Satz 8.4:** Die Einstein'sche Feldgleichung beschreibt den Zusammenhang zwischen der Masse bzw. Energie und der Krümmung der Raumzeit.

8.3.3 Die kosmologische Konstante

Die Einstein'sche Feldgleichung kann noch erweitert werden. Einstein hat dies in einer späteren Version der Gleichungen getan, indem er die sog. kosmologische Konstante Λ einführte. Dies führt auf

$$R^{ij} - \frac{1}{2} R g^{ij} + \Lambda\, g^{ij} = \kappa\, T^{ij}\,. \tag{8.44}$$

Wir werden die Gleichungen hier jedoch in ihrer ursprünglichen Form lassen und die kosmologische Konstante erst bei der Untersuchung der zeitlichen Entwicklung unseres Universums in Kapitel 15 hinzufügen.

8.4 Vorgehensweise bei der Lösung der Feldgleichung

Die Einstein'schen Feldgleichung liefert für eine gegebene Massenverteilung ρ die Metrik g_{ij} der Raumzeit

$$\rho \ \Longrightarrow \boxed{\text{Feldgleichung}} \Longrightarrow\ g_{ij}\,. \tag{8.45}$$

Die Lösung ist im Allgemeinen sehr schwierig; für verschiedene Spezialfälle lassen sich jedoch geschlossene Lösungen herleiten. Die Vorgehensweise lässt sich dann wie folgt beschreiben:

- Festlegung eines geeigneten Ansatzes g_{ij} für die Metrik mit noch unbekannten Parametern.
- Bestimmung der Christoffelsymbole Γ^i_{jk} (6.31) und der Ricci-Krümmung R_{ij} (7.23) für die Metrik g_{ij}.
- Einsetzen der so bestimmten Größen in die linke Seite der Feldgleichung (8.39).
- Bestimmen der rechten Seite der Feldgleichung, die sich sich für eine gegebene Massenverteilung aus (8.28) ergibt.

- Bestimmung der unbekannten Parameter der Metrik aus dem sich ergebenden Gleichungssystem.

Wir werden diese Vorgehensweise in den Kapiteln 9 und 14 anwenden, wo wir die Metriken der Raumzeit zum einen für den Fall des massefreien Raumes in der Umgebung einer Masse und zum anderen für den Fall im Inneren einer homogenen Massenverteilung bestimmen.

9 Schwarzschild-Metrik oder wie Masse den Raum krümmt

Dieses Kapitel stellt die sog. Schwarzschild-Metrik als Lösung der Einstein'schen Feldgleichung für den Bereich außerhalb einer Masse vor. Dazu bestimmen wir zunächst einen einen geeigneten Ansatz für die Schwarzschild-Metrik und ermitteln dann die einzelnen Metrikkoeffizienten.

9.1 Definition der Schwarzschild-Metrik

Im letzten Kapitel hatten wir die Einstein'sche Feldgleichung aufgestellt und insbesondere deren rechte Seite, die Energie-Impuls-Matrix, für verschiedene Fälle bestimmt. Der einfachste Fall war dabei der des materiefreien Raumes, der zum Verschwinden der Energie-Impuls-Matrix führte. Dieser Fall ist von grundlegender Bedeutung, da er die durch eine Masse hervorgerufene Krümmung der Raumzeit außerhalb der Masse beschreibt (Abb. 9.1). Ein Beispiel dafür ist die Krümmung der Raumzeit in der Umgebung eines Sternes. Die entsprechende Lösung der Einstein'schen Feldgleichung für diesen Fall ist die sog. Schwarzschild-Metrik, die wir in diesem Kapitel ableiten. Später werden wir die Schwarzschild-Metrik verwenden, um in Kapitel 12 die Lichtablenkung in einem Gravitationsfeld sowie in Kapitel 13 die Perihel-Drehung von Planetenbahnen zu berechnen.

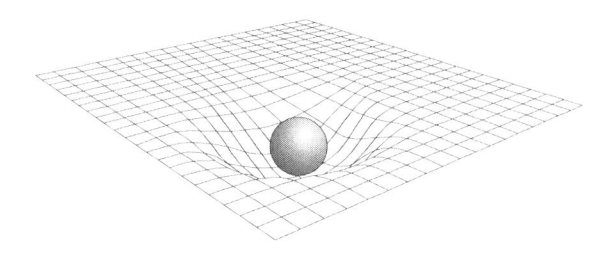

Abb. 9.1: *Eine Masse führt zu einer Krümmung der Raumzeit in ihrer Umgebung*

Satz 9.1: Die Schwarzschild-Metrik beschreibt die Krümmung der Raumzeit außerhalb einer Massenverteilung.

Karl Schwarzschild (* 9. Oktober 1873 in Frankfurt am Main; † 11. Mai 1916 in Potsdam) war ein deutscher Astronom und Physiker. Schwarzschild war Professor in Göttingen und Direktor der dortigen Sternwarte. Ab 1901 war er Direktor des astrophysikalischen Instituts in Potsdam.
Schwarzschild fand die nach ihm benannte Lösung der der Einstein'schen Feldgleichung für den Fall des leeren Raumes um eine kugelsymmetrische, nicht rotierende Masse. Ebenfalls nach ihm benannt ist der Schwarzschildradius, der den kritischen Radius für eine gegebene Masse angibt, unterhalb dessen die Masse zu einem schwarzen Loch wird. Schwarzschild arbeitete auch auf anderen Gebieten der Astronomie, wie der fotografischen Helligkeitsmessung von Sternen oder dem Strahlungstransport in der Sonnenatmosphäre. (Bild: akg / Science Photo Library)

Die Feldgleichung für den massefreien Fall

Wir stellen zunächst die Einstein'sche Feldgleichung für den materiefreien Raum auf. Dazu verwenden wir die Darstellung (8.43) und erhalten für den allgemeinen Fall

$$R_{ij} = \kappa \left(T_{ij} - \frac{1}{2} T g_{ij} \right) . \tag{9.1}$$

Außerhalb der Masse ist $T_{ij} = 0$, so dass auch die Ricci-Krümmung R_{ij} der Raumzeit im materiefreien Raum gleich null ist, d.h. die Einstein'sche Feldgleichung reduziert sich auf die einfache Beziehung

$$R_{ij} = 0 . \tag{9.2}$$

Dabei ist zu beachten, dass das Verschwinden der Ricci-Krümmung, also der gemittelten Riemann-Krümmung, nicht notwendigerweise bedeutet, dass auch die Riemann-Krümmung an jeder Stelle außerhalb der Masse verschwindet. Die Situation ist hier ähnlich der beim Newton'schen Gravitationspotential, wo wir in Abschnitt 1.2 gesehen hatten, dass außerhalb einer Masse zwar die mittlere Krümmung $\overline{K}$ des Newton'schen Gravitationspotentials gleich null ist, nicht jedoch die Gauß'sche Krümmung K.

9.2 Berechnung der Schwarzschild-Metrik

9.2.1 Ansatz zur Bestimmung der Schwarzschild-Metrik

Einen allgemeinen Ansatz für die Metrik erhält man aus Symmetrieüberlegungen. Setzen wir voraus, dass die Massenverteilung statisch und kugelsymmetrisch ist, so gilt dies auch für die entsprechende Metrik. Eine weitere Randbedingung ist, dass die Schwarzschild-Metrik für den nichtrelativistischen Fall, also z.B. für sehr große Abstände r von der Masse, gegen die flache Minkowski-Metrik (5.19) konvergieren muss. Ausgehend von dieser Metrik verwenden wir für die gesuchte Schwarzschild-Metrik daher den Ansatz

$$ds^2 = g_{00} c^2 dt^2 + g_{11} dr^2 + r^2 (d\theta^2 + \sin^2 \theta d\varphi^2) , \tag{9.3}$$

9.2 Berechnung der Schwarzschild-Metrik

bei dem g_{00} und g_{11} die noch zu bestimmenden Metrikkoeffizienten sind, die aus Symmetriegründen noch vom Radius, nicht aber von der Richtung, also den Winkeln abhängen können. Geht man mit diesem Ansatz in die Einstein'sche Feldgleichung, so lassen sich die gesuchten Metrikkoeffizienten berechnen. Wir werden diesen Weg jedoch nur kurz skizzieren (siehe Box 9.1) und stattdessen den Metrikkoeffizienten g_{00} durch einen einfachen physikalischen Ansatz bestimmen.

In den folgenden Rechnungen werden wir der Einfachheit halber wieder die Indexschreibweise verwenden, wobei die Indizes in der Raumzeit jeweils von null bis drei laufen. Mit den hier verwendeten Kugelkoordinaten gilt dann die Zuordnung

$$\mathbf{x} = [x^i] = \begin{pmatrix} x^0 \\ x^1 \\ x^2 \\ x^3 \end{pmatrix} = \begin{pmatrix} ct \\ r \\ \theta \\ \varphi \end{pmatrix} . \tag{9.4}$$

9.2.2 Gravitation und Zeitdilatation

Wir bestimmen zunächst den Metrikkoeffizienten g_{00} und betrachten dazu den Fall, dass wir an einem Ort ruhen, so dass $dr = d\theta = d\varphi = 0$. Damit erhalten wir aus (9.3) mit (2.34)

$$d\tau^2 = -g_{00} \, dt^2 \tag{9.5}$$

den Zusammenhang zwischen der von einem Beobachter von dessen Uhr abgelesenen Koordinatenzeit t und der von einer in einem Gravitationsfeld befindlichen Uhr angezeigten Eigenzeit τ.

Um den Metrikkoeffizient g_{00} zu bestimmen, werden wir nun ein Gedankenexperiment durchführen, mit dem wir den Zeitunterschied zweier sich an verschiedenen Stellen in einem Gravitationsfeld befindlicher Uhren ermitteln können [12]. Dazu betrachten wir zunächst ein Teilchen der Masse m und nehmen an, dass dieses vollständig in eine elektromagnetische Welle zerstrahlt. Dann wird die Ruheenergie (2.46) des Teilchens

$$E_0 = mc^2 \tag{9.6}$$

in Strahlung umgewandelt, wobei die Frequenz ω_0 der Strahlung durch

$$\hbar\omega_0 = E_0 = mc^2 \tag{9.7}$$

gegeben ist. Dabei ist $\hbar = h/(2\pi)$ mit dem *Planck'schen Wirkungsquantum*

$$\boxed{h = 4{,}135 \times 10^{-15} \text{eVs} .} \tag{9.8}$$

Nun lassen wir in einem zweiten Experiment das Teilchen bevor es zerstrahlt von einem Turm fallen (Abb. 9.2). Beträgt das Gravitationspotential an der Spitze des Turmes Φ_0 und am Boden $\Phi(r)$, ist die Potentialdifferenz, die das Teilchen durchläuft

$$\Delta\Phi = \Phi_0 - \Phi(r) , \tag{9.9}$$

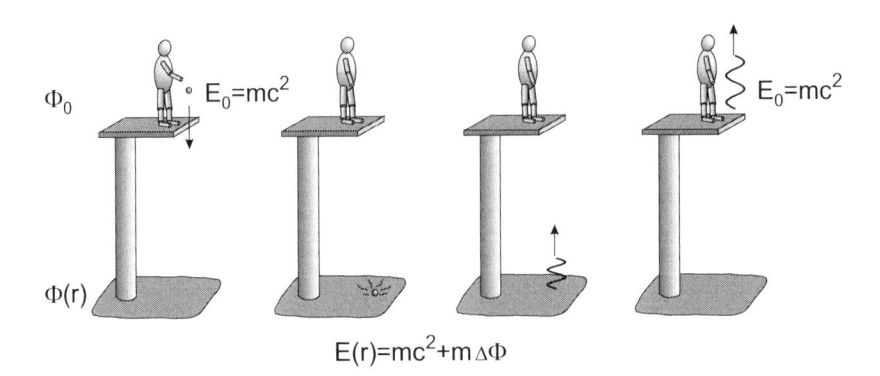

Abb. 9.2: *Experiment zum Nachweis der Zeitdilatation in einem Gravitationsfeld. Beim Fallen vom Turm wird die potentielle Energie des Teilchens in kinetische Energie umgewandelt. Zerstrahlt das Teilchen nach dem Auftreffen auf dem Boden vollständig in eine elektromagnetische Welle, muss die Energie der Welle auf dem Weg zurück zur Turmspitze wieder abnehmen, da sonst die Energieerhaltung verletzt würde*

wobei $\Delta\Phi > 0$. Die Frequenz $\omega(r)$ der nun vom Boden aus abgestrahlten Welle ist damit höher und beträgt

$$\hbar\omega(r) = mc^2 + m\Delta\Phi . \tag{9.10}$$

Wandert die Welle nun zur Spitze des Turmes, muss aus Gründen der Energieerhaltung deren Frequenz dort wieder ω_0 betragen, was bedeutet, dass die Frequenz der Welle beim Durchlaufen des Gravitationsfeldes abnehmen muss. Bezeichnen wir die Frequenzdifferenz zwischen der Welle am Boden und an der Spitze des Turmes mit

$$\Delta\omega = \omega(r) - \omega_0 \tag{9.11}$$

erhalten wir mit (9.7) und (9.10)

$$\frac{\Delta\omega}{\omega} = \frac{\Delta\Phi}{c^2} . \tag{9.12}$$

Rechnet man die Frequenzen gemäß

$$\omega_0 = 1/\mathrm{d}\tau_0 \quad , \quad \omega(r) = 1/\mathrm{d}\tau(r) \tag{9.13}$$

noch in Zeiten um, erhält man mit (9.9) schließlich eine Beziehung für die *gravitative Zeitdilatation*

$$\mathrm{d}\tau(r) = \left(1 + \frac{\Phi(r) - \Phi_0}{c^2}\right) \mathrm{d}\tau_0 . \tag{9.14}$$

Wir legen nun den Bezugspunkt von der Spitze des Turms in das Unendliche, d.h $r \to \infty$, wo das Potential vereinbarungsgemäß gleich null ist, d.h. $\Phi_0 = 0$. Nennen wir die Zeit, die ein Beobachter an dieser Stelle misst t, dann gilt für den Zusammenhang zwischen der Koordinatenzeit t des Beobachters und der Eigenzeit τ einer Uhr an der Stelle r

9.2 Berechnung der Schwarzschild-Metrik

$$d\tau(r) = \left(1 + \frac{\Phi(r)}{c^2}\right) dt \,, \tag{9.15}$$

(Gravitationspotential bei r → $\Phi(r)$; Eigenzeit bei r → $d\tau(r)$; Koordinatenzeit des Beobachters → dt)

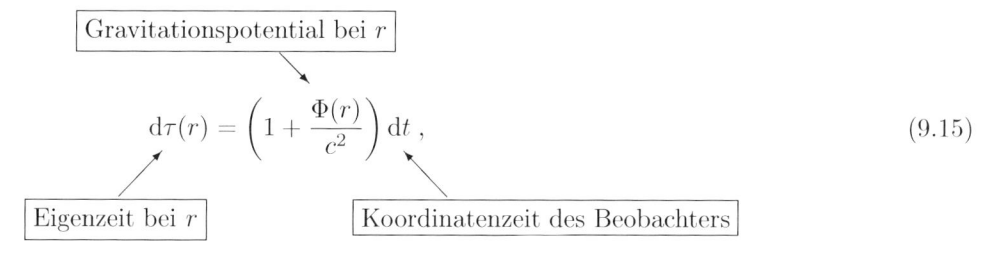

wobei $\Phi(r) < 0$. Für einen Beobachter scheint daher eine Uhr an der Stelle r in einem Gravitationspotential $\Phi(r)$ gemäß (9.15) langsamer zu laufen[1] (Abb. 9.3).

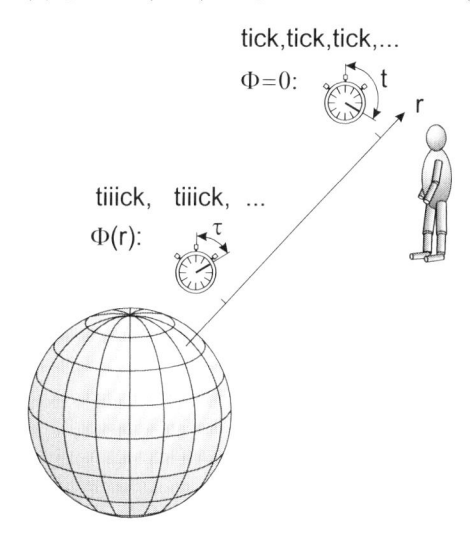

Abb. 9.3: *Ein Beobachter an einer Stelle, an der das Gravitationspotential null ist, sieht eine Uhr in dem Gravitationsfeld langsamer laufen*

Satz 9.2: Ein Gravitationspotential führt zu einer Zeitdilatation.

Den gesuchten Metrikkoeffizienten g_{00} erhalten wir durch Vergleich von (9.5) mit (9.15), was auf

$$g_{00} = -\left(1 + \frac{\Phi(r)}{c^2}\right)^2 \tag{9.16}$$

führt. Dies können wir für kleine Werte von Φ durch eine Taylorreihenentwicklung vereinfachen und erhalten so schließlich für den Metrikkoeffizienten g_{00}

$$\boxed{g_{00} = -\left(1 + \frac{2\Phi(r)}{c^2}\right)} \,. \tag{9.17}$$

---
[1] Dieser Effekt tritt beispielsweise bei GPS-Satelliten auf und macht sich dadurch bemerkbar, dass die an Bord vorhandenen Atomuhren schneller laufen als auf der Erde befindliche.

Betrachten wir den Fall vernachlässigbarer Gravitation, d.h. $\Phi = 0$, wird der Metrikkoeffizient $g_{00} = -1$, was, wie gefordert, dem Wert der flachen Minkowski-Metrik (5.18) entspricht.

> **Box 9.1: Bestimmung der Metrikkoeffizienten durch Lösung der Feldgleichung**
>
> Der direkte Weg zur Bestimmung der Metrikkoeffizienten führt über die Lösung der Einstein'schen Feldgleichung. Wir werden diesen Weg hier nur kurz skizzieren und verweisen auf die Literatur, in der die entsprechende Rechnung ausführlich dargestellt ist [7].
>
> Für die entsprechende Rechnung erweist es sich als zweckmäßig, für die zu bestimmenden Metrikkoeffizienten g_{00} und g_{11} die Ansätze
>
> $$g_{00}(r) = -e^{2\nu(r)} \quad ; \quad g_{11}(r) = e^{2\lambda(r)} \tag{9.18}$$
>
> mit den noch unbekannten Funktionen $\nu(r)$ und $\lambda(r)$ zu wählen [13]. Die beiden anderen Koeffizienten lassen sich direkt aus dem Ansatz (9.3) ablesen, so dass
>
> $$g_{22} = r^2 \quad ; \quad g_{33} = r^2 \sin^2\theta \,. \tag{9.19}$$
>
> Daraus lassen sich nun zunächst mittels (4.49) die entsprechenden kontravarianten Metrikkoeffizienten g^{ij} und daraus schließlich die Christoffelsymbole gemäß (6.31) bestimmen.
>
> Diese werden dann in die Beziehung für die Ricci-Krümmung (7.23) eingesetzt, und wir erhalten so die Ausdrücke für R_{ij}. Da gemäß (9.2) die Komponenten der Ricci-Krümmung im massefreien Raum verschwinden, werden die einzelnen Ausdrücke zu null gesetzt, was nach kurzer Rechnung auf zwei Bedingungen für die beiden Funktionen $\nu(r)$ und $\lambda(r)$ führt. Diese lauten
>
> $$\nu = -\lambda \tag{9.20}$$
>
> sowie
>
> $$(re^{2\nu})' = 1 \,, \tag{9.21}$$
>
> wobei der Strich die Ableitung nach der Ortskoordinate r bedeutet. Aus (9.18) und (9.21) folgt dann durch Integration
>
> $$g_{00} = -e^{2\nu} = -\left(1 - \frac{r_s}{r}\right) \tag{9.22}$$
>
> Der Metrikkoeffizient g_{11} ergibt sich mit (9.18), (9.20) und (9.22) zu
>
> $$g_{11} = \left(1 - \frac{r_s}{r}\right)^{-1} \,. \tag{9.23}$$
>
> Dabei ist r_s eine Integrationskonstante, die wir als den sog. Schwarzschildradius bezeichnen.

Damit ergibt sich schließlich das *Wegelement der Schwarzschild-Metrik*

$$\mathrm{d}s^2 = -\left(1-\frac{r_s}{r}\right)c^2\mathrm{d}t^2 + \left(1-\frac{r_s}{r}\right)^{-1}\mathrm{d}r^2 + r^2(\mathrm{d}\theta^2 + \sin^2\theta\,\mathrm{d}\varphi^2) \,. \quad (9.24)$$

Man erkennt, dass für große Abstände $r \to \infty$, d.h. für den Fall verschwindender Gravitation die Schwarzschild-Metrik (9.24) in die flache Minkowski-Metrik (5.18) übergeht. In der Umgebung der Masse ändern sich die Metrikkoeffizienten abhängig von der Radiuskoordinate r, was einer Krümmung der Raumzeit entspricht.

9.2.3 Gravitation und Raumkontraktion

Wir hatten den Metrikkoeffizienten g_{00} bereits in Abschnitt 9.2.2 durch physikalische Überlegungen bestimmt. Um einen Ausdruck für den Koeffizienten g_{11} zu erhalten, verwenden wir das Ergebnis aus Box 9.1 und erhalten aus (9.22) und (9.23) den Zusammenhang

$$g_{11} = -\frac{1}{g_{00}} \,. \quad (9.25)$$

Mit (9.17) bestimmt sich dann der Metrikkoeffizient g_{11} zu

$$\boxed{g_{11} = \left(1 + \frac{2\Phi}{c^2}\right)^{-1}} \,. \quad (9.26)$$

Bezeichnen wir den radialen Teil des Wegelementes ds mit ρ, so ergibt sich mit dt = dθ = dφ = 0 aus der Metrik (9.3) der Zusammenhang

$$\mathrm{d}\rho^2 = g_{11}\mathrm{d}r^2 \quad (9.27)$$

zwischen der Änderung dr der Ortskoordinate und dem radialen Anteil des Wegelementes dρ. Für kleine Felder Φ können wir mit $\sqrt{1+x} \approx 1 + x/2$ daher schreiben

Gravitationspotential bei r

$$\mathrm{d}\rho = \left(1 + \frac{\Phi(r)}{c^2}\right)^{-1}\mathrm{d}r \,. \quad (9.28)$$

Länge des Wegelements unter Berücksichtigung der Gravitation

Länge des Wegelements ohne Einfluss der Gavitation

Für einen Beobachter ergibt sich in einem Gravitationsfeld Φ daher in radialer Richtung eine längere Wegstrecke ρ als ohne Gravitation (Abb. 9.4)[2].

---

[2] In Kapitel 11 werden wir noch eine andere Darstellung der Raumkrümmung kennenlernen.

Massefreier Raum: **Raum mit zentraler Masse:**

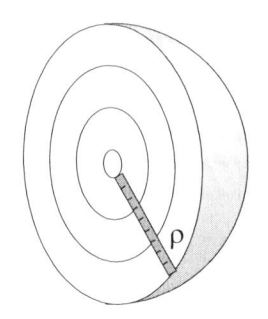

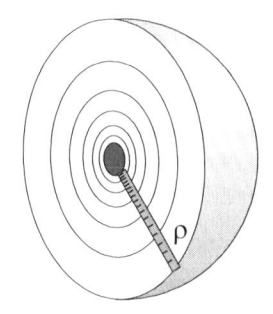

Abb. 9.4: *In einem Gravitationsfeld erscheint der Raum in radialer Richtung gestaucht. Ein Beobachter misst daher in radialer Richtung eine größere Entfernung ρ zwischen zwei Punkten als ohne Gravitationsfeld*

Satz 9.3: Ein Gravitationspotential führt zu einer Raumkontraktion.

9.2.4 Der Schwarzschildradius

Es wird sich als zweckmäßig erweisen, die Metrikkoeffizienten g_{00} und g_{11} der Schwarzschild-Metrik in einer etwas anderen Form darzustellen. Dazu ersetzen wir in (9.17) das Gravitationspotential Φ durch (1.1) und erhalten

$$g_{00} = -\left(1 - \frac{2G_N M}{rc^2}\right) . \tag{9.29}$$

Wir führen nun als Abkürzung den sog. *Schwarzschildradius*

$$\boxed{r_s = \frac{2G_N M}{c^2}} \tag{9.30}$$

ein. Dieser ist proportional zu der die Gravitation hervorrufenden Masse M und damit ein Maß für die Stärke des Gravitationsfeldes. Insbesondere wird $r_s = 0$ für den Fall $M = 0$. Mit dem Schwarzschildradius (9.30) wird (9.29) zu[3]

$$g_{00} = -\left(1 - \frac{r_s}{r}\right) , \tag{9.31}$$

und entsprechend erhalten wir aus (9.26)

$$g_{11} = \left(1 - \frac{r_s}{r}\right)^{-1} , \tag{9.32}$$

---

[3]Wir hatten den Schwarzschildradius r_s schon bei der Ableitung der Schwarzschild-Metrik in Box 9.1 eingeführt, wo er als Integrationskonstante auftauchte.

9.2 Berechnung der Schwarzschild-Metrik

wobei r der Abstand zu der die Gravitation verursachenden Masse M ist.

Aus diesen Beziehungen ist zu erkennen, dass für $r \gg r_s$, also für den Fall, dass das Gravitationsfeld vernachlässigbar ist, die Metrikkoeffizienten g_{00} bzw. g_{11} gegen die Werte -1 bzw. 1, gehen. Die Schwarzschild-Metrik geht damit bei vernachlässigbarer Gravitation in die Minkowski-Metrik über, welche die ungekrümmte Raumzeit beschreibt.

> **Satz 9.4:** Die Schwarzschild-Metrik geht im Fall vernachlässigbarer Gravitation in die Minkowski-Metrik über.

Andererseits weichen die Metrikkoeffizienten g_{00} bzw. g_{11} um so mehr von den Werten -1 bzw. 1 ab, je mehr man sich der Masse M nähert, d.h. je stärker die Gravitation ist. Für $r = r_s$ schließlich gehen die Metrikkoeffizienten gegen die Werte $g_{00} = 0$ bzw. $g_{11} \to \infty$, die Schwarzschild-Metrik weist an der Stelle $r = r_s$ also eine Singularität[4] auf. Konkret heißt dies, dass für einen außenstehenden Beobachter an der Stelle $r = r_s$ die Zeit scheinbar stehenbleibt und der Raum an dieser Stelle in radialer Richtung auf eine Länge von null zusammenschrumpft.

9.2.5 Die Schwarzschild-Metrik

Wir können nun die einzelnen Metrikkoeffizienten der Schwarzschild-Metrik angeben, wobei wir die abgekürzte Schreibweise mit dem Schwarzschildradius r_s verwenden und erhalten so aus (9.31) und (9.32) sowie aus dem Ansatz (9.3)

$$g_{00} = -\left(1 - \frac{r_s}{r}\right) \quad ; \quad g_{11} = \left(1 - \frac{r_s}{r}\right)^{-1} \tag{9.33}$$

$$g_{22} = r^2 \quad ; \quad g_{33} = r^2 \sin^2\theta . \tag{9.34}$$

In Matrixdarstellung wird damit die *Schwarzschild-Metrik*

$$[g_{ij}] = \begin{pmatrix} -\left(1 - \frac{r_s}{r}\right) & 0 & 0 & 0 \\ 0 & \left(1 - \frac{r_s}{r}\right)^{-1} & 0 & 0 \\ 0 & 0 & r^2 & 0 \\ 0 & 0 & 0 & r^2 \sin^2\theta \end{pmatrix}, \tag{9.35}$$

und entsprechend erhalten wir für das *Wegelement der Schwarzschild-Metrik*

$$\boxed{\mathrm{d}s^2 = -\left(1 - \frac{r_s}{r}\right)c^2\mathrm{d}t^2 + \left(1 - \frac{r_s}{r}\right)^{-1}\mathrm{d}r^2 + r^2(\mathrm{d}\theta^2 + \sin^2\theta\,\mathrm{d}\varphi^2)\,,} \tag{9.36}$$

was mit dem Ergebnis (9.24) identisch ist.

---

[4] Bei dieser Singularität handelt es sich um eine Koordinatensingularität, die durch den Wechsel auf geeignete Koordinaten, wie Eddington-Finkelstein-Koordinaten oder Kruskal-Szekeres-Koordinaten vermieden werden kann [7].

9.3 Schwarze Löcher

Schwarze Löcher sind Masseansammlungen mit einer extrem hohen Massendichte. Diese entstehen, wenn sehr große Sterne mit einer Masse von mehreren Sonnenmassen am Ende ihrer Lebensdauer kollabieren und die Sternmasse dabei sehr stark verdichtet wird. Ist der resultierende Sternradius r_M dann kleiner als der entsprechende Schwarzschildradius r_s, spricht man von einem Schwarzen Loch. Ein Gefühl für die Größenverhältnisse erhält man, wenn man beispielsweise die Erde mit der Masse $M = 6 \times 10^{24}$ kg betrachtet, deren Schwarzschildradius etwa 9 mm beträgt. Die Erde müsste also auf die Größe einer nur wenige mm großen Kugel zusammengepresst werden, um ein Schwarzes Loch zu erhalten.

Da bei einem Schwarzen Loch der Fall $r = r_s$ auftreten kann, bedeutet dies, dass gemäß (9.36) die Raumzeit für $r \approx r_s$ sehr stark verzerrt ist und extreme Gravitationskräfte auftreten. Diese sind so groß, dass selbst Licht das Gravitationsfeld nicht mehr verlassen kann (siehe Box 9.2). Schwarze Löcher lassen sich demnach auch nicht direkt beobachten, sondern nur indirekt, z.B. durch Strahlung, die von sich auf das Schwarze Loch zubewegender Materie emittiert wird. In unserer Milchstraße vermutet man mehrere Schwarze Löcher.

Box 9.2: Die physikalische Bedeutung des Schwarzschildradius

Um die Bedeutung des Schwarzschildradius zu erkennen, bietet es sich an, die sog. Fluchtgeschwindigkeit v_F zu bestimmen. Das ist die Geschwindigkeit, mit der eine Masse m von der Oberfläche eines Körpers mit der Masse M in den Weltraum geschossen werden muss, so dass die Masse m das Gravitationsfeld vollständig verlässt. Diese Geschwindigkeit ergibt sich aus der Überlegung, dass die kinetische Energie der Masse m auf der Oberfläche r_M der Masse M dann genau so groß sein muss, wie die potentielle Energie der Masse m. Mit (1.3), (1.1) und $E_{kin} = \frac{1}{2}mv_F^2$ erhält man

$$v_F = \sqrt{\frac{2G_N M}{r_M}}. \qquad (9.37)$$

Die Fluchtgeschwindigkeit v_F ist also um so größer, je größer die Masse M bzw. je kleiner der Radius r_M der Masse ist. Für die Erde mit $M = 6 \times 10^{24}$ kg und $r_M = 6400$ km beträgt die Fluchtgeschwindigkeit etwa $11,2 \, \text{km} \, \text{s}^{-1}$.

Die größtmögliche Fluchtgeschwindigkeit ist die Lichtgeschwindigkeit c. Setzt man diese für die Fluchtgeschwindigkeit v_F in (9.37) ein, ergibt sich der Schwarzschild-Radius r_s

$$r_s = \frac{2G_N M}{c^2} \qquad (9.38)$$

Hat eine Masse M demnach einen Radius $r_M \leq r_s$, kann daher selbst Licht das Gravitationsfeld nicht mehr überwinden.

9.4 Die Bestimmung des Faktors κ

Bei der Aufstellung der Einstein'schen Feldgleichung (8.39) bzw. (8.43) hatten wir den Proportionalitätsfaktor κ eingeführt. Wir werden nun dessen Wert bestimmen und betrachten dazu den Newton'schen Fall, in dem alle auftretenden Geschwindigkeiten klein gegenüber der Lichtgeschwindigkeit sind und alle Elemente in der Energie-Impuls-Matrix bis auf den Term mit $i = j = 0$ verschwinden. Für diesen Fall stellen wir zunächst die Einstein'sche Feldgleichung auf. Aus der Forderung, dass die Einstein'sche Feldgleichung dann in die Newton'sche Feldgleichung übergehen muss, berechnen wir dann den Wert von κ.

Aus der Einstein'schen Feldgleichung (8.43) erhalten wir für Komponente R_{00} der Ricci-Krümmung zunächst

$$R_{00} = \kappa \left(T_{00} - \frac{1}{2} T g_{00} \right) . \tag{9.39}$$

Die Größe T bestimmt sich dabei aus der Kontraktion von T_{ij}, d.h.

$$T = T_i^i = g^{ik} T_{ki} , \tag{9.40}$$

wobei über den Index i summiert wird. Da im Newton'schen Fall in der Energie-Impuls-Matrix alle Elemente gegenüber dem Term T_{00} vernachlässigbar sind, wird mit (4.49)

$$T = g^{00} T_{00} = \frac{1}{g_{00}} T_{00} . \tag{9.41}$$

Durch Einsetzen in (9.39) erhalten wir

$$R_{00} = \frac{1}{2} \kappa T_{00} \tag{9.42}$$

und mit $T_{00} = \rho c^2$ schließlich

$$R_{00} = \frac{1}{2} \kappa \rho c^2 . \tag{9.43}$$

Wir berechnen nun die Komponente R_{00} der Ricci-Krümmung aus der Kontraktion der Riemann-Krümmung. Dazu nehmen wir an, dass im Newton'schen Fall die Felder schwach und damit die Änderungen der Metrikkoeffizienten klein sind, d.h. wir vernachlässigen Ausdrücke der Form $(\partial g)^2$. Dies bedeutet, dass die quadratischen Terme mit $(\Gamma)^2$ in dem Ausdruck der Riemann-Krümmung (7.12) verschwinden, d.h.

$$R^i_{jlk} \approx \partial_l \Gamma^i_{jk} - \partial_k \Gamma^i_{jl} . \tag{9.44}$$

Nun kontrahieren wir diesen Ausdruck, indem wir $l = i$ setzen. Gleichzeitig setzen wir $j = k = 0$, was auf

$$R^i_{0i0} = \partial_i \Gamma^i_{00} - \partial_0 \Gamma^i_{0i} \tag{9.45}$$

führt. Da im statischen Fall alle Ableitungen nach der Zeit verschwinden, d.h. $\partial_0 = 0$, verschwindet der zweite Term auf der rechten Seite, und wir erhalten nach Einsetzen des Christoffelsymbols gemäß (6.31) die gesuchte Komponente R_{00} der Ricci-Krümmung

$$R_{00} = \partial_i \Gamma^i_{00} \tag{9.46}$$

$$= \partial_i \left(\frac{1}{2} g^{in} \left[\partial_0 g_{0n} + \partial_0 g_{n0} - \partial_n g_{00} \right] \right) . \tag{9.47}$$

Auch hier verschwinden die Terme mit ∂_0, so dass

$$R_{00} = -\frac{1}{2} \partial_i \left(g^{in} \partial_n g_{00} \right) . \tag{9.48}$$

Die Differentiation erfolgt mit der Produktregel. Vernachlässigen wir auch hier den quadratischen Term $(\partial g)^2$, wird

$$R_{00} = -\frac{1}{2} g^{in} \partial_i \partial_n g_{00} . \tag{9.49}$$

Dabei ist $g^{in} \approx 1$ wenn $n = i$ und ansonsten null. Die in (9.49) auftauchende Ableitung des Metrikkoeffizienten g_{00} können wir durch die entsprechende Ableitung des Gravitationspotentials Φ ersetzen, da aus (9.17) unmittelbar

$$\partial_i g_{00} = -\frac{2}{c^2} \partial_i \Phi \tag{9.50}$$

folgt. Wir erhalten so aus (9.49)

$$R_{00} = \frac{1}{c^2} \partial_i \partial_i \Phi \tag{9.51}$$

und nach Ersetzen der partiellen Ableitung durch den Nabla-Operator

$$R_{00} = \frac{1}{c^2} \nabla^2 \Phi . \tag{9.52}$$

Setzen wir diesen Ausdruck mit (9.43) gleich, so folgt

$$\nabla^2 \Phi = \frac{1}{2} \kappa c^4 \rho . \tag{9.53}$$

Nach unserer Forderung, dass die Einstein'sche Feldgleichung im nichtrelativistischen Fall in die Newton'sche Feldgleichung übergehen soll, muss (9.53) der Newton'schen Feldgleichung (1.12) entsprechen, was genau dann der Fall ist, wenn wir κ durch

$$\boxed{\kappa = \frac{8\pi G_N}{c^4}} \tag{9.54}$$

ersetzen. Damit ist die Proportionalitätskonstante κ in der Einstein'schen Feldgleichung bestimmt.

Satz 9.5: Die Einstein'sche Feldgleichung geht im nichtrelativistischen Fall in die Newton'sche Feldgleichung über.

10 Bewegungsgleichung nach Einstein

In diesem Kapitel zeigen wir, dass die Bewegung eines freien Teilchens entlang einer geodätischen Kurve in der gekrümmten Raumzeit erfolgt. Diese Kurve wird durch die sog. geodätische Gleichung in der Raumzeit beschrieben, die im nichtrelativistischen Fall in die Newton'sche Bewegungsgleichung übergeht.

10.1 Bewegung von Teilchen im Raum

Wir untersuchen zunächst die Bewegung eines freien Teilchens in zweidimensionalen Geometrien, d.h. auf Flächen. Ein freies Teilchen, auf das keinerlei Kräfte wirken, lässt sich dann anschaulich durch einen Wagen darstellen, dessen Lenkung fest geradeaus eingestellt ist und der auf dieser Fläche entlangfährt. Betrachten wir einen ungekrümmten Raum, also eine Ebene, erfolgt die Bewegung offensichtlich entlang einer Geraden, wie in Abb. 10.1, links, dargestellt ist.

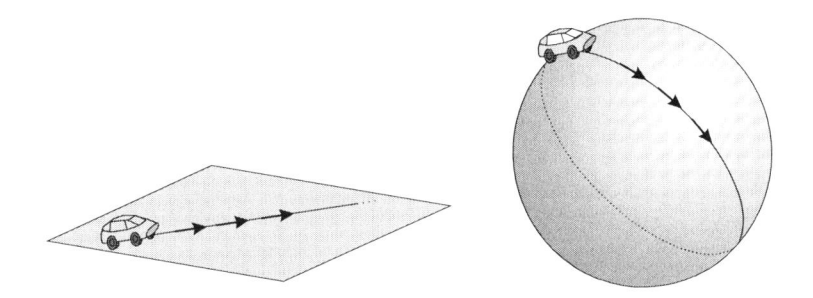

Abb. 10.1: *Ein sich bewegendes freies Teilchen folgt der Krümmung des (hier zweidimensionalen) Raumes. Dargestellt ist der Fall einer nicht gekrümmten Ebene (links) und einer gekrümmten Sphäre (rechts)*

Entsprechend erfolgt die Bewegung auf einer gekrümmten Fläche, z.B. einer Kugeloberfläche, auf einem Großkreis (Abb. 10.1, rechts). In beiden Fällen folgt die Bahnkurve des freien Teilchens also der Raumkrümmung.

Satz 10.1: Ein freies Teilchen bewegt sich auf einer Kurve, welche dem Verlauf des Raumes folgt.

Sir William Rowan Hamilton (* 4. August 1805 in Dublin; † 2. September 1865 in Dunsink bei Dublin) war ein irischer Mathematiker und Physiker. Hamilton wurde 1827 Professor für für Astronomie. Hamilton leistete bedeutende Beiträge auf dem Gebiet der Mathematik und der Mechanik. Er entwickelte das nach ihm benannte Minimalprinzip, mit dem die Bewegung eines mechanischen Systems dargestellt werden kann. Ebenfalls nach ihm benannt sind der Hamilton-Operator für die Gesamtenergie eines Systems und die Hamilton'schen Bewegungsgleichungen, mit denen das Verhalten eines mechanisches Systems beschrieben werden kann. Ebenso führte er die sog. Quaternionen ein, die eine Erweiterung der reellen Zahlen darstellen und mit denen sich viele physikalische Vorgänge einfacher darstellen lassen. Hamilton gilt als einer der bedeutendsten Wissenschaftler seiner Zeit. (Bild: akg / Science Photo Library)

10.2 Geodätische Gleichung

Es lässt sich nun leicht angeben, wie eine Kurve zu konstruieren ist, die genau der Raumkrümmung folgt. So hatten wir bereits gezeigt (Satz 6.9) dass man durch den Paralleltransport eines Tangentenvektors **A** eine Kurve x^j erhält, die der Raumkrümmung folgt und dass diese Kurve eine Kurve extremaler Länge, eine sog. geodätische Kurve ist (Abb. 10.2).

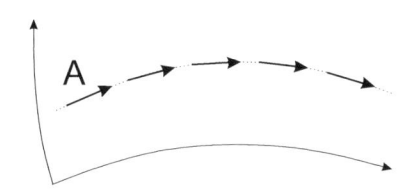

Abb. 10.2: *Durch Paralleltransport des Tangentenvektors lässt sich eine Kurve konstruieren, welche der Raumkrümmung folgt*

Zur Bestimmung der diese Kurve beschreibenden geodätischen Gleichung gehen wir von der Beziehung (6.54)

$$\frac{\partial A^i}{\partial x^j} = -\Gamma^i_{jk} A^k \tag{10.1}$$

aus. Wir verwenden nun eine parametrisierte Darstellung der Kurve x^j, d.h. $x^j(\tau)$, wobei der Kurvenparameter die Eigenzeit τ ist[1]. Dann wird durch Multiplikation mit $\mathrm{d}x^j/\mathrm{d}\tau$

$$\frac{\mathrm{d}A^i}{\mathrm{d}\tau} = -\Gamma^i_{jk} A^k \frac{\mathrm{d}x^j}{\mathrm{d}\tau} . \tag{10.2}$$

---
[1] Grundsätzlich ließe sich jeder beliebige Parameter verwenden; es bietet sich aber aus Gründen der Einfachheit an, die Eigenzeit zu benutzen.

10.2 Geodätische Gleichung

Für den Tangentenvektor **A** der Kurve $x^i(\tau)$ gilt dabei

$$A^i = dx^i/d\tau .\tag{10.3}$$

Durch Einsetzen von (10.3) in (10.2) erhalten wir schließlich die sog. *geodätische Gleichung*

$$\boxed{\frac{d^2 x^i}{d\tau^2} + \Gamma^i_{jk} \frac{dx^j}{d\tau} \frac{dx^k}{d\tau} = 0},\tag{10.4}$$

welche die Bewegung eines freien Teilchens im Raum beschreibt. Die entsprechende Kurve wird als geodätische Kurve bezeichnet.

Satz 10.2: Die Bahnkurve eines freien Teilchens wird durch die geodätische Gleichung beschrieben.

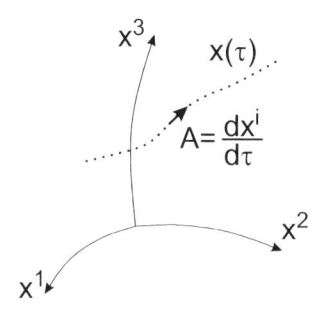

Abb. 10.3: *Parametrisiert man die Kurve x^i mit einem Parameter, z.B. der Eigenzeit τ, bestimmt sich der Tangentenvektor **A** aus der Ableitung der Ortskoordinaten nach diesem Parameter*

Die geodätische Gleichung lässt sich alternativ auch aus dem Prinzip der kleinsten Wirkung herleiten. Da die geodätische Kurve eine extremale Länge ist, erhalten wir die geodätische Gleichung, wenn wir als Lagrange-Funktion das Wegelement ds verwenden, wie in Box 10.1 skizziert ist.

Um zu zeigen, dass die geodätische Gleichung auch für unterschiedliche Geometrien stets Kurven extremaler Länge liefert, wollen wir im Folgenden die geodätische Gleichung für die zwei in Abschnitt 10.1 betrachteten Fälle, die Bewegung eines freien Teilchens in der Ebene und auf der Sphäre, lösen.

10.2.1 Lösung der geodätischen Gleichung im Raum

Geodätische Kurve in der Ebene

Für kartesische Koordinaten ergibt sich aus der geodätische Gleichung (10.4) wegen des

Verschwindens der Christoffelsymbole unmittelbar

$$\frac{d^2 x^i}{d\tau^2} = 0 \, . \tag{10.5}$$

Durch zweimalige Integration erhält man

$$x^i(\tau) = c_1 + c_2 \tau \, , \tag{10.6}$$

mit den Integrationskonstanten c_1 und c_2 und dem Kurvenparameter τ. Dies entspricht einer Geraden, also einer Kurve kürzester Verbindung im ungekrümmten Raum, und damit einer geodätische Linie (Abb. 10.4).

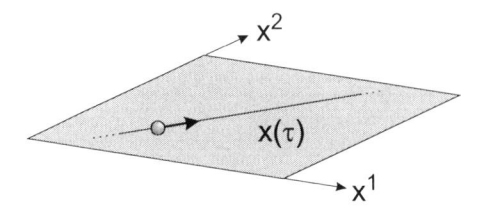

Abb. 10.4: *Im Fall zweidimensionaler kartesischer Koordinaten ergibt sich als Lösung der geodätischen Gleichung eine Gerade*

Geodätische Kurve auf der Sphäre

Wir untersuchen nun noch den Fall einer Sphäre, also einer gekrümmten zweidimensionalen Fläche mit den Koordinaten θ und φ.

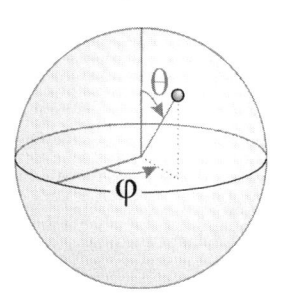

Abb. 10.5: *Im Fall zweidimensionaler Polarkoordinaten ergibt sich als Lösung der geodätischen Gleichung auf einer Sphäre ein Großkreis*

Aus der Metrik für die Sphäre (5.22) lassen sich zunächst die Christoffelsymbole bestimmen. Wir verzichten hier auf die Herleitung und erhalten als einzige von null verschiedene Größen

$$\Gamma^\theta_{\varphi\varphi} = -\sin\theta\cos\theta \quad , \quad \Gamma^\varphi_{\theta\varphi} = \cot\theta \, . \tag{10.7}$$

Damit folgt durch Einsetzen in die geodätischen Gleichung (10.4) zunächst für $x^i = \theta$

$$\ddot{\theta} = \sin\theta\cos\theta\,\dot{\varphi}^2 \, , \tag{10.8}$$

10.2 Geodätische Gleichung

wobei der Punkt hier die Ableitung nach der Eigenzeit τ bedeutet. Für $x^i = \varphi$ wird entsprechend

$$\ddot{\varphi} = -2 \cot\theta \, \dot{\varphi}\dot{\theta} \, . \tag{10.9}$$

Die erste Gleichung (10.8) ist erfüllt für z.B. $\theta = \pi/2$. Damit wird die zweite Gleichung

$$\ddot{\varphi} = 0 \, , \tag{10.10}$$

bzw. durch zweimalige Integration

$$\varphi(\tau) = c_1 + c_2\tau \, , \tag{10.11}$$

mit den Integrationskonstanten c_1 und c_2 und dem Bahnparameter τ, was einem Großkreis entspricht. D.h., auch für die Sphäre ergibt die Lösung der Gleichung eine geodätische Kurve.

Die durch Lösen der geodätischen Gleichung (10.4) abgeleiteten Ergebnisse (10.6) und (10.11) entsprechen damit genau den Kurven, die wir bereits in Abb. 10.1 gefunden hatten.

Box 10.1: Alternative Herleitung der geodätischen Gleichung

Die geodätische Gleichung lässt sich auch sehr elegant aus dem Prinzip der kleinsten Wirkung ableiten [12]. Dieses lautet in allgemeiner Form (vgl. Abschnitt A.2)

$$\delta \int L(x, \dot{x}) \mathrm{d}t = 0 \quad \boxed{\Longleftarrow \text{kleinste Wirkung} \Longrightarrow} \quad \frac{\mathrm{d}}{\mathrm{d}t}\frac{\partial L}{\partial \dot{x}} - \frac{\partial L}{\partial x} = 0 \, .$$

Wir verwenden nun als Lagrange-Funktion L das Wegelement (5.5)

$$\mathrm{d}s^2 = g_{ij} \, \mathrm{d}x^i \mathrm{d}x^j \, . \tag{10.12}$$

Dort ersetzen wir zunächst die Ausdrücke $\mathrm{d}x^i$ durch $\dfrac{\partial x^i}{\partial \tau}\mathrm{d}\tau$, so dass

$$\mathrm{d}s = \sqrt{g_{ij} \frac{\mathrm{d}x^i}{\mathrm{d}\tau}\frac{\mathrm{d}x^j}{\mathrm{d}\tau}} \mathrm{d}\tau \tag{10.13}$$

Durch Anwenden des Prinzips der kleinsten Wirkung erhalten wir nach einiger Rechnung

$$\frac{\mathrm{d}^2 x^i}{\mathrm{d}\tau^2} + \Gamma^i_{jk}\frac{\mathrm{d}x^j}{\mathrm{d}\tau}\frac{\mathrm{d}x^k}{\mathrm{d}\tau} = 0 \, , \tag{10.14}$$

was der geodätischen Gleichung (10.4) entspricht.

10.3 Bewegung von Teilchen in der Raumzeit

10.3.1 Die geodätische Gleichung in der Raumzeit

Die Beispiele im letzten Abschnitt haben gezeigt, dass die Bahnkurve eines freien Teilchens im Raum eine extremale Länge aufweist, d.h. es gilt

$$\text{Gesamte Länge der Bahnkurve} = \int \mathrm{d}s = \text{Extremum}, \tag{10.15}$$

wobei das Extremum im Allgemeinen ein Minimum darstellt. Diese Aussage lässt sich auf die Raumzeit verallgemeinern, wenn wir anstelle des Wegelementes des Raumes $\mathrm{d}s$ das der Raumzeit verwenden. Drücken wir dann das Wegelement durch die Eigenzeit (2.34) aus, ergibt sich

$$-c^2 \mathrm{d}\tau^2 = \mathrm{d}s^2, \tag{10.16}$$

so dass mit (10.15) folgt

$$\text{Gesamte Eigenzeit} = \int \mathrm{d}\tau = \text{Extremum}. \tag{10.17}$$

D.h., die geodätische Line in der Raumzeit ist eine Kurve extremaler Eigenzeit, wobei der Wert wegen des negativen Vorzeichens in (10.16) ein Maximum ist. Anders formuliert heißt dies, dass sich ein Körper in der Raumzeit stets so bewegt, dass auf einer mitgeführten Uhr die größtmögliche Zeit vergeht.

Satz 10.3: Die Bahnkurve eines freien Teilchens in der gekrümmten Raumzeit ist eine Kurve maximaler Eigenzeit.

10.3.2 Das Prinzip der kleinsten Wirkung

Wir wollen nun noch zeigen, dass die Kurve maximaler Eigenzeit gemäß Satz 10.3 identisch ist mit der Kurve kleinster Wirkung (Satz 1.4). Dazu hatten wir bereits in Abschnitt 1.3 gesehen, dass der Apfel beim Fall vom Baum einer Bahnkurve folgt, bei der die Wirkung S

$$S = \int (E_{kin} - E_{pot}) \mathrm{d}t \tag{10.18}$$

ein Extremum ist.

Wir untersuchen nun den Fall des Apfels relativistisch und bestimmen die Änderung der Eigenzeit τ für einen Körper, der sich in einem Gravitationspotential bewegt. Aufgrund der allgemeine Relativitätstheorie erhalten wir zunächst einen Anteil (9.15), der durch das Gravitationspotential Φ hervorgerufen wird. Dabei lässt sich Φ in der Nähe

10.3 Bewegung von Teilchen in der Raumzeit

der Erdoberfläche gemäß (1.10) durch gh ersetzen. Bewegt sich der Körper mit der Geschwindigkeit v, tritt nach der speziellen Relativitätstheorie zudem eine Zeitdilatation gemäß (2.37) auf. Damit ergibt sich für einen Körper, der sich mit der Geschwindigkeit v in einem Gravitationspotential Φ bewegt, die Eigenzeit $\mathrm{d}\tau$

$$\mathrm{d}\tau = \mathrm{d}t\left(1 - \frac{v^2}{2c^2} + \frac{gh}{c^2}\right), \tag{10.19}$$

wobei der unterklammerte Term $\frac{v^2}{2c^2}$ als SRT-Anteil und $\frac{gh}{c^2}$ als ART-Anteil bezeichnet wird.

wobei der SRT-Anteil den Einfluss der speziellen Relativitätstheorie und der ART-Anteil den Anteil der allgemeinen Relativitätstheorie beschreibt. Die durch die relativistischen Effekte verursachte Änderung der Eigenzeit $\Delta\tau$ ist daher

$$\Delta\tau = \left(\frac{v^2}{2c^2} - \frac{gh}{c^2}\right)\mathrm{d}t. \tag{10.20}$$

Multiplizieren wir diese Gleichung mit mc^2 und integrieren dann, erhalten wir die Wirkung

$$S = \int\left(\frac{1}{2}mv^2 - mgh\right)\mathrm{d}t, \tag{10.21}$$

was genau der Wirkung (10.18) entspricht. Das Prinzip der extremalen Eigenzeit entspricht also dem Prinzip der kleinsten Wirkung. Übertragen auf das Beispiel des fallenden Apfel bedeutet dies, dass die Aussage, dass sich der Apfel auf einer Kurve minimaler Wirkung bewegt, gleichbedeutend ist mit der Aussage, dass sich der Apfel so bewegt, dass für ihn die maximale Eigenzeit vergeht.

Satz 10.4: Das Prinzip der maximalen Eigenzeit entspricht dem Prinzip der kleinsten Wirkung.

10.3.3 Der Newton'sche Grenzfall

Eine wichtige Forderung an die relativistischen Gleichungen ist, dass sie für den Newton'schen Fall, also für schwache Felder und geringe Geschwindigkeiten, in die entsprechenden Newton'schen Gleichungen übergehen müssen. Wir untersuchen nun die geodätische Gleichung für die Bewegung eines Teilchens in der Raumzeit (10.4)

$$\frac{\mathrm{d}^2 x^i}{\mathrm{d}\tau^2} + \Gamma^i_{jk}\frac{\mathrm{d}x^j}{\mathrm{d}\tau}\frac{\mathrm{d}x^k}{\mathrm{d}\tau} = 0 \tag{10.22}$$

und zeigen, dass diese für den nichtrelativistischen Fall in die Newton'sche Bewegungsgleichung übergeht [11].

Im nichtrelativistischen Fall ($\gamma = 1$) gilt für die Eigenzeit $\tau = t$, so dass in (10.22) die Ableitungen nach der Zeit t auftreten, wobei in dem Term mit dem Christoffelsymbol gemäß der Summationskonvention über die Indizes j und k addiert wird. Dabei entsprechen für $j \neq 0$ bzw. $k \neq 0$ die Ableitungen $\partial_t x^j = v$ der Geschwindigkeit des Teilchens, während für $j = k = 0$ die Ableitung $\partial_t x^0 = \partial_t(ct) = c$ ergibt. Bei der Summation dominiert daher wegen $v \ll c$ der Term mit $j = k = 0$ und wir erhalten aus (10.22)

$$\ddot{x}^i + c^2 \Gamma^i_{00} = 0 \,. \tag{10.23}$$

Für das Christoffelsymbol Γ^i_{00} gilt gemäß (6.31)

$$\Gamma^i_{00} = \frac{1}{2} g^{il} [\partial_0 g_{0l} + \partial_0 g_{0l} - \partial_l g_{00}] \,, \tag{10.24}$$

wobei die ersten beiden Terme in der eckigen Klammer verschwinden, da die Metrikkoeffizienten zeitunabhängig sind, so dass

$$\Gamma^i_{00} = -\frac{1}{2} g^{il} \partial_l g_{00} \,. \tag{10.25}$$

Der Metrikkoeffizient g^{il} verschwindet für $i \neq l$ und kann für $i = l$ im Fall schwacher Felder durch $g^{il} \approx 1$ angenähert werden. Bei der Summation über l bleibt also als einziger Term

$$\Gamma^i_{00} = -\frac{1}{2} \partial_i g_{00} \,. \tag{10.26}$$

Ersetzen wir hier noch die Ableitung des Metrikkoeffizienten mittels (9.50), erhalten wir schließlich

$$\Gamma^i_{00} = \frac{1}{c^2} \partial_i \Phi \,. \tag{10.27}$$

Dies setzen wir in (10.23) ein und erhalten

$$\ddot{x}^i + \partial_i \Phi = 0 \,, \tag{10.28}$$

was im eindimensionalen Fall mit $x^i = r$ auf die bekannte Newton'sche Bewegungsgleichung (1.7)

$$\frac{d^2 r}{dt^2} = -\frac{d\Phi}{dr} \tag{10.29}$$

führt.

Satz 10.5: Die geodätische Gleichung geht im nichtrelativistischen Fall in die Newton'sche Bewegungsgleichung über.

10.4 Vorgehensweise bei der Lösung der Bewegungsgleichung

Wir hatten im letzten Kapitel gezeigt, wie mit Hilfe der Feldgleichung bei einer gegebenen Massenverteilung die Metrik g_{ij} der Raumzeit bestimmt werden kann. In diesem Kapitel haben wir gesehen, dass die geodätische Gleichung für eine gegebene Metrik eine Kurve extremaler Länge liefert und dass ein freies Teilchen in der Raumzeit genau dieser Kurve $x^i(\tau)$ extremaler Länge folgt

$$g_{ij} \quad \boxed{\text{Geodätische Gleichung}} \Longrightarrow \quad x^i(\tau) \ . \tag{10.30}$$

Die allgemeine Vorgehensweise zur Bestimmung der Bahnkurve eines Teilchens unter Einfluss der Gravitation lässt sich somit wie folgt zusammenfassen:

- Bestimmung der Metrik g_{ij} durch Lösung der Feldgleichung (siehe Kapitel 8)
- Bestimmung der Christoffelsymbole Γ^i_{jk} aus der Metrik g_{ij} (siehe Kapitel 6)
- Einsetzen der so bestimmten Christoffelsymbole Γ^i_{jk} in die geodätische Gleichung (10.4)
- Lösen der geodätischen Gleichung

Ist also die Metrik des Raumes bekannt, sind wir mit Hilfe der Einstein'schen Bewegungsgleichung im Prinzip in der Lage, die Bahn eines Teilchens zu bestimmen. Wir werden dies in den Kapiteln 12 und 13 für die Bewegung eines Lichtstrahls in der Umgebung einer Masse sowie die Bewegung eines Planeten um ein Zentralgestirn tun.

Zum Abschluss dieses Kapitels wollen wir jedoch nochmals das Beispiel des fallenden Apfels aus Kapitel 1 aufgreifen und dieses jetzt unter relativistischen Gesichtspunkten betrachten.

10.5 Warum der Apfel vom Baum fällt

Wir haben gesehen, dass die Bewegung eines Teilchens unter Einfluss der Gravitation so erfolgt, dass die Wirkung S entlang der Bahnkurve ein Extremum darstellt. Dies war gleichbedeutend mit der Aussage, dass die Bahnkurve in der gekrümmten Raumzeit eine Kurve minimaler Länge ist, bzw. dass die für das Teilchen vergangene Eigenzeit τ ein Maximum ist. Die Frage, die sich nun stellt, ist, woher der Apfel nun weiß, welcher Weg derjenige mit der maximalen Eigenzeit ist.

10.5.1 Lichtstrahlen und das Fermat'sche Prinzip

Um diese Frage zu beantworten, holen wir etwas weiter aus und betrachten einen Lichtstrahl, der sich in einem homogenen Medium von x_0 nach x_1 ausbreitet, wie in Abb. 10.6 gezeigt ist. Der Strahl wird offensichtlich den geraden Weg 1 und nicht den gekrümm-

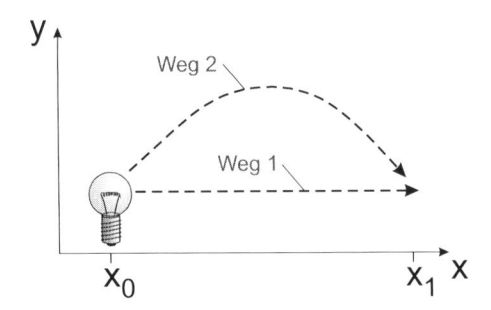

Abb. 10.6: *Zwei von unendlich vielen möglichen Wegen eines Lichtstrahls von x_0 nach x_1*

ten Weg 2 nehmen. Dies ist durch geometrische Überlegungen einzusehen, wenn wir den Lichtstrahl als Welle betrachten und deren Ausbreitung entlang der beiden Wege im Detail untersuchen. Der Einfachheit halber setzen wir ebene Wellen voraus und erhalten in komplexer Darstellung

$$A(x,t) = a(x)e^{i\varphi} = a(x)e^{i(kx-\omega t)} \, . \tag{10.31}$$

Dabei ist $a(x)$ die komplexe Amplitude, φ die Phase, i die imaginäre Einheit, k die Wellenzahl und ω die Kreisfrequenz. Vergleichen wir die Wellen zu einer bestimmten Zeit an der Stelle x_1, hängt der Phasenunterschied $\Delta\varphi$ nur von dem Wegunterschied Δx der beiden Wellen ab, so dass gilt

$$\Delta\varphi \sim \Delta x \, . \tag{10.32}$$

Unter diesen Voraussetzungen vergleichen wir nun die beiden in Abb. 10.6 dargestellten Wege, indem wir zunächst den Verlauf von Weg 1 um den Betrag δy variieren. Aus Abb. 10.7, links, erkennt man sofort, dass bei kleinen Variationen δy der Wegunterschied und damit der Phasenunterschied $\Delta\varphi$ vernachlässigbar ist. Dies bedeutet, dass alle Wellen in unmittelbarer Nachbarschaft von Weg 1 konstruktiv interferieren.

Die gleichen Überlegungen für den Weg 2 führen zu der Darstellung in Abb. 10.7, rechts. Hier führen offensichtlich bereits kleine Variationen δy zu großen Weg- und damit Phasenunterschieden $\Delta\varphi$, so dass sich die Wellen in Nachbarschaft von Weg 2 im Mittel auslöschen.

Als Ergebnis können wir daher festhalten, dass die Lichtstrahlen zwar alle Wege testen, aber nur die Wellen nicht ausgelöscht werden, bei denen bei Variation die Phasenänderung gleich null ist. Mathematisch gesehen entspricht dies der Forderung eines Extremums, d.h. $\delta S = 0$. Dies ist das Fermat'sche Prinzip.

10.5 Warum der Apfel vom Baum fällt

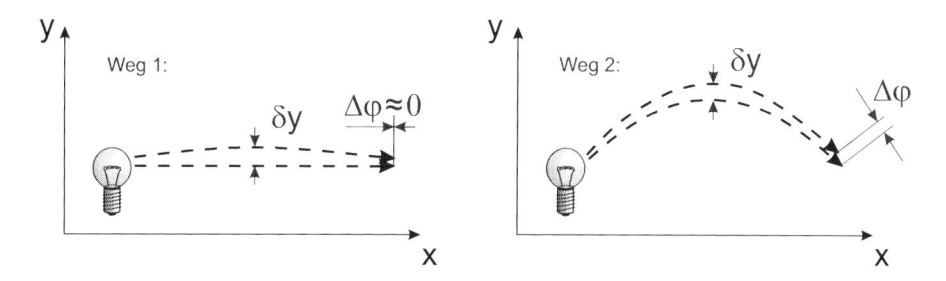

Abb. 10.7: *Bei einer Variation des Weges ändert sich die Phase bei Weg 1 (links) nur sehr wenig, während die Phasenänderung bei Weg 2 (rechts) sehr groß ist*

Satz 10.6: Das Fermat'sche Prinzip besagt, dass ein Lichtstrahl dem Weg folgt, bei dem die Laufzeit ein Extremum aufweist.

10.5.2 Teilchen und die Wellenfunktion

Wir werden nun ähnliche Überlegungen für massebehaftete Teilchen durchführen. Dazu bedarf es jedoch einer kurzen Einführung in die Grundgedanken der Quantenmechanik, die wir anhand von drei Gedankenexperimenten [14] darstellen wollen. Das wichtigste Ergebnis wird dabei sein, dass auch Teilchen Wellencharakter haben.

Experimente mit dem Doppelspalt

Wir beginnen mit einem einfachen Doppelspaltversuch mit Kugeln, wie in Abb. 10.8 gezeigt.

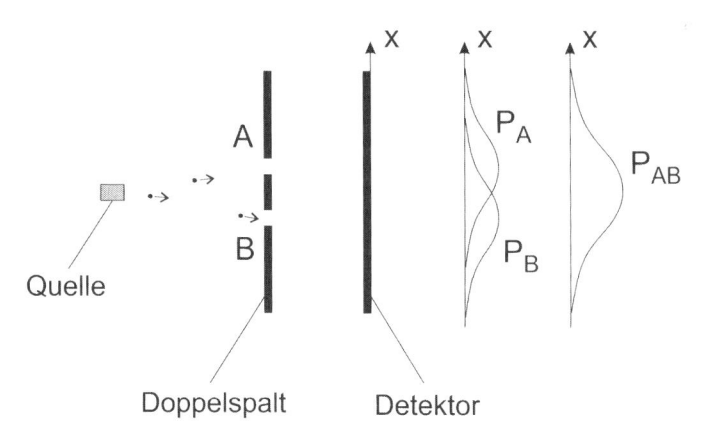

Abb. 10.8: *Lässt man Teilchen durch einen Doppelspalt ergibt sich die Häufigkeitsverteilung P_{AB} für den Fall, dass beide Spalte geöffnet sind, aus der Summe der Verteilungen P_A bzw. P_B für den Fall, dass jeweils nur ein Spalt geöffnet ist*

Dabei werden mit einem Kugelschießgerät (Quelle) nacheinander Kugeln in Richtung einer Wand mit einem Doppelspalt geschossen. Da die Flugbahnen der Kugeln nie exakt gleich sind, treffen die Kugeln entweder auf der Wand auf oder sie gehen durch einen der beiden Spalte. Die Kugeln, die durch einen der Spalte gehen, treffen auf einen hinter der Wand gelegenen Detektor, der zählt, wie oft Kugeln an einer Stelle x aufkommen. Schießen wir hinreichend viele Kugeln nacheinander durch die Apparatur, lässt sich somit die Wahrscheinlichkeit angeben, mit der eine Kugel an einer bestimmten Stelle x auf den Detektor trifft. Ist nur einer der Spalte, A bzw. B, geöffnet, so ist die Wahrscheinlichkeit, eine Kugel an dem Detektor zu registrieren, P_A bzw. P_B, wobei die Kurven etwa den in der Abbildung gezeigten Verlauf haben. Sind beide Spalte offen, addieren sich die Wahrscheinlichkeiten, d.h.

$$P_{AB} = P_A + P_B \tag{10.33}$$

und wir erhalten die ebenfalls dargestellte Kurve P_{AB} über dem Ort x.

Nun führen wir einen ähnlichen Doppelspaltversuch mit Wellen durch und verwenden dazu die in Abb. 10.9 gezeigte Anordnung, wobei die Quelle nun Wellen aussendet.

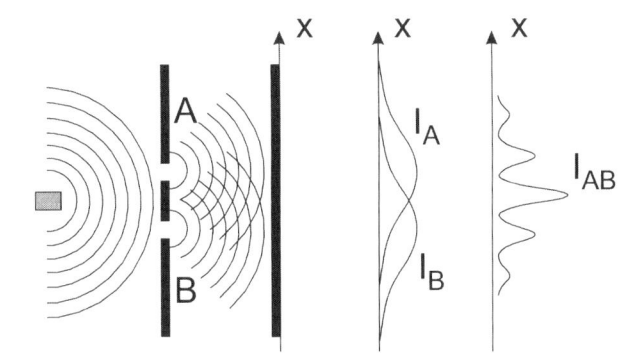

Abb. 10.9: *Führt man den Doppelspaltversuch mit Wellen durch, interferieren die Wellen, wenn beide Spalte geöffnet sind*

Öffnen wir zunächst nur einen Spalt, z.B. Spalt A, treffen, ausgehend von Spalt A, an dem Detektor Wellen, auf. Für die auftreffende Welle können wir die komplexe Funktion

$$A(x,t) = a(x)e^{i\omega t} \tag{10.34}$$

ansetzen, wobei $a(x)$ eine komplexe Amplitude ist. Der Detektor misst die Intensität $I(x)$ der Welle, die sich aus dem Betragsquadrat der entsprechende Amplitude $a(x)$ bestimmt, so dass bei geöffnetem Spalt A gilt:

$$I_A = |a|^2 \,. \tag{10.35}$$

Entsprechendes gilt für den Fall, dass nur Spalt B geöffnet ist, wobei wir die am Detektor auftreffende Welle mit $B(x,t)$ und deren Intensität mit I_B bezeichnen.

Sind beide Spalte offen, kommt es zur Interferenz der Wellen. Die resultierende Amplitude an dem Detektor ergibt sich dann durch phasenrichtige Addition der Einzelamplituden, und für die Intensität erhalten wir schließlich durch Bildung des Betragsquadrates

10.5 Warum der Apfel vom Baum fällt

der resultierenden Amplitude

$$I_{AB} = |a + b|^2 = |a|^2 + |b|^2 + 2|a|^2|b|^2 \cos \Delta\varphi , \qquad (10.36)$$

wobei $\Delta\varphi$ die Phasendifferenz zwischen den beiden komplexen Amplituden a und b ist. Das sich ergebende Interferenzbild I_{AB} ist ebenfalls in Abb. 10.9 dargestellt.

Als letztes Experiment führen wir einen Doppelspaltversuch mit Elektronen durch.

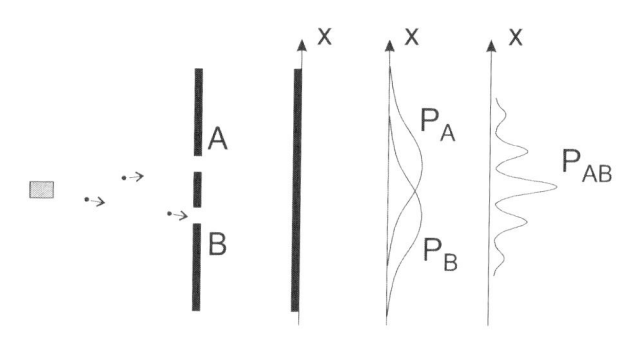

Abb. 10.10: *Beim Doppelspaltversuch mit Elektronen ergibt bei auch dann ein Interferenzmuster, wenn sich jeweils nur ein Elektron in der Anordnung befindet*

Dabei machen wir folgende Beobachtung: Ist nur ein Spalt geöffnet, ergibt sich das Bild, wie wir es bereits von den Kugeln kennen, d.h. die Elektronen kommen einzeln und vollständig am Detektor an, und wir erhalten eine Wahrscheinlichkeitsverteilung P_A bzw. P_B.

Sind beide Spalte geöffnet, stellen wir folgendes fest: Die Elektronen kommen wieder einzeln und vollständig am Detektor an, was den Teilchencharakter der Elektronen zeigt. Die Verteilung P_{AB} zeigt allerdings ein Interferenzmuster, obwohl sich immer nur ein Elektron in der Versuchsanordnung befindet. Das einzelne Elektron interferiert also, obwohl es unversehrt durch die Anordnung gelangt, anscheinend mit sich selbst.

Interpretation der Doppelspaltexperimente

Das Verhalten von Elektronen in dem oben beschriebenen Doppelspaltversuch lässt sich mit der klassischen Physik nicht erklären. Die allgemein akzeptierte Lösung für dieses Problem ist, dass man dem Elektron eine Funktion $\Psi(x)$ zuordnet, die sich ähnlich einer Welle verhält, und die wir mit Wahrscheinlichkeitsamplitude bezeichnen[2]. Das Betragsquadrat $|\Psi(x)|^2$ dieser Funktion ist dann ein Maß für die Wahrscheinlichkeit das Elektron an einem bestimmten Ort x anzutreffen; es gilt also

$$P(x) = |\Psi(x)|^2 . \qquad (10.37)$$

Im Fall des Doppelspaltes interferiert dann die Wellenfunktion des (einzelnen) Elektrons und führt zu dem gezeigten Interferenzmuster P_{AB}. Hier zeigt sich also der Wellencharakter des Elektrons.

---
[2] Die Wahrscheinlichkeitsamplitude $\Psi(x)$ ist die Lösung der sog. Schrödinger-Gleichung.

Wir wollen nun einige wichtige Eigenschaften der Wahrscheinlichkeitsamplitude zeigen, die für die weiteren Überlegungen wichtig sind. Zunächst halten wir fest, dass die Wahrscheinlichkeitsamplitude als eine Art Welle betrachtet werden kann. Im einfachsten Fall ergibt sich eine ebene Welle, die wir durch eine Funktion

$$\Psi = a e^{i(kx - \omega t)} \tag{10.38}$$

darstellen können. Dabei ist $k = 2\pi/\lambda$ die Wellenzahl und $\omega = 2\pi f$ die Kreisfrequenz der Welle. Betrachten wir als Beispiel ein Photon, lassen sich die Größen ω und k einfach bestimmen. So ist die Kreisfrequenz ω über

$$E = \hbar \omega \tag{10.39}$$

mit der Photonenenergie verknüpft (9.7) und mit (2.45)

$$p = \frac{E}{c} = \frac{\hbar \omega}{c} = \frac{\hbar}{\lambda} \tag{10.40}$$

wird

$$p = \hbar k \,. \tag{10.41}$$

Aus (10.38) lässt sich mit (10.39) und (10.41) die Wellenfunktion Ψ daher auch abhängig von der Energie E und dem Impuls p in der Form

$$\Psi = a e^{\frac{i}{\hbar}(px - Et)} \tag{10.42}$$

darstellen. Da die Zusammenhänge (10.39) und (10.41) nicht nur für Photonen, sondern auch für massebehaftete Teilchen gelten, kann man im Prinzip jedem Teilchen eine Wellenfunktion gemäß (10.42) zuordnen. Man spricht dann auch von Materiewellen, wobei die Wellenlängen bei makroskopischen Teilchen gemäß (10.40) jedoch extrem kleine Werte annehmen, was erklärt, dass die Welleneigenschaften von Teilchen im Allgemeinen nicht sichtbar sind. Trotzdem spielen sie eine entscheidende Rolle bei dem Verständnis der Bewegung eines Teilchens, wie im Folgenden gezeigt wird.

> **Satz 10.7:** Jedem Teilchen kann eine Wellenfunktion $\Psi(x)$ zugeordnet werden, deren Betragsquadrat die Wahrscheinlichkeit angibt, das Teilchen an einem Ort x anzutreffen.

10.5.3 Wellenfunktion und Wirkung

Wir betrachten die einfache Wellenfunktion (10.42)

$$\Psi = a e^{\frac{i}{\hbar}(px - Et)} \tag{10.43}$$

und zeigen zunächst, dass für ein freies Teilchen der Ausdruck $px - Et$ in dem Exponenten der Wellenfunktion der Wirkung S entspricht. Diese hatten wir in Kapitel 1 definiert als (1.31)

$$S = \int L \, \mathrm{d}t \,. \tag{10.44}$$

Mit $L = E_{kin} - E_{pot}$ und $E = E_{kin} + E_{pot}$ wird zunächst

$$S = \int (2E_{kin} - E)\,\mathrm{d}t \,. \tag{10.45}$$

Für ein freies Teilchen gilt

$$E_{kin} = \frac{1}{2} m\,\dot{x}^2 \tag{10.46}$$

oder mit $p = m\dot{x}$

$$E_{kin} = \frac{1}{2} p\,\dot{x} \,. \tag{10.47}$$

Damit wird die Wirkung

$$S = \int (p\dot{x} - E)\,\mathrm{d}t \,. \tag{10.48}$$

Da die Energie E und der Impuls p nicht von der Zeit abhängen, erhalten wir mit $p\,\dot{x}\,\mathrm{d}t = p\,\mathrm{d}x$ durch Integration

$$S = p\,x - E\,t \,. \tag{10.49}$$

Setzen wir dies in (10.42) ein, erhalten wir für die Wahrscheinlichkeitsamplitude schließlich

$$\Psi = a\,e^{\frac{i}{\hbar}S} \,. \tag{10.50}$$

Satz 10.8: Die Phase der Wellenfunktion eines Teilchens ist proportional der klassischen Wirkung.

Damit ist gezeigt, dass die Wirkung S für ein (makroskopisches) Teilchen die gleiche Bedeutung hat, wie die Laufzeit bzw. der Phasenunterschied für eine Lichtwelle. Analog zu dem oben gezeigten Beispiel verschiedener Lichtwege, gilt also für Teilchen, dass Wahrscheinlichkeitsamplituden nur für solche Wege konstruktiv interferieren, bei denen die Wirkung ein Extremum hat. Für alle anderen Wege löschen sich die Wahrscheinlichkeitsamplituden gegenseitig aus.

Aus quantenmechanischer Sicht kennt der Apfel den richtigen Weg also gar nicht; vielmehr probiert er einfach alle Wege aus, wobei schließlich nur derjenige übrig bleibt, bei dem die Wirkung extremal ist (Abb. 10.11), was wir bereits in Kapitel 1 gesehen hatten.

Satz 10.9: Ein freies Teilchen bewegt sich auf genau der Bahnkurve, für welche die Wirkung stationär ist, da sich für alle anderen Bahnen die Wahrscheinlichkeitsamplituden gegenseitig auslöschen.

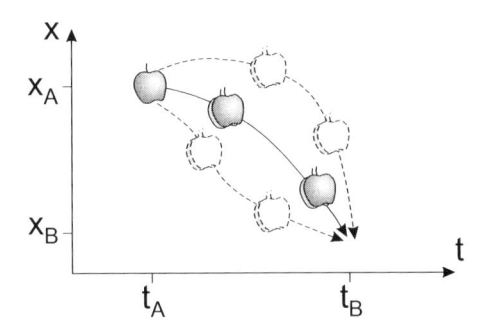

Abb. 10.11: *Der Apfel folgt bei seinem Fall vom Baum dem Weg, für den die Wirkung stationär ist. Alle anderen Wege löschen sich aus*

11 Die Krümmung der Raumzeit

In diesem Kapitel zeigen wir zunächst, wie sich die Krümmung der Raumzeit grafisch darstellen lässt und wie sich die Raumzeit-Krümmung auf die Bewegung eines kräftefreien Körpers auswirkt. Dann stellen wir die Methoden vor, mit denen sich die Zusammenhänge mathematisch beschreiben lassen: die Methode der Einbettung sowie die sog. geodätisch äquivalente Metrik. Am Ende des Kapitels wenden wir die Verfahren auf das Beispiel des fallenden Apfels an.

11.1 Darstellung der Raumzeit-Krümmung

Bevor wir auf die mathematische Beschreibung der gekrümmten Raumzeit eingehen, wollen wir die Zusammenhänge mit Hilfe einfacher Überlegungen anschaulich darstellen. Ausgangspunkt dazu ist die in Kapitel 9 abgeleitete Beziehung (9.15), die den Zusammenhang zwischen der Koordinatenzeit dt und der Eigenzeit $d\tau$ in einem Gravitationsfeld $\Phi(r)$ beschreibt. Dabei hatten wir gefunden, dass

$$d\tau(r) = \left(1 + \frac{\Phi(r)}{c^2}\right) dt, \qquad (11.1)$$

wobei für das Gravitationspotential $\Phi < 0$ gilt und $\Phi(r)$ den in Kapitel 1, Abb. 1.1 gezeigten Verlauf hat.

Das Raumzeit-Diagramm ohne Gravitation

Wir vernachlässigen zunächst die Gravitation, d.h. wir betrachten den Fall $\Phi = 0$, für den gemäß (11.1) dann

$$dt = d\tau \qquad (11.2)$$

gilt. Die Koordinatenzeit dt des Beobachters entspricht dann an jeder Stelle r der Eigenzeit $d\tau$. Stellen wir dies grafisch dar, indem wir den Ort r nach oben und die Koordinatenzeit dt nach rechts auftragen, erhalten wir einen Streifen konstanter Breite dt (Abb. 11.1). Aus mehrerer solcher Streifen lässt sich dann ein Raumzeit-Diagramm, wie wir es aus Kapitel 2 kennen, konstruieren, indem die einzelnen Streifen an ihren Kanten zusammengefügt werden.

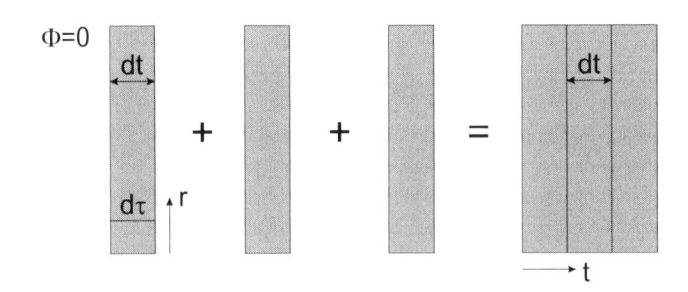

Abb. 11.1: *Konstruktion des Raumzeit-Diagramms aus einzelnen Zeitstreifen der Breite dt. Für den Fall ohne Gravitation ist die Koordinatenzeit dt an jeder Stelle r gleich der Eigenzeit dτ. Die Breite dt der Zeitstreifen ist unabhängig vom Ort r, und die Streifen lassen sich zu einer ebenen Raumzeit-Fläche zusammenfügen*

Das Raumzeit-Diagramm mit Gravitation

Nun berücksichtigen wir den Einfluss der Gravitation. Hier folgt aus (11.1) wegen $\Phi < 0$, dass die vergangene Eigenzeit τ für den Beobachter kleiner ist, als die Koordinatenzeit t, d.h.

$$\mathrm{d}t > \mathrm{d}\tau \,, \tag{11.3}$$

wobei die Eigenzeit τ im Verhältnis zur Koordinatenzeit t um so geringer wird, je kleiner r ist, also je näher man sich an der die Gravitation hervorrufenden Masse befindet [5]. Auch dies stellen wir mittels eines Zeitstreifens dar, der jetzt allerdings für kleiner werdende r, d.h. für negativeres Φ immer breiter wird (Abb. 11.2).

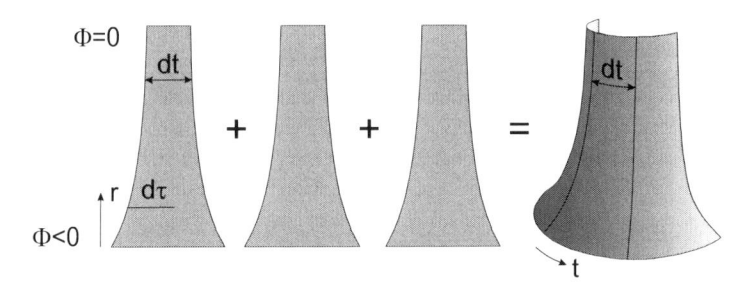

Abb. 11.2: *Konstruktion des Raumzeit-Diagramms aus einzelnen Zeitstreifen der Breite dt. Für den Fall mit Gravitation gilt zwischen Koordinatenzeit dt und Eigenzeit dτ der Zusammenhang (11.1), so dass die Zeitstreifen für kleineres r immer breiter werden. Um die Streifen zu einer Fläche zusammenzufügen, müssen sie gebogen werden, und man erhält eine gekrümmte Raumzeit-Fläche*

Wollen wir auch hier die einzelnen Zeitstreifen zu einem Raumzeit-Diagramm zusammenfügen, so gelingt dies nur, wenn wir die einzelnen Steifen verbiegen. Das sich ergebende Raumzeit-Diagramm ist dann allerdings nicht mehr flach, sondern stellt eine gekrümmte Fläche im Raum dar. Die Konsequenzen dieser Überlegungen werden wir im Folgenden diskutieren und zeigen, dass die Krümmung der Raumzeit, wie sie in

11.1 Darstellung der Raumzeit-Krümmung

Abb. 11.2 sichtbar geworden ist, dazu führt, dass ein Körper in Richtung der Masse, also zu kleineren r hin beschleunigt wird. Dazu kehren wir nochmals kurz zu dem Fall ohne Gravitation zurück (Abb. 11.1) und bemerken, dass wir auch das flache Raumzeit-Diagramm zu einem Zylinder aufrollen können, was im Folgenden den Vorteil hat, dass wir eine einheitliche Darstellung der beiden Fälle - ohne und mit Gravitation - haben. Die sich so ergebenden aufgerollten Raumzeit-Diagramme sind in Abb. 11.3 dargestellt. Dabei zeigt die Raumkoordinate r nach oben und die Zeitkoordinate t läuft jeweils gegen den Uhrzeigersinn um die Rotationskörper herum.

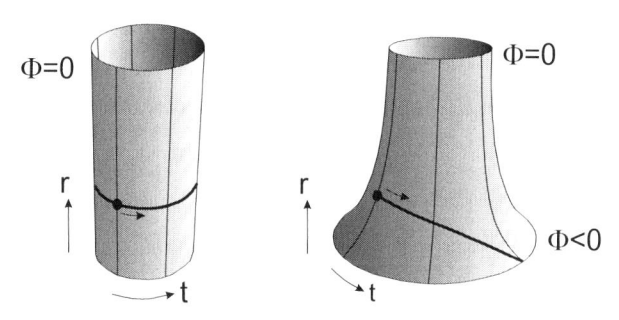

Abb. 11.3: *Darstellung der Raumzeit-Diagramme ohne (links) und mit (rechts) Gravitation. Im Fall ohne Gravitation ergibt sich ein Zylinder, im Fall mit Gravitation eine gekrümmte Fläche im Raum. Ein kräftefreier Körper mit der Anfangsgeschwindigkeit $dr/dt = 0$ bewegt sich ohne Einfluss der Gravitation entlang einer Linie $r =$ const.. Unter Einfluss der Gravitation bewegt sich der Körper auf einer Kurve in Richtung kleiner werdendem r*

Der kräftefreie Körper im Raumzeit-Diagramm

Wir hatten bereits in Kapitel 2 gesehen, dass die Weltlinien $r(t)$ kräftefreier Körper im Raumzeit-Diagramm Geraden sind, und wir hatten in Kapitel 10 gezeigt, dass wir diese Aussage verallgemeinern können, indem wir sagen, dass sich ein kräftefreier Körper auf einer Kurve extremaler Länge, einer sog. geodätischen Kurve, bewegt. Dies werden wir nun auf die in Abb. 11.3 dargestellten Raumzeit-Diagramme anwenden, wobei wir als Beispiel einen Körper untersuchen, der in einer bestimmten Höhe r die Anfangsgeschwindigkeit $dr/dt = 0$ hat. Die Anfangsgeschwindigkeit entspricht dabei offensichtlich der Steigung der Weltlinie $r(t)$ am Anfang der Bewegung. Wir können dieses Problem nun grafisch lösen, indem wir in dem Startpunkt (•) in dem Raumzeit-Diagramm die Anfangssteigung eintragen und dann eine Gerade - oder allgemeiner eine Kurve extremaler Länge - in das Diagramm eintragen. Für den Fall ohne Gravitation ergibt dies eine Linie, die sich auf konstanter Höhe r um den Zylinder herum schlängelt: der Körper schwebt im Raum. Im Fall der Gravitation hat die Linie am Anfangspunkt (•) ebenfalls die Steigung null, die Kurve läuft dann aber in Richtung kleinerer r: der Körper bewegt sich unter Einfluss der Gravitation in Richtung abnehmenden Gravitationspotentials Φ.

Satz 11.1: Die Krümmung der Raumzeit führt dazu, dass sich ein auf einer geodätischen Kurve bewegender Körper in Richtung abnehmenden Gravitationspotentials bewegt.

> **Ernst Mach** (* 18. Februar 1838 in Chirlitz-Turas, Kaisertum Österreich; † 19. Februar 1916 in Vaterstetten, Deutsches Kaiserreich) war ein österreichischer Physiker und Philosoph. Mach war Professor für Mathematik und Physik in Graz und später in Prag. Ab 1895 hatte Mach eine Professur für Philosophie in Wien.
> Bekannt wurde Mach vor allem durch seine experimentellen Untersuchungen zur Schallausbreitung. Nach ihm benannt sind u.a. die Mach-Zahl, welche die auf die Schallgeschwindigkeit bezogene Geschwindigkeit in einem Medium ist, und der Mach-Kegel, die von sich mit Überschallgeschwindigkeit bewegenden Körpern ausgehende kegelförmige Kopfwelle. Für die Relativitätstheorie von Bedeutung ist das Mach'sche Prinzip, nach dem es keinen absoluten Raum gibt, auf den die Bewegung eines Körpers bezogen werden kann. Vielmehr muss die Bewegung auf alle anderen Körper im Universum bezogen werden. Diese Kritik der Newton'schen Mechanik war für Einstein ein wichtiger Ausgangspunkt für die Entwicklung der Relativitätstheorie. (Bild: akg-images)

Nach diesen qualitativen Überlegungen werden wir im Folgenden das oben Gesagte mathematisch begründen. Dazu werden in den nächsten Abschnitten die Methode der Einbettung und der geodätisch äquivalenten Metrik vorgestellt und dann die sog. Einbettungsgleichungen abgeleitet.

11.2 Die Methode der Einbettung

In Kapitel 3 wurde gezeigt, dass die Krümmung einer zweidimensionalen Fläche durch Einbettung in den dreidimensionalen Raum veranschaulicht werden kann. Die Raumzeit ist jedoch vierdimensional, so dass weder sie noch ihre Krümmung grafisch direkt darstellbar ist. Um dennoch ein Bild der gekrümmten Raumzeit zu erhalten, werden wir im Folgenden die Methode der Einbettung verwenden. Das Prinzip dabei ist, sich auf zwei Komponenten der Raumzeit, d.h. entweder zwei Raumkoordinaten oder eine Raum- und eine Zeitkoordinate, zu beschränken und diese dann in geeigneter Weise in den dreidimensionalen Raum einzubetten.

> **Satz 11.2:** Gekrümmte zweidimensionale Räume lassen sich durch Einbettung in den dreidimensionalen Raum darstellen.

11.2.1 Die Einbettung zweidimensionaler Metriken in den Raum

Einbettung flacher Metriken

Wir wollen das Verfahren der Einbettung zunächst anhand einer flachen Metrik im zweidimensionalen Raum mit dem Längenelement

$$\mathrm{d}s^2 = (\mathrm{d}x^0)^2 + (\mathrm{d}x^1)^2 \tag{11.4}$$

11.2 Die Methode der Einbettung

skizzieren. Beide Metrikkoeffizienten sind offensichtlich gleich eins und damit nicht von den Koordinaten x^0 und x^1 abhängig. Es handelt sich also um eine flache Metrik. Die durch die Metrik definierte ebene Fläche lässt sich nun durch einfaches Aufrollen, z.B. entlang der Variablen x_0, in den dreidimensionalen Raum einbetten, ohne dass sich die Abstandsverhältnisse ändern, wie in Abb. 11.4 gezeigt ist. Dabei entsteht als Rotationsfläche ein Zylinder, bei der die Koordinate x_0 um den Zylinder herumläuft.

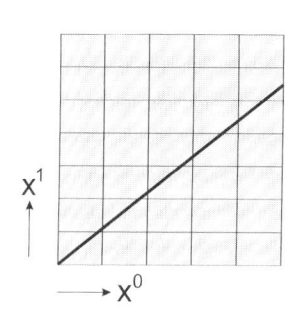

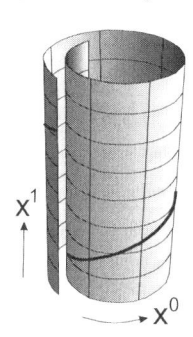

Abb. 11.4: *Raumzeit-Diagramm mit eingezeichneter Weltlinie als zweidimensionale Fläche in der Ebene und nach dem Aufrollen*

Einbettung gekrümmter Metriken

Wir zeigen nun, dass wir die durch eine Metrik g_{ij} definierte Fläche auch dann entlang der Variablen x^0 aufrollen können, wenn die Metrikkoeffizienten von der anderen Variable, also x^1, abhängen. In diesem Fall lautet die Gleichung für das Längenelement

$$ds^2 = \underline{g_{00}(x^1)} \, (dx^0)^2 + \underline{g_{11}(x^1)} \, (dx^1)^2 \,, \tag{11.5}$$

wobei wir die einzelnen Terme zur Kennzeichnung unterstrichen haben. Ziel wird es nun sein, die Gleichungen für die dann entstehende Rotationsfläche zu bestimmen. Dazu betrachten wir zunächst das Wegelement einer beliebigen Rotationsfläche in Zylinderkoordinaten (Abb. 11.5), bei welcher der Radius R eine Funktion der z-Koordinate ist. Das Wegelement ds dieser Metrik ist, wie wir in Kapitel 5 gezeigt hatten,

$$ds^2 = R^2 \, d\varphi^2 + dl^2 \,. \tag{11.6}$$

Dabei ist dl durch

$$dl^2 = dR^2 + dz^2 \tag{11.7}$$

gegeben (Abb. 11.5, rechts), so dass wir für das Wegelement ds den Ausdruck

$$ds^2 = \underline{R^2} \, d\varphi^2 + \underline{dR^2 + dz^2} \tag{11.8}$$

erhalten. Dabei entspricht die Winkelkoordinate φ des Rotationskörpers der Variable x^0, entlang derer wir die Metrik aufrollen wollen. Um nun die durch (11.5) definierte Metrik durch eine Rotationsfläche gemäß (11.8) darzustellen, setzen wir die beiden Ausdrücke gleich, was auf die sog. Einbettungsgleichungen führt.

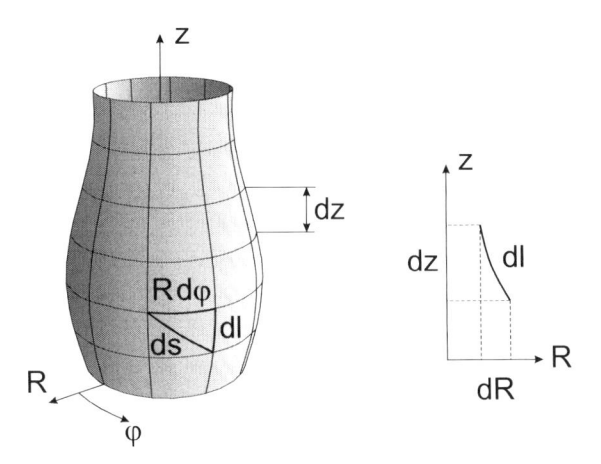

Abb. 11.5: *Rotationsfläche in einem Zylinderkoordinatensystem*

Die Einbettungsgleichungen

Aus den Beziehungen (11.5) und (11.8) erkennt man durch Vergleich der jeweils unterstrichenen Terme zunächst, dass

$$\boxed{R = \sqrt{g_{00}}\,.} \tag{11.9}$$

Weiterhin erhalten wir

$$g_{11}\,(\mathrm{d}x^1)^2 = \mathrm{d}R^2 + \mathrm{d}z^2\,, \tag{11.10}$$

was durch Umstellen auf

$$\boxed{\mathrm{d}z = \pm \mathrm{d}x^1 \sqrt{g_{11} - \left(\frac{\mathrm{d}R}{\mathrm{d}x^1}\right)^2}} \tag{11.11}$$

führt, wobei g_{00} und g_{11} die Metrikkoeffizienten der einzubettenden Metrik sind, die im Allgemeinen von der Variablen x^1 abhängen. Damit haben wir zwei Beziehungen (11.9) und (11.11), mit denen wir aus der gekrümmten Metrik (11.5) mit den Variablen x^0 und x^1 eine Rotationsfläche konstruieren können, welche diese Metrik darstellt. Dies ist in Abb. 11.6 gezeigt. Die Variable φ entspricht dabei der Variablen x^0 der einzubettenden Metrik, entlang derer wir die Metrik aufrollen. Die Größen R und z, die jeweils von der Variablen x^1 der einzubettenden Metrik (11.5) abhängen, sind dabei lediglich Hilfsvariablen, die die Form des Rotationskörpers im Raum festlegen.

Wir werden im Folgenden dieses Verfahren anwenden, um die zweidimensionale Schwarzschild-Metrik mit zwei Raumkoordinaten, bzw. mit einer Raum- und einer Zeitkoordinate, in den dreidimensionalen Raum einzubetten. Zuvor sind in Box 11.1 jedoch noch zwei einfache Beispiele zur Anwendung der Einbettungsgleichungen gezeigt.

11.2 Die Methode der Einbettung

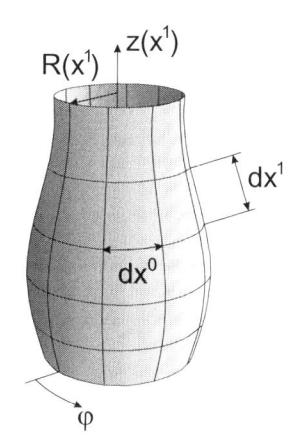

Abb. 11.6: *Darstellung der ortsabhängigen Metrik (11.5) durch eine Rotationsfläche. Die Abstände der Höhenlinien sind durch (11.11) gegeben, der Radius der Rotationsfläche durch (11.9)*

Box 11.1: Beispiele zur Einbettung einfacher Metriken

Zwei einfache Fälle zur Einbettung von Metriken sind die zweidimensionale Metrik in kartesischen Koordinaten sowie in Polarkoordinaten

Kartesische Koordinaten

Bei der Metrik

$$ds^2 = dx^2 + dy^2 \tag{11.12}$$

erkennt man aus Vergleich mit der allgemeinen Metrik (11.5), dass $x^0 = x$, $x^1 = y$, und $g_{00} = g_{11} = 1$, wobei wir entlang der x–Koordinate aufrollen. Setzen wir dies in die Einbettungsgleichungen ein, erhalten wir $R = 1$ und $dz = dy$, was einem Zylinder mit konstantem Radius R und der Höhenkoordinate y entspricht. In diesem Fall lässt sich der Zylinder in die Ebene abrollen, so dass sich das kartesische Koordinatensystem aus Abb. 11.4 ergibt.

Polarkoordinaten

Bei der Metrik

$$ds^2 = r^2\, d\varphi^2 + dr^2\,, \tag{11.13}$$

ergibt sich entsprechend, dass $x^0 = \varphi$, $x^1 = r$, $g_{00} = r^2$ und $g_{11} = 1$, wobei wir hier entlang der Koordinate φ aufrollen. Setzen wir dies in die Einbettungsgleichungen ein, erhalten wir $R = r$ und $dz = 0$, was offensichtlich einem entarteten Zylinder mit der Höhe null und dem Radius R=r entspricht, was nichts anderes ist, als ein ebenes Koordinatensystem in Polarkoordinaten, wie wir es aus Abb. 5.1, rechts, kennen.

11.2.2 Einbettung der Schwarzschild-Metrik

Darstellung der Krümmung des Raumes

Um nun die Schwarzschild-Metrik nach dem vorgestellten Einbettungsverfahren darzustellen, müssen wir zunächst die Zahl der unabhängigen Variablen auf zwei reduzieren. Eine Möglichkeit, dies zu erreichen, ist, nur die Raumkomponenten zu betrachten und sich auf eine Ebene im Raum, z.B. die Äquatorebene, $\theta = \pi/2$, um eine Masse herum zu beschränken. Mit $\mathrm{d}t = \mathrm{d}\theta = 0$ reduziert sich die Schwarzschild-Metrik (9.36) dann auf

$$\mathrm{d}s^2 = \left(1 - \frac{r_s}{r}\right)^{-1} \mathrm{d}r^2 + r^2 \, \mathrm{d}\varphi^2 \, . \tag{11.14}$$

Um diese Metrik in den dreidimensionalen Raum einzubetten, wählen wir φ als die Variable, entlang derer wir die Metrik aufrollen. Dann entspricht $x^1 = r$, $g_{00} = r^2$ und $g_{11} = \left(1 - \frac{r_s}{r}\right)^{-1}$. Verwenden wir nun die Beziehungen (11.9) und (11.11) zur Konstruktion der Rotationsfläche, erhalten wir für den Radius R der Rotationsfläche

$$R = r \, . \tag{11.15}$$

Die Koordinate z der Rotationsfläche wird beschrieben durch

$$\mathrm{d}z = \pm \mathrm{d}r \sqrt{\left(1 - \frac{r_s}{r}\right)^{-1} - 1} \tag{11.16}$$

$$= \pm \mathrm{d}r \sqrt{\frac{r_s}{r - r_s}} \, , \tag{11.17}$$

was durch Integration schließlich auf

$$\boxed{z^2 = 4r_s(r - r_s)} \tag{11.18}$$

führt. Die sich damit ergebenden Rotationsflächen sind in Abb. 11.7 dargestellt.

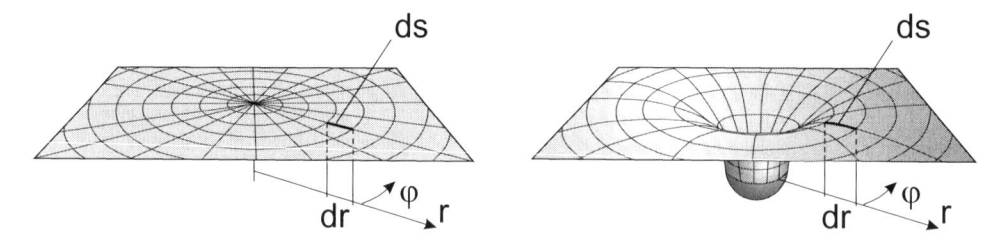

Abb. 11.7: *Darstellung der Radialkomponente des Wegelementes der Schwarzschild-Metrik im massefreien Fall (links) und mit zentraler Masse (rechts). Die Masse führt zu einer Verlängerung des gemessenen Weges s*

Dabei zeigt die linke Abbildung den Fall ohne Gravitation, d.h. $r_s = 0$, was wegen $z = 0$ ein flaches Polarkoordinatensystem ergibt (vgl. Box 11.1). Die rechte Abbildung zeigt den Fall mit einer ein Gravitationsfeld hervorrufenden zentralen Masse, d.h. $r_s > 0$.

11.3 Die Methode der geodätisch äquivalenten Abbildung

Aus den Abbildungen lässt sich nun entnehmen, wie sich für die beiden Fälle ohne und mit Gravitation die tatsächliche radiale Entfernung s zwischen zwei Punkten von der Koordinatenentfernung r unterscheidet. Die Koordinatenentfernung r ist dabei der von der Koordinatenachse abgelesene Wert, die tatsächliche Entfernung s ist der auf der Rotationsfläche zurückgelegte Weg. Wegen der durch die Gravitation hervorgerufene Raumkrümmung, wächst also die Weglänge s in radialer Richtung, was wir auch schon in Kapitel 9 festgestellt hatten.

Man beachte, dass in Abb. 11.7 nur die Raumkoordinaten r und φ im Zweidimensionalen dargestellt sind. Diese Darstellung zeigt also insbesondere nicht die Krümmung der Zeitkomponente. Das bedeutet, dass geodätische Linien auf der dargestellten zweidimensionalen Fläche nicht den tatsächlichen geodätischen Linien in der Raumzeit entsprechen.

Darstellung der Krümmung der Raumzeit

Wir wollen nun nicht nur die Krümmung der räumlichen Komponente, sondern auch die der zeitlichen Komponente der Schwarzschild-Metrik (9.3) darstellen. Da wir nur zwei Koordinaten in den Raum einbetten können, beschränken wir uns auf nur eine Ortskoordinate, den Radius r, und die Zeitkoordinate t und erhalten

$$\mathrm{d}s^2 = g_{00}\, c^2 \mathrm{d}t^2 + g_{11}\, \mathrm{d}r^2 \;. \tag{11.19}$$

Es erscheint nun naheliegend, auch hier die Methode der Einbettung anzuwenden, um die gekrümmte Raumzeit mit der Zeitkoordinate t und der Ortskoordinate r grafisch darzustellen, indem wir $x^0 \to ct$ und $x^1 \to r$ setzen. Das Problem ist jedoch, dass die zeitliche Komponente g_{00} der Schwarzschild-Metrik (9.24) ein negatives Vorzeichen hat. Die Methode der Einbettung lässt sich daher nicht direkt anwenden. Um dieses Problem zu lösen, werden wir die sog. geodätisch äquivalente Metrik verwenden, die wir im folgenden Abschnitt vorstellen.

11.3 Die Methode der geodätisch äquivalenten Abbildung

11.3.1 Definition der geodätisch äquivalenten Abbildung

Die Methode der Einbettung lässt sich, wie oben gezeigt, wegen des negativen Vorzeichens des Metrikkoeffizienten g_{00} bei bei der Schwarzschild-Metrik nicht direkt anwenden. Eine Möglichkeit, dieses Problem zu lösen, ist, dass man das Vorzeichen des negativen Metrikkoeffizienten einfach umdreht bzw. den Betrag bildet. Dadurch verändern wir aber die Metrik und geodätische Linien erscheinen in der modifizierten Metrik nicht mehr als solche. Um dies zu verdeutlichen, betrachten wir einen fallenden Apfel, der sich, wie in Kapitel 10 gezeigt, in der Raumzeit auf einer Linie kürzester Länge, also einer geodätischen Kurve bewegt, wobei wir als Metrik die in der Raumzeit gültige Schwarzschild-Metrik mit $g_{00} < 0$ und $g_{11} > 0$ verwenden müssen (Abb. 11.8, links). Trägt man die Bahnkurve des Apfels jedoch in der üblichen Darstellung in einem Diagramm auf, bei der die Ortskoordinate x^1 über der Zeitkoordinate x^0 dargestellt ist, erhält man keine geodätische Linie, sondern eine Parabel (Abb. 11.8, rechts), da im zweidimensionalen Raum beide Metrikkoeffizienten positiv sind.

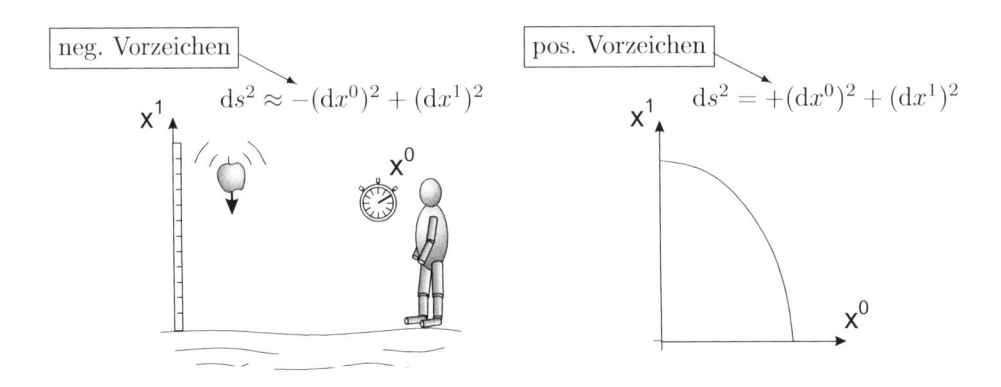

Abb. 11.8: Die Metrik der Raumzeit mit zwei Dimensionen - hier näherungsweise dargestellt durch die Minkowsky-Metrik - (links) unterscheidet sich durch die Vorzeichen von der Metrik einer zweidimensionalen Ebene, in der Orts- und Zeitvariable aufgetragen ist (rechts). Durch die Abbildung der Raumzeit auf eine Ebene mit kartesischen Koordinaten, geht die Eigenschaft einer Kurve, eine minimale Länge zu besitzen, verloren

Um dennoch eine grafische Darstellung zu erreichen, aus der ersichtlich ist, dass der Fall des Apfels tatsächlich entlang einer Linie minimaler Länge in der Raumzeit erfolgt, müssen wir daher bei der Abbildung der Raumzeit eine sog. geodätisch äquivalente Abbildung verwenden, bei der die Eigenschaft einer geodätischen Kurve, eine extremale Länge zu besitzen, erhalten bleibt. Das Prinzip ist in Box 11.2 anhand des Beispieles der Kartenabbildung veranschaulicht.

Satz 11.3: Bei einer geodätisch äquivalenten Abbildung bleibt die Eigenschaft einer geodätischen Kurve, eine extremale Länge zu besitzen, erhalten.

Box 11.2: Geradentreue Abbildung bei der Kartenprojektion

Um die gekrümmte Erdoberfläche auf eine flache Karte abzubilden, bedient man sich verschiedener Projektionsmethoden. Ein gängiges Verfahren dafür ist die sog. Mercator-Projektion (Abb. 11.9, links), bei der die Karte zylinderförmig um ein Modell der Erdkugel, das sog. Geoid, gewickelt wird. Ausgehend vom Erdmittelpunkt als Projektionszentrum werden dann die Strukturen der Erdoberfläche auf die Karte projiziert, und man erhält so eine Darstellung, wie sie üblicherweise auf Land- oder Seekarten zu sehen ist. Ein Kennzeichen dieser Projektion ist, dass eine Kurve konstanter Richtung, d.h. eine Kurve, welche die Meridiane in einem konstanten Winkel schneidet, auf der Karte als Gerade abgebildet wird. Diese richtungstreue

11.3 Die Methode der geodätisch äquivalenten Abbildung

Abbildung ist für die Navigation sehr hilfreich, so dass dieser Kartentyp sehr weit verbreitet ist. Ein Nachteil dieser Projektion ist allerdings, dass Kurven minimalen Abstandes auf der Karte nicht als Geraden abgebildet werden.

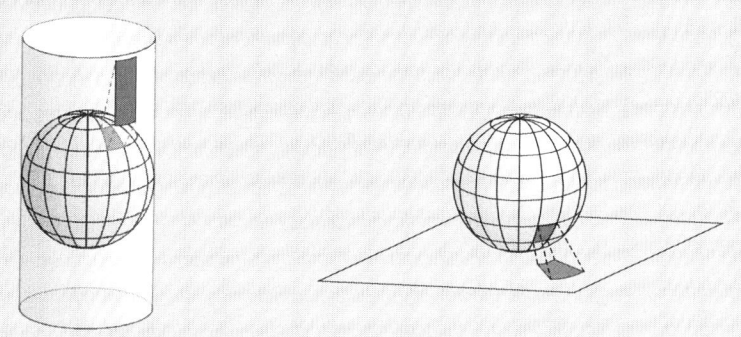

Abb. 11.9: *Schematische Darstellung von Projektionsverfahren zur Kartenherstellung. Bei der Mercator-Projektion (links) wird die zylinderförmig um die Erdkugel gerollte Karte nach der Projektion abgewickelt. Bei der gnomonischen Projektion (rechts) erfolgt die Projektion auf eine flache Karte, die die Erdkugel an einer Stelle berührt. Abhängig vom Projektionsverfahren ist die Abbildung richtungs- oder geradentreu*

Als Beispiel diene die kürzeste Verbindung zwischen den Orten Hamburg und San Francisco, die in Abb. 11.10 durch eine Linie als Teil eines Großkreises dargestellt ist.

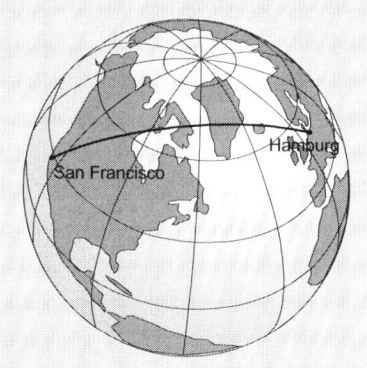

Abb. 11.10: *Die kürzeste Verbindung von San Francisco nach Hamburg folgt einer Linie, die in nördlicher Richtung bis über Grönland verläuft*

Trägt man diese kürzeste Verbindungslinie zwischen Hamburg und San Francisco in eine mittels Mercator-Projektion erzeugte Karte ein, so erhält man keine Gerade, sondern eine gekrümmte Kurve (Abb. 11.11). Die verwendete Mercator-Projektion ist zwar richtungstreu, aber nicht geradentreu, und die Eigenschaft geodätischer Linien, die kürzeste Verbindung zwischen zwei Orten zu sein, geht bei der Projektion verloren. Es stellt sich nun die Frage, ob es eine andere, geeignete Projektion gibt, bei der geodätische Linien auf der Erdoberfläche auch auf der Karte als Linien kürzester Verbindung, d.h. Geraden, abgebildet werden. Tatsächlich gibt es solche Projektionen. Eine davon ist die gnomonische Azimutalprojektion, bei der das Modell der Erdkugel mit einem Berührpunkt auf der flachen Karte liegt, auf die dann die Erdoberfläche vom Erdmittelpunkt als Projektionszentrum abgebildet wird (Abb. 11.9, rechts).

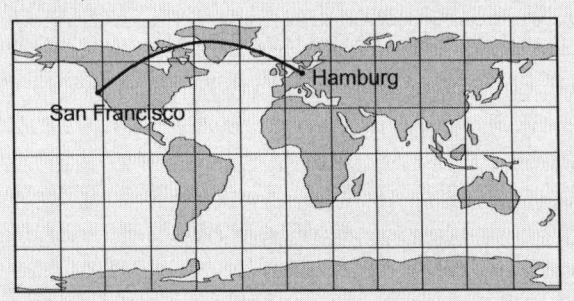

Abb. 11.11: Karten mit Mercator-Projektion bilden Längen- und Breitenkreise jeweils als parallele Geraden ab. Geodätische Linien werden jedoch im Allgemeinen nicht als Geraden abgebildet, wie die gezeigte Verbindungslinie Hamburg - San Francisco zeigt

Die so entstandene Karte sieht zwar ungewohnt und verzerrt aus, bildet aber Großkreise, also geodätische Linien, als Geraden ab, so dass nun auch die Verbindungslinie San Francisco - Hamburg als Gerade auf der Karte erscheint (Abb. 11.12).

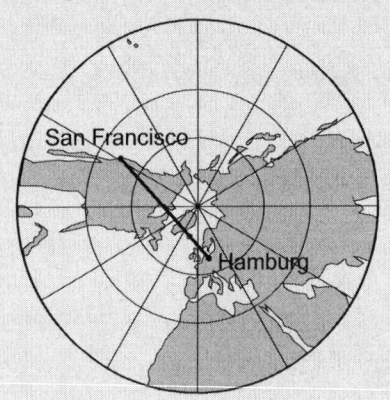

Abb. 11.12: Bei Karten mit gnomonischer Projektion werden geodätische Linien auf der Erdoberfläche als Geraden auf der Karte abgebildet, wie die Verbindung San Francisco - Hamburg zeigt

Durch die Wahl eines geeigneten Abbildungsverfahrens ist es also möglich, einen gekrümmten Raum, hier die Erdoberfläche, so auf einer Ebene darzustellen, dass geodätische Linien auch in der Kartendarstellung als solche erhalten bleiben. Der Preis dafür ist lediglich die etwas ungewohnte Darstellung durch das spezielle Projektionsverfahren.

11.3 Die Methode der geodätisch äquivalenten Abbildung

Zur Ableitung einer zur Schwarzschild-Metrik geodätisch äquivalenten Abbildung gehen wir von der Schwarzschild-Metrik (9.24) mit einer einzigen Raumkoordinate r und der Zeitkoordinate t aus. Dann ist

$$\mathrm{d}s^2 = g_{00}\, c^2\, \mathrm{d}t^2 + g_{11}\, \mathrm{d}r^2 \;, \tag{11.20}$$

mit den Metrikkoeffizienten

$$g_{00} = -\left(1 - \frac{r_s}{r}\right) \;, \qquad g_{11} = \left(1 - \frac{r_s}{r}\right)^{-1} \;. \tag{11.21}$$

Wir suchen nun eine Metrik, welche sich in den Raum einbetten lässt, ohne dass dabei die Eigenschaft geodätischer Linien verloren geht. Wir folgen hier der Rechnung nach [15] und setzen für das Wegelement $\mathrm{d}\bar{s}$ dieser geodätisch äquivalenten Metrik $\bar{g}_{ij}$ an

$$\mathrm{d}\bar{s}^2 = \bar{g}_{00}\, c^2\, \mathrm{d}t^2 + \bar{g}_{11}\, \mathrm{d}r^2 \;, \tag{11.22}$$

wobei wir folgende Eigenschaften fordern:

- Alle Metrikkoeffizienten $\bar{g}_{ij}$ sind positiv,
- Kurven, die in der Schwarzschild-Metrik g_{ij} geodätischen Linien sind, sind auch in der Metrik $\bar{g}_{ij}$ geodätischen Linien.

11.3.2 Bestimmung der Metrikkoeffizienten

Kurvenparameter der geodätischen Linie

Neben den oben genannten Forderungen ist die wichtigste Randbedingung für die Bestimmung der geodätisch äquivalenten Metrik, dass die Erhaltungsgrößen der Bewegung konstant bleiben. Im relativistischen Fall ist dies der sog. verallgemeinerte oder kanonische Impuls p_i (Anhang A.3), der durch (A.18)

$$p_i = \frac{\partial L}{\partial(\mathrm{d}x^i/\mathrm{d}\tau)} \tag{11.23}$$

definiert ist. Erfolgt die Bewegung entlang einer geodätischen Linie, lässt sich der kanonische Impuls auch darstellen als (A.19)

$$p_i = g_{ij}\, \frac{\mathrm{d}x^j}{\mathrm{d}\tau} = \mathrm{const.} \;. \tag{11.24}$$

Aus (11.24) erhalten wir schließlich mit $i = j = 0$ und $p_0 = E/c$ gemäß (2.45)

$$g_{00}\, \frac{\mathrm{d}t}{\mathrm{d}\tau} = E/c = \mathrm{const.} \;, \tag{11.25}$$

wobei E/c ein Maß für die Energie des Teilchens ist, also ein Parameter, der für eine gegebene geodätische Linie konstant ist. Nennen wir diese Konstante zur Abkürzung

$\sqrt{1/\epsilon}$, erhalten wir mit (11.20) und (11.25) die Bestimmungsgleichung der geodätischen Linie $r(t)$ mit dem Parameter ϵ

$$\left(\frac{dr}{dt}\right)^2 = c^2 \frac{g_{00}}{g_{11}} \left(\epsilon\, g_{00} - 1\right) \, . \tag{11.26}$$

Beschreiben wir nun eine geodätische Linie in der Metrik $\bar{g}_{ij}$, ergibt sich eine entsprechende Gleichung. Aus der Forderung, dass die Wegelemente der beiden geodätischen Linien identisch sind, ergibt sich mit (11.26) somit

$$\frac{g_{00}}{g_{11}} \left(\epsilon\, g_{00} - 1\right) = \frac{\bar{g}_{00}}{\bar{g}_{11}} \left(\bar{\epsilon}\, \bar{g}_{00} - 1\right) \, , \tag{11.27}$$

wobei die überstrichenen Größen die Metrikkoeffizienten bzw. der Parameter der geodätisch äquivalenten Metrik sind. Dies lässt sich umschreiben in

$$\bar{\epsilon} = \underbrace{\left(\frac{\bar{g}_{11}\, g_{00}^2}{g_{11}\, \bar{g}_{00}^2}\right)}_{k_1} \epsilon + \underbrace{\left(\frac{1}{\bar{g}_{00}} - \frac{\bar{g}_{11}\, g_{00}}{g_{11}\, \bar{g}_{00}^2}\right)}_{k_2} \, . \tag{11.28}$$

Diese Beziehung gibt an, wie sich der Parameter ϵ der Metrik g_{ij} in den entsprechenden Parameter $\bar{\epsilon}$ der Metrik $\bar{g}_{ij}$ umrechnet. Damit diese Beziehung für beliebige r und ϵ gilt, dürfen die Klammerausdrücke k_1 und k_2 nicht von diesen Größen abhängen, so dass

$$k_1 = \frac{\bar{g}_{11}\, g_{00}^2}{g_{11}\, \bar{g}_{00}^2} = \text{const.} \, , \quad k_2 = \frac{1}{\bar{g}_{00}} - \frac{\bar{g}_{11}\, g_{00}}{g_{11}\, \bar{g}_{00}^2} = \text{const.} \, . \tag{11.29}$$

Damit erhalten wir zwei Gleichungen zur Bestimmung der Metrikkoeffizienten $\bar{g}_{00}$ und $\bar{g}_{11}$. Lösen dieses Gleichungssystems führt auf

$$\bar{g}_{00} = \frac{g_{00}}{k_1 + k_2\, g_{00}} \quad , \quad \bar{g}_{11} = \frac{k_1\, g_{11}}{(k_1 + k_2\, g_{00})^2} \, , \tag{11.30}$$

wobei wir die Konstanten k_1 und k_2 frei wählen können. Man erkennt insbesondere, dass sich durch die Wahl $k_1 = 1$ und $k_2 = 0$ wieder die ursprüngliche Schwarzschild-Metrik ergibt.

Wahl der Konstanten k_1 und k_2

Wir wählen die Konstanten nun so, dass die Metrikkoeffizienten $\bar{g}_{00}$ und $\bar{g}_{11}$ gemäß unserer Forderung positiv werden. Da $g_{00} < 0$, werden die Ausdrücke in (11.30) positiv, wenn

$$k_1 > 0 \quad \text{und} \quad g_{00} < -\frac{k_1}{k_2} < 0 \, . \tag{11.31}$$

Mit der Wahl $k_1 = 1$ und $k_2 = 2$ erhalten wir schließlich aus (11.21) und (11.30) die beiden Koeffizienten der zur Schwarzschild-Metrik geodätisch äquivalenten Metrik

$$\bar{g}_{00} = \frac{r - r_s}{r - 2r_s} \quad ; \quad \bar{g}_{11} = \frac{r^3}{(r - r_s)(r - 2r_s)^2} \, , \tag{11.32}$$

11.3 Die Methode der geodätisch äquivalenten Abbildung

die für $r \to \infty$ gegen den Wert eins gehen. Wir erhalten damit schließlich das *Wegelement der geodätisch äquivalenten Metrik*

$$d\bar{s}^2 = \frac{r - r_s}{r - 2r_s} c^2 dt^2 + \frac{r^3}{(r - r_s)(r - 2r_s)^2} dr^2 \ . \tag{11.33}$$

11.3.3 Grafische Darstellung der geodätisch äquivalenten Metrik

Darstellung der flachen Metrik

Wir wollen das Verfahren der Darstellung der geodätisch äquivalenten Metrik zunächst auf den einfachen Fall anwenden, dass die Metrik flach ist, d.h. keine Gravitation vorliegt. Dies tritt dann ein, wenn in der geodätisch äquivalenten Metrik (11.33) $r \gg r_s$ gilt. Dann gehen die Metrikkoeffizienten gegen eins, und wir erhalten

$$d\bar{s}^2 = c^2 dt^2 + dr^2 \ . \tag{11.34}$$

In diesem Fall ist die Metrik ortsunabhängig und damit flach. Wenden wir auf diese Beziehung nun die Einbettungsgleichungen (11.9) und (11.11) an, erhalten wir für die Rotationsfläche unmittelbar $R = 1$ und $dz = dx^1$. Dies entspricht offensichtlich einem Zylinder, bei dem die Zeitkoordinate um die Zylinderachse gewickelt ist (Abb. 11.13), wie wir bereits in Abschnitt 11.2.1 gesehen hatten.

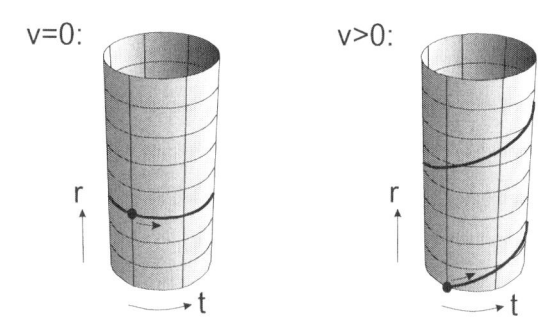

Abb. 11.13: *Ausgehend von dem Startpunkt (•) ergeben sich unterschiedliche geodätische Linien, abhängig von der Anfangsgeschwindigkeit des Körpers*

Geodätische Kurven bei flacher Metrik

Wir können nun die Rotationsflächen dazu verwenden, um geodätische Kurven in der nicht gekrümmten Raumzeit zu untersuchen, indem wir die Kurven auf die Rotationsfläche auftragen. Dazu benötigen wir einen Startpunkt und eine Richtung für die jeweilige Kurve. Der Startpunkt ist dabei durch die entsprechende Orts- und die Zeitkoordinate festgelegt und die Richtung durch die Geschwindigkeit des Körpers an dieser Stelle, was der Steigung dr/dt entspricht. Der weitere Verlauf der Kurve ergibt sich dann dadurch, dass diese, gemäß der Definition einer geodätischen Kurve, auf kürzestem Weg der Raumkrümmung folgt. Diese Kurve lässt sich anschaulich dadurch konstruieren, dass man vom Startpunkt ausgehend mit einem kleinen Wagen, dessen Lenkung fest geradeaus eingestellt ist, in die vorgegebene Richtung fährt (vgl. Abb. 10.1). Eine andere Möglichkeit ist, ein in einer Richtung flexibles Band, etwa ein dünnes Stahlband, zu nehmen und dieses ausgehend von dem Startpunkt um die Rotationsfläche zu legen.

Wir wenden dieses Verfahren zunächst auf die durch einen Zylinder repräsentierte flache Metrik (11.34) an und betrachten dazu einen Körper, der sich in einer bestimmten Höhe r in Ruhe ($v = 0$) befindet. Die Anfangsgeschwindigkeit dr/dt ist daher null, so dass die geodätische Linie an der Stelle (r, t) mit der Steigung null startet und wir eine Kurve erhalten, die gegen den Uhrzeigersinn um den Zylinder herumläuft (Abb. 11.13, links).

Für den Fall, dass der Körper eine Anfangsgeschwindigkeit ($v > 0$) hat, ist die Steigung von null verschieden; als geodätische Linie ergibt sich daher vom Startpunkt ausgehend eine Schraubenlinie um die Rotationsfläche herum (Abb. 11.13, rechts).

Darstellung der gekrümmten Metrik

Im Folgenden wenden wir das selbe Verfahren nun auf eine gekrümmte Metrik an und untersuchen dazu die zur Schwarzschild-Metrik geodätisch äquivalente Metrik (11.33). Aus der Einbettungsgleichung (11.9) ergibt sich dann für den Radius R der Rotationsfläche

$$R = \sqrt{\frac{r - r_s}{r - 2r_s}} \ . \tag{11.35}$$

Entsprechend liefert (11.11) die z-Koordinate der Rotationsfläche

$$dz = dr \sqrt{\frac{r^3}{(r - r_s)(r - 2r_s)^2} - \left(\frac{dR(r)}{dr}\right)^2} \ . \tag{11.36}$$

Damit lässt sich die Rotationsfläche abhängig von der Zeitkoordinate t und der Ortskoordinate r darstellen (Abb. 11.14).

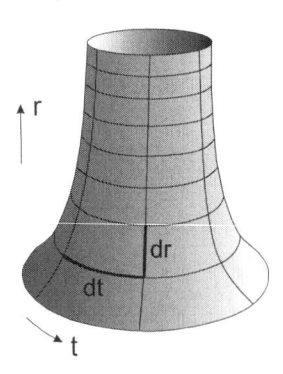

Abb. 11.14: *Darstellung der zur Schwarzschild-Metrik geodätisch äquivalenten Metrik mittels einer Rotationsfläche. Die Zeitkoordinate t läuft in azimutaler Richtung um die Rotationsfläche, die Radiuskoordinate r läuft in Richtung der Symmetrieachse*

Man erkennt, dass sich eine Rotationsfläche ergibt, wie wir sie bereits am Anfang dieses Kapitels vorgestellt hatten (vgl. Abb. 11.3).

Geodätische Kurven bei gekrümmter Metrik

Die Darstellung nach Abb. 11.14 kann nun verwendet werden, um geodätische Linien in der gekrümmten Raumzeit zu untersuchen. Die Vorgehensweise entspricht dabei der bereits bei der flachen Metrik angewandten, d.h. wir konstruieren vom Startpunkt ausgehend und mit der vorgegebenen Anfangssteigung eine der Raumkrümmung folgende Kurve. Dies werden wir in dem folgenden Abschnitt anhand des Beispiels des fallenden Apfels, welches wir bereits ausführlich in Kapitel 1 untersucht hatten, zeigen.

11.4 Der Fall der Apfels in der gekrümmten Raumzeit

Für das Beispiel des fallenden Apfels bietet es sich an, statt der Ortskoordinate r die Koordinate h zu verwenden, welche den Abstand von einer Bezugsebene, z.B. dem Erdboden, angibt. In Abb. 11.15, links, ist daher zunächst nochmals die Rotationsfläche mit der Zeitkoordinate t und der Ortskoordinate h und entsprechender Skalierung gezeigt.

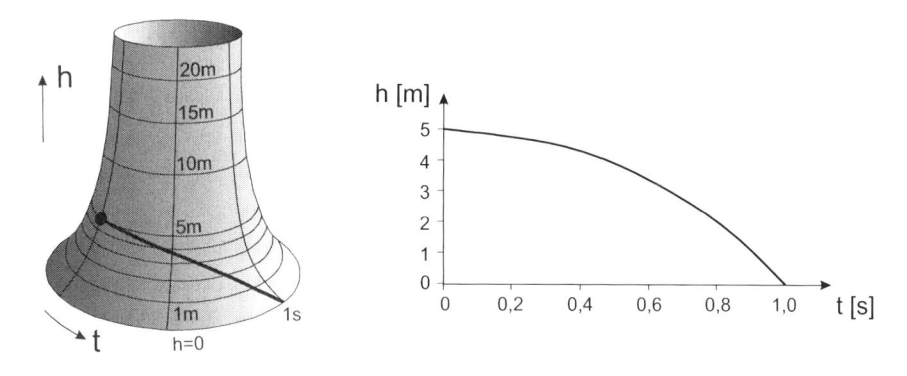

Abb. 11.15: *Fall des Apfels in der Darstellung mit der zur Schwarzschild-Metrik geodätisch äquivalenten Metrik. Die Fallkurve ist in dieser Darstellung (links) eine geodätische Line, also eine Linie kürzesten Abstands, auf der Rotationsfläche. Die Krümmung der Raumzeit ist zur Verdeutlichung stärker dargestellt, als als es den tatsächlichen Verhältnissen entspricht. Trägt man die sich ergebenden Werte für h und t in ein Ort-Zeit-Diagramm ein, erhält man eine Parabel (rechts). Die Anfangssteigung dh/dt ist in beiden Fällen null, was der Anfangsgeschwindigkeit $v = 0$ entspricht*

Um nun beispielsweise den Fall eines Apfels aus einer Höhe von $h = 5\,\mathrm{m}$ darzustellen, legen wir unseren Startpunkt bei $t = 0$ und $h = 5\,\mathrm{m}$. Zum Zeitpunkt des Loslassens hat der Apfel zunächst eine Geschwindigkeit von $v = 0$. Die geodätische Kurve startet damit in azimutaler Richtung. Der weitere Verlauf der Kurve ergibt sich dann als der kürzeste Weg auf der gekrümmten Oberfläche. Verwenden wir zur Konstruktion der geodätischen Kurve beispielsweise ein dünnes Stahlband, das nur in eine Richtung gebogen werden kann, und legen dieses Band mit den Anfangsbedingungen, also Startpunkt und Steigung in diesem Startpunkt, an die Rotationsfläche an, entspricht der Verlauf des

Bandes der gesuchten geodätischen Linie. In dem Beispiel ergibt sich, dass der Apfel dann nach etwa 1 s auf dem Boden auftrifft, was wir bereits in Kapitel 1 berechnet hatten. Entnimmt man aus der Darstellung für verschiedene Zeiten t die jeweilige Höhe h und trägt dies in einem Diagramm gegeneinander auf, erhält man den in Abb. 11.15, rechts, gezeigten parabelförmigen Verlauf.

Wir können nun weitere Beispiele untersuchen, indem wir den Apfel mit unterschiedlichen Anfangsgeschwindigkeiten v von der Oberfläche bei $h = 0$ nach oben werfen. Eine größere Anfangsgeschwindigkeit entspricht dabei einem größeren Winkel α der geodätischen Kurve bei $t = 0$. Folgen wir dem weiteren Verlauf der Kurve, z.B. durch das Anlegen des Stahlbandes, ergeben sich die in Abb. 11.16 gezeigten Verläufe.

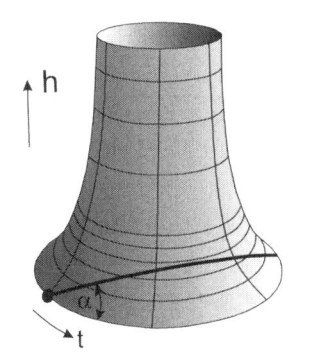

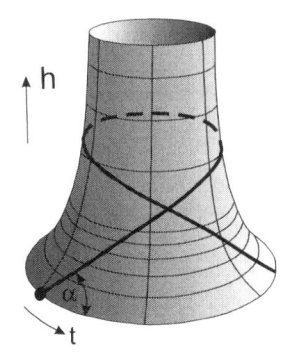

Abb. 11.16: *Darstellung eines Apfels, der mit unterschiedlichen Anfangsgeschwindigkeiten vom Erdboden ($h = 0$) aus hochgeworfen wird. Mit niedriger Anfangsgeschwindigkeit (links) erreicht der Apfel eine nur geringe Höhe, mit größerer Geschwindigkeit (rechts) steigt der Apfel höher und bleibt länger in der Luft, bevor er zurück auf den Boden fällt*

12 Lichtablenkung in der gekrümmten Raumzeit

In diesem Kapitel untersuchen wir die Ablenkung von Lichtstrahlen in einem Gravitationsfeld. Dabei werden wir den Effekt zunächst anschaulich erklären und dann die Ablenkung quantitativ durch Lösen der Feld- und der Bewegungsgleichung bestimmen.

12.1 Ausbreitung von Licht im Gravitationsfeld

Die Ausbreitung von Licht in einem Gravitationsfeld, z.B. in der Umgebung einer Masse (Abb. 12.1), folgt unmittelbar aus der in Kapitel 10 abgeleiteten Bewegungsgleichung und der entsprechenden Metrik, die sich durch Lösen der Feldgleichung ergibt. Der experimentelle Nachweis der Ablenkung eines Lichtstrahls durch die Masse der Sonne im Jahr 1919 war daher ein wichtiger Beleg für die Richtigkeit der Relativitätstheorie.

Lichtablenkung durch ortsabhängige Lichtgeschwindigkeit

Wir werden im Folgenden die Lichtablenkung zunächst phänomenologisch untersuchen und betrachten dazu den in Abb. 12.1 gezeigten Lichtstrahl.

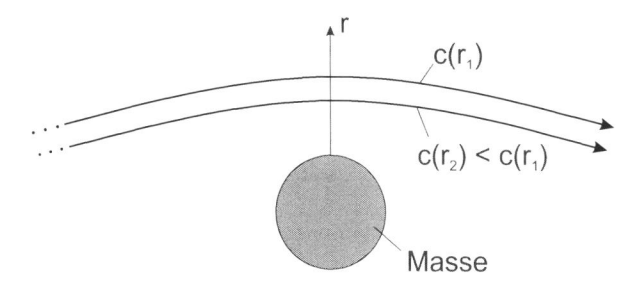

Abb. 12.1: *Ein Lichtstrahl wird in der gekrümmten Raumzeit abgelenkt*

Eine Möglichkeit, die Lichtablenkung zu erklären, ist zu zeigen, dass die Lichtgeschwindigkeit c für einen außenstehenden Beobachter vom Gravitationspotential abhängt und damit ortsabhängig ist. Konkret nimmt die Lichtgeschwindigkeit in der Nähe der Masse ab, so dass der Lichtstrahl, der näher an der Masse ist, sich langsamer ausbreitet als der weiter von der Masse entfernte Lichtstrahl. Dies ist vergleichbar mit einem geradeaus fahrendem Wagen, bei dem die Räder auf einer Seite abgebremst werden, so dass sie sich langsamer drehen, was dazu führt, dass der Wagen eine Kurve fährt (Abb. 12.2).

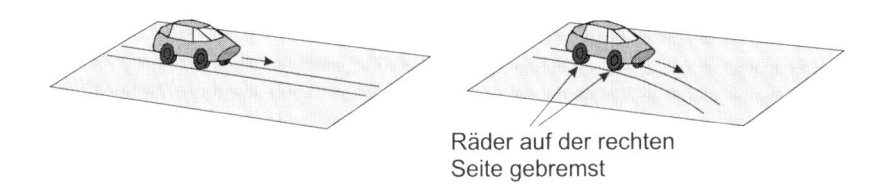

Abb. 12.2: *Die Lichtablenkung lässt sich durch eine ortsabhängige Ausbreitungsgeschwindigkeit erklären. Dabei wird der Lichtstrahl in die Richtung abgelenkt, in der die Geschwindigkeit geringer ist. Der gleiche Effekt tritt beim einseitigen Abbremsen von Rädern an einem Wagen auf*

Um einen Ausdruck für die vom Gravitationsfeld abhängige Lichtgeschwindigkeit zu erhalten, gehen wir von der Schwarzschild-Metrik aus und betrachten einen sich in radialer Richtung ausbreitenden Lichtstrahl. Aus der allgemeinen Form der Schwarzschild-Metrik (9.3) folgt wegen des Verschwindens des Wegelementes (2.33) für Licht

$$ds^2 = g_{00}\, c^2 dt^2 + g_{rr}\, dr^2 = 0 \,, \tag{12.1}$$

womit sich die ortsabhängige Lichtgeschwindigkeit[1] $c(r)$ zu

$$c(r) = \frac{dr}{dt} = c\sqrt{-\frac{g_{00}}{g_{rr}}} \tag{12.2}$$

ergibt. Wir können nun die ortsabhängige Lichtgeschwindigkeit $c(r)$ durch einen ortsabhängigen Brechungsindex ausdrücken, indem wir $n(r) = c/c(r)$ setzen. Mit (9.17) und (9.26) wird dann

$$n(r) = \left(1 + \frac{2\Phi}{c^2}\right)^{-1} . \tag{12.3}$$

Damit ist das Problem der Lichtablenkung auf die Ausbreitung von Licht in einem Medium mit ortsabhängigem Brechungsindex zurückgeführt. Durch geometrische Überlegungen kann damit der Ablenkwinkel bestimmt werden [7]. Wir wollen diesen Weg hier jedoch nicht gehen, sondern stattdessen die relativistische Bewegungsgleichung lösen, da wir die gleiche Vorgehensweise auch bei der Berechnung von Planetenbahnen im Kapitel 13 anwenden werden.

12.2 Aufstellen der Bewegungsgleichung

Startpunkt unserer Rechnung ist die geodätische Gleichung (10.4)

$$\frac{d^2 x^i}{d\tau^2} + \Gamma^i_{jk} \frac{dx^j}{d\tau} \frac{dx^k}{d\tau} = 0 \,. \tag{12.4}$$

---

[1] Dies steht nicht im Widerspruch zu dem Postulat einer konstanten Lichtgeschwindigkeit. Berechnet man diese in lokalen Koordinaten ρ und τ, ergibt sich mit (9.28) und (9.15) der konstante Wert c.

12.2 Aufstellen der Bewegungsgleichung

Johann Georg von Soldner (* 16. Juli 1776 Georgenhof bei Feuchtwangen; † 13. Mai 1833 in München-Bogenhausen) war ein deutscher Astronom und Geodät.
Solder war Direktor der Sternwarte in Bogenhausen. Er beschäftigte sich insbesondere mit der Landesvermessung. Er schuf dort wesentliche mathematischen Grundlagen und führte die nach ihm benannten Soldner-Koordinaten ein, die in Teilen Deutschlands noch bis in das 20. Jahrhundert hinein verwendet wurden.
Im Jahr 1804 veröffentlichte Soldner eine Arbeit über die Ablenkung von Licht in einem Gravitationsfeld. Damit nahm er ein wichtiges Ergebnis der Relativitätstheorie mehr als 100 Jahre vor deren erscheinen vorweg. Soldners Berechnungen gingen jedoch auf die Korpuskeltheorie Newtons zurück, nach der eine Lichtquelle Teilchen (Korpuskel) emittiert. Die Rechnung beruht also auf einer völlig anderen theoretischen Grundlage als die Berechnung von Einstein. Das Ergebnis Soldners weicht zudem um den Faktor ein Halb von dem mittels der Relativitätstheorie erhaltenen ab. (Bild: Bayerische Akademie der Wissenschaften)

Mit Hilfe der im Kapitel (9) abgeleiteten Schwarzschild-Metrik werden wir nun die entsprechende Gleichung im Gravitationsfeld in der Umgebung einer Masse aufstellen [13]. Dazu werden zunächst die Christoffelsymbole für die Schwarzschild-Metrik bestimmt und diese dann in die geodätische Gleichung eingesetzt.

12.2.1 Bestimmung der Christoffelsymbole

Die Berechnung der Christoffelsymbole Γ^k_{ij} erfolgt gemäß (6.31), wobei hier die Zuordnung (9.4) zwischen den Indizes und den Koordinaten gilt. Wir skizzieren hier lediglich die Berechnung für Γ^0_{01} und setzen in (6.31) $k = i = 0$ und $j = 1$. Da die zeitlichen Ableitungen verschwinden, d.h. $\partial_0 = 0$ und alle Metrikkoeffizienten g_{ij} für $i \neq j$ gleich null sind, erhalten wir

$$\Gamma^0_{01} = \frac{1}{2} g^{00} \partial_1 g_{00} \,, \tag{12.5}$$

wobei ∂_1 die partielle Ableitung nach der Ortskoordinate r ist. Mit g_{00} gemäß (9.33) und mit (4.49) folgt dann nach Ausführen der Differentiation schließlich

$$\Gamma^0_{01} = \frac{r_s}{2r(r-r_s)} \,, \tag{12.6}$$

was wegen der Symmetrie der Christoffelsymbole gleich Γ^0_{10} ist. Auf entsprechende Weise ergeben sich die anderen Ausdrücke. Wir erhalten

$$\Gamma^1_{11} = -\frac{r_s}{2r(r-r_s)} \quad , \quad \Gamma^1_{22} = -(r-r_s) \tag{12.7}$$

$$\Gamma^1_{33} = -(r-r_s)\sin\theta \quad , \quad \Gamma^2_{12} = \Gamma^2_{21} = \Gamma^3_{13} = \Gamma^3_{31} = \frac{1}{r} \tag{12.8}$$

$$\Gamma^2_{33} = -\sin\theta\cos\theta \quad , \quad \Gamma^3_{23} = \Gamma^3_{32} = \cot\theta \,. \tag{12.9}$$

12.2.2 Auswertung der geodätischen Gleichung

Die t-Komponente

Wir werten nun die geodätische Gleichung (10.4) aus. Für $i = 0$ erhalten wir zunächst

$$\frac{d^2 x^0}{d\tau^2} + \Gamma^0_{jk} \frac{dx^j}{d\tau} \frac{dx^k}{d\tau} = 0, \tag{12.10}$$

wobei über j und k summiert werden muss. Setzen wir die entsprechenden, von null verschiedenen Christoffelsymbole ein, erhalten wir unter Berücksichtigung von $\Gamma^0_{10} = \Gamma^0_{01}$

$$\frac{d^2 x^0}{d\tau^2} + 2\Gamma^0_{01} \frac{dx^0}{d\tau} \frac{dx^1}{d\tau} = 0. \tag{12.11}$$

Dies wird durch Einsetzen des entsprechenden Ausdrucks für Γ^0_{01} gemäß (12.6) und mit $x^0 = ct$ sowie mit der Abkürzung $\dot{t} = dt/d\tau$

$$\ddot{t} + \frac{r_s}{r(r - r_s)} \dot{t}\dot{r} = 0, \tag{12.12}$$

was gleichbedeutend ist mit

$$\frac{d}{d\tau}\left[\left(1 - \frac{r_s}{r}\right)\dot{t}\right] = 0, \tag{12.13}$$

wie sich durch Differenzieren leicht nachprüfen lässt. Integriert man (12.13), ergibt sich

$$\boxed{\left(1 - \frac{r_s}{r}\right)\dot{t} = \epsilon = \text{const.}} \tag{12.14}$$

Bei der Größe ϵ handelt es sich also um eine Erhaltungsgröße, die während der Bewegung im Gravitationsfeld konstant bleibt. Wir haben bereits gesehen (11.25), dass dies der Energieerhaltung entspricht.

Die θ-Komponente

Die zweite Gleichung, die wir aufstellen, ist die θ-Komponente der geodätischen Gleichung (10.4). Wir erhalten mit $i = 2$

$$\ddot{\theta} + \Gamma^2_{jk} \frac{dx^j}{d\tau} \frac{dx^k}{d\tau} = 0. \tag{12.15}$$

Unter Berücksichtigung der Summationskonvention und nach Einsetzen der von null verschiedenen Christoffelsymbole erhalten wir

$$\ddot{\theta} + \frac{2}{r}\dot{r}\dot{\theta} - \sin\theta\cos\theta\,\dot{\varphi}^2 = 0. \tag{12.16}$$

Diese Gleichung lässt sich leicht lösen, indem wir z.B.

$$\boxed{\theta = \pi/2} \tag{12.17}$$

wählen, was bedeutet, dass die Bahnkurve in der Äquatorebene des Koordinatensystems liegt.

12.2 Aufstellen der Bewegungsgleichung

Die φ-Komponente

Die dritte Gleichung beschreibt die φ-Komponente. Mit $i = 3$ in (10.4) erhalten wir analog zu der obigen Vorgehensweise

$$\ddot{\varphi} + \frac{2}{r}\dot{r}\dot{\varphi} + 2\cot\theta\,\dot{\theta}\dot{\varphi} = 0\,. \tag{12.18}$$

Mit $\theta = \pi/2$ gemäß (12.17) wird daraus

$$\ddot{\varphi} + \frac{2}{r}\dot{r}\dot{\varphi} = 0\,. \tag{12.19}$$

Dies ist gleichbedeutend mit

$$\frac{\mathrm{d}}{\mathrm{d}\tau}\left(r^2\dot{\varphi}\right) = 0\,, \tag{12.20}$$

was durch Integration auf

$$\boxed{r^2\dot{\varphi} = l = \text{const.}} \tag{12.21}$$

führt. D.h. auch die Größe l ist eine Erhaltungsgröße, wobei $r^2\dot{\varphi}$ bis auf die Masse m dem Drehimpuls entspricht.

12.2.3 Das Wegelement der Raumzeit für Licht

Zum Aufstellen der Bewegungsgleichung benötigen wir noch eine weitere Gleichung. Statt die r-Komponente der geodätischen Gleichung auszuwerten, verwenden wir hier jedoch das Wegelement der Schwarzschild-Metrik (9.24). Da wir bereits gesehen hatten, dass das Wegelement $\mathrm{d}s^2$ der Raumzeit für Licht (2.33) gleich null ist, erhalten wir aus (9.36) mit $\theta = \pi/2$ und nach Division durch $\mathrm{d}\tau$

$$0 = -\left(1 - \frac{r_s}{r}\right)c^2\dot{t}^2 + \left(1 - \frac{r_s}{r}\right)^{-1}\dot{r}^2 + r^2\dot{\varphi}^2\,. \tag{12.22}$$

Dabei beschreibt r_s den Einfluss der Masse auf die Metrik, d.h. die Abweichung von der flachen Minkowski-Metrik. Geht r_s gegen null, was z.B. bei sehr großen Abständen von der Masse der Fall ist, ist die Raumzeit nicht gekrümmt, so dass wir auch keine Ablenkung des Lichtstrahls zu erwarten haben.

Setzt man nun die beiden Erhaltungsgrößen ϵ (12.14) und l (12.21) in (12.22) ein, erhält man

$$0 = -c^2\epsilon^2 + \dot{r}^2 + \frac{l^2}{r^2}\left(1 - \frac{r_s}{r}\right)\,. \tag{12.23}$$

Wir wollen nun den Radius r nicht in Abhängigkeit von der Zeit t, sondern von dem Winkel φ darstellen. Dazu schreiben wir

$$\dot{r} = \frac{\mathrm{d}r}{\mathrm{d}\varphi}\dot{\varphi}\,, \tag{12.24}$$

was mit (12.21) auf

$$\dot{r} = \frac{\mathrm{d}r}{\mathrm{d}\varphi} \frac{l}{r^2} \tag{12.25}$$

führt und erhalten so

$$0 = -c^2\epsilon^2 + \left(\frac{\mathrm{d}r}{\mathrm{d}\varphi}\right)^2 \frac{l^2}{r^4} + \frac{l^2}{r^2}\left(1 - \frac{r_s}{r}\right) . \tag{12.26}$$

Hier können wir den Ausdruck $\frac{1}{r^4}\left(\frac{\mathrm{d}r}{\mathrm{d}\varphi}\right)^2$ durch $\left[\frac{\mathrm{d}}{\mathrm{d}\varphi}\left(\frac{1}{r}\right)\right]^2$ ersetzen. Dies führt auf

$$0 = \frac{c^2\epsilon^2}{l^2} - \left[\frac{\mathrm{d}}{\mathrm{d}\varphi}\left(\frac{1}{r}\right)\right]^2 - \frac{1}{r^2} + \frac{r_s}{r^3} , \tag{12.27}$$

wobei der erste Term auf der rechten Seite nur die Konstanten ϵ (12.14), l (12.21) und c enthält und damit ebenfalls eine konstante Größe ist. Führen wir eine neue Funktion $y = 1/r$ ein, wird mit der Abkürzung $y' = \mathrm{d}y/\mathrm{d}\varphi$

$$0 = \frac{c^2\epsilon^2}{l^2} - y'^2 - y^2 + r_s y^3 . \tag{12.28}$$

Durch Differenzieren dieser Gleichung ergibt sich nach Division durch $2y'$ schließlich die Differentialgleichung zur Beschreibung der Bahnkurve $r(\varphi)$ des Lichts

$$y'' + y = \frac{3}{2} r_s y^2 \quad \text{mit} \quad y = \frac{1}{r(\varphi)} . \tag{12.29}$$

12.3 Lösung der Bewegungsgleichung

12.3.1 Lösung für den nichtrelativistischen Fall

Wir stellen zunächst fest, dass die rechte Seite von (12.29) typischerweise sehr klein ist, da $r \gg r_s$. Von diesem Störterm abgesehen, handelt es sich daher um eine gewöhnliche, homogene Differentialgleichung. Da der Störterm die Lösung nur geringfügig beeinflussen wird, ist daher naheliegend, einen sog. Störungsansatz zu verwenden. Dabei lösen wir die Gleichung zunächst unter Vernachlässigung des Störterms, d.h wir lösen

$$y''_{nr} + y_{nr} = 0 , \tag{12.30}$$

wobei wir die Variable y mit dem Index nr zur Kennzeichnung des nichtrelativistischen Falls versehen haben. Dieser Fall entspricht dem ohne den Einfluss einer Masse, bei dem das Licht also nicht abgelenkt wird. Diese Lösung lässt sich mit elementaren Methoden bestimmen. Wir erhalten

$$y_{nr} = \frac{1}{r_0} \cos\varphi , \tag{12.31}$$

12.3 Lösung der Bewegungsgleichung

wie man durch Einsetzen leicht verifizieren kann. Bei r_0 handelt es sich um eine Integrationskonstante. Durch die Rücksubstitution $r = 1/y_{nr}$ erhalten wir schließlich

$$\boxed{r(\varphi) = \frac{r_0}{\cos\varphi}} \, . \tag{12.32}$$

Die Lösung der Bahnkurve für einen Lichtstrahl, der nicht von dem Gravitationsfeld beeinflusst wird, entspricht einer Geraden, die im Abstand r_0 vom Nullpunkt verläuft (Abb. 12.3). An dieser Stelle bemerken wir noch, dass für große Abstände vom Ursprung, also für $r \to \infty$, der Winkel φ gegen $\pm\pi/2$ geht.

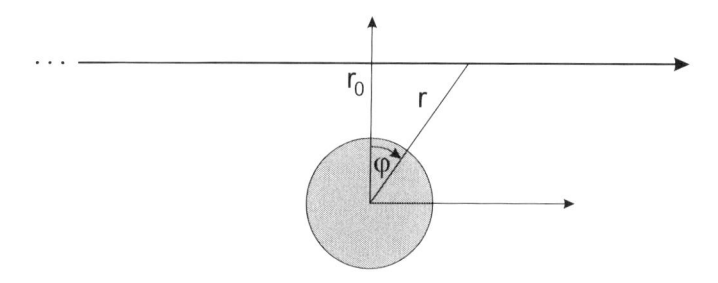

Abb. 12.3: *Im nichtrelativistischen Fall ergibt sich als Lösung der Bewegungsgleichung für Licht eine einfache Gerade*

12.3.2 Lösung für den relativistischen Fall

Wir verwenden jetzt den Störungsansatz, um die Lösung für den relativistischen Fall zu bestimmen. Dazu gehen wir davon aus, dass sich unsere Lösung aus zwei Anteilen zusammensetzt: der bereits gefundenen Lösung y_{nr} für den nichtrelativistischen Fall und einer noch zu bestimmenden Funktion y_r, die den relativistischen Anteil beschreibt. Wir setzen also

$$y = y_{nr} + y_r \tag{12.33}$$

und gehen damit in die ursprüngliche Differentialgleichung (12.29). Wir erhalten

$$\underbrace{y_{nr}'' + y_{nr}}_{=0} + y_r'' + y_r = \frac{3}{2} r_s (y_{nr}^2 + 2 y_{nr} y_r + y_r^2) \, . \tag{12.34}$$

Dabei ist die Summe der beiden erste Terme gleich null, da es sich dabei um die Lösung der homogenen Gleichung (12.30) handelt. Wir hatten bereits darauf hingewiesen, dass der relativistische Anteil an der Lösung sehr klein sein wird. Wir können daher davon ausgehen, dass $y_r \ll y_{nr}$ ist, so dass wir die beiden letzten Terme in der Klammer auf der rechten Seite von (12.34) gegenüber dem ersten vernachlässigen können. Damit und nach Einsetzen von (12.31) wird

$$y_r'' + y_r = \frac{3}{2} \frac{r_s}{r_0^2} \cos^2\varphi \, . \tag{12.35}$$

Die Lösung dieser Differentialgleichung lautet

$$y_r = \frac{r_s}{2r_0^2}(1 + \sin^2 \varphi) , \tag{12.36}$$

wie man durch Einsetzen verifizieren kann. Die Gesamtlösung wird damit gemäß (12.33) sowie mit (12.32) und (12.36)

$$y = y_{nr} + y_r \tag{12.37}$$

$$= \frac{1}{r_0} \cos \varphi + \frac{r_s}{2r_0^2}(1 + \sin^2 \varphi) \tag{12.38}$$

Wir untersuchen auch hier wieder die Gleichung für sehr große Radien $r \to \infty$, d.h. für $y \to 0$. Dabei ist zu erwarten, dass durch die Lichtablenkung der Winkel φ nicht gegen $\pm \pi/2$ geht, sondern gegen einen etwas größeren Wert $\pm(\pi/2 + \alpha)$. Mit $\sin(\pi/2 + \alpha) = \cos \alpha$ und $\cos(\pi/2 + \alpha) = -\sin \alpha$ wird (12.38)

$$0 = -\frac{1}{r_0} \sin \alpha + \frac{r_s}{2r_0^2}(1 + \cos^2 \alpha) . \tag{12.39}$$

Für kleine Winkel $\alpha \ll 1$ gilt $\sin \alpha \approx \alpha$ und $\cos \alpha \approx 1$, und wir erhalten schließlich

$$\boxed{2\alpha = \frac{2r_s}{r_0}} \tag{12.40}$$

für die Ablenkung eines Lichtstrahls in der Umgebung einer Masse (Abb. 12.4).

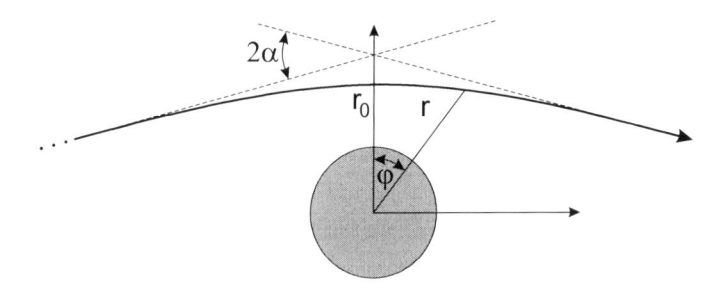

Abb. 12.4: *Im relativistischen Fall führt die Krümmung der Raumzeit zu einer Ablenkung eines Lichstrahls im Bereich einer Masse*

Als Beispiel wollen wir den Ablenkwinkel eines Lichtstrahls bestimmen, der sich unmittelbar an der Oberfläche der Sonne entlangbewegt. Mit dem Sonnenradius von etwa 7×10^5 km und dem Schwarzschild-Radius der Sonne von etwa $r_s = 3$ km ergibt sich ein Winkel von $2\alpha = 1,7''$.

Box 12.1: Gravitationslinsen

Ein interessanter Effekt, bei dem sich die Lichtablenkung in der Umgebung von Massen bemerkbar macht, sind sog. Gravitationslinsen. Dabei kommt es zu einer verzerrten oder einer mehrfachen Abbildung von Sternen oder Galaxien, wenn deren Licht auf dem Weg zu uns dicht an einer großen Masse vorbeiläuft. Ursache ist, dass das Licht wegen der Ablenkung an der Masse, uns auf mehreren Wegen erreicht.

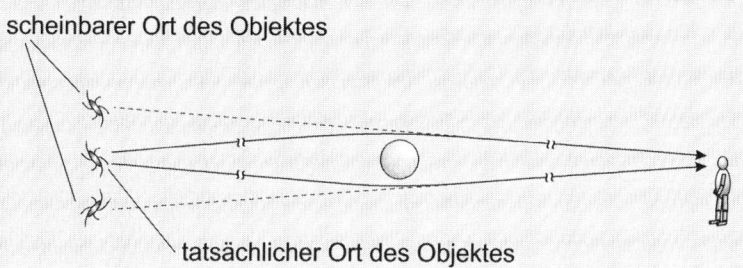

Abb. 12.5: Gravitationslinsen sind ein Effekt, der auf der Lichtablenkung durch Masse beruht. Dies kann zu Doppelbildern oder ringförmigen Strukturen führen, wenn das von Objekten ausgesandte Licht auf dem Weg zu uns an größeren Masseansammlungen vorbeiläuft

13 Bewegung von Körpern in der gekrümmten Raumzeit

In diesem Kapitel lösen wir die geodätische Gleichung für den Fall der Bewegung eines Körpers in einem Zentralpotential. Konkret werden wir die Bewegung eines Planeten um das Zentralgestirn, wie sie in Abb. 13.1 dargestellt ist, unter Berücksichtigung relativistischer Effekte berechnen, wobei der Effekt der Periheldrehung auftreten wird.

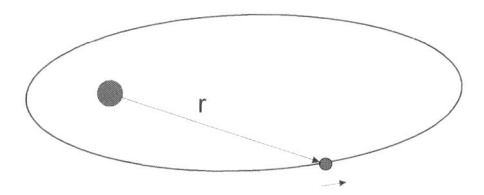

Abb. 13.1: *Die Bewegung von Planeten um ein Zentralgestirn ist ein Beispiel für die Bewegung eines Körpers in der gekrümmten Raumzeit*

13.1 Periheldrehung im Gravitationsfeld

Bevor wir das Problem der Planetenbewegung rechnerisch lösen, wollen wir mit einer einfachen Überlegung das Ergebnis grafisch ableiten. Dazu hatten wir bereits in Kapitel 3 gesehen, dass die Krümmung der Raumzeit zu einer Verkleinerung des Umfangs bei gleichbleibendem Radius führt, wenn wir uns in einem Gravitationsfeld befinden.

Grafische Darstellung der Periheldrehung

Zur grafischen Darstellung der Periheldrehung im Gravitationsfeld tragen wir eine Ellipse als Bahnkurve eines Planeten um das Zentralgestirn auf ein Papier auf. Nun schneiden wir das Papier entlang der großen Halbachse ein (Abb. 13.2, links) und verkleinern den Umfang, indem wir die Schnittkanten untereinander schieben, so dass sich ein Konus bildet (Abb. 13.2, rechts). Man erkennt, dass die Ellipse nun wegen des zu kleinen Umfangs nicht mehr geschlossen ist [5]. Die Achse der Ellipse verdreht sich sich also langsam mit der Zeit, was als Periheldrehung[1] bezeichnet wird und was zu einer rosettenförmigen Bahnkurve des Planeten um das Zentralgestirn führt.

---

[1] Perihel ist der sonnennächste Punkt der Umlaufbahn eines Planeten um die Sonne

> **Jules Henri Poincaré** (* 29. April 1854 in Nancy; † 17. Juli 1912 in Paris) war ein französischer Mathematiker, Physiker und Philosoph. Poincaré war Professor für Analysis in Caen und an der Sorbonne in Paris. Er arbeite auf den Gebieten der automorphen Funktionen, der hyperbolischen Geometrie, der partiellen Differentialgleichungen und der algebraischen Topologie. Poincaré lieferte wesentliche Beiträge zu dem sog. Dreikörperproblem der Himmelsmechanik. Auf ihn zurück gehen unter anderem auch die sog. Poincaré-Gruppe und die Poincaré-Vermutung. Poincaré nahm bereits 1904 einen wesentlichen Grundgedanken der Relativitätstheorie vorweg, indem er forderte, dass alle Naturgesetze unter der Lorentz-Transformation invariant sein müssten.
> Neben mathematischen Problemen beschäftigte er sich auch mit philosophischen und wissenschaftstheoretischen Fragestellungen. (Bild: akg / Science Photo Library)

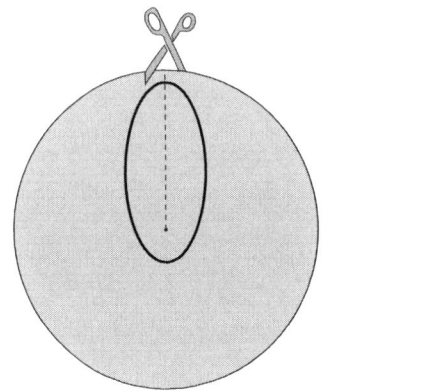

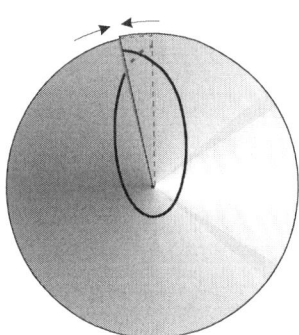

Abb. 13.2: *Verkürzt man den Umfang einer Ellipsenbahn, schließt die Ellipse nicht mehr. Die Bahnkurve eines Planeten um die Sonne ist daher nicht geschlossen, sondern rosettenförmig*

13.2 Aufstellen der Bewegungsgleichung

Auswertung der geodätischen Gleichung

Auch bei der Berechnung der Planetenbahn ist der Ausgangspunkt unserer Rechnung die geodätische Gleichung (10.4)

$$\frac{d^2 x^i}{d\tau^2} + \Gamma^i_{jk} \frac{dx^j}{d\tau} \frac{dx^k}{d\tau} = 0 \ . \tag{13.1}$$

Die Rechnung erfolgt zunächst völlig analog zu der Berechnung der Lichtablenkung im letzten Kapitel. Wir können daher die dort bereits abgeleiteten Erhaltungsgrößen Bahnenergie (12.14)

$$\left(1 - \frac{r_s}{r}\right) \dot{t} = \epsilon = \text{const.} \tag{13.2}$$

und Bahndrehimpuls (12.21)

$$r^2\dot\varphi = l = \text{const.} \tag{13.3}$$

sowie die Lage der Bahnebene

$$\theta = \pi/2 \tag{13.4}$$

direkt übernehmen.

Das Wegelement der Raumzeit

Im Gegensatz zu dem Fall eines Lichtstrahls müssen wir bei der Auswertung des Wegelementes $\mathrm{d}s^2$ der Schwarzschild-Metrik (9.24) jedoch beachten, dass dieses für ein massebehaftetes Teilchen von null verschieden ist. Mit $\mathrm{d}s^2 = -c^2 \mathrm{d}\tau^2$ (2.34) und mit $\theta = \pi/2$ erhalten wir daher nach Division durch $\mathrm{d}\tau^2$ aus (9.24) zunächst

$$-c^2 = -\left(1 - \frac{r_s}{r}\right) c^2 \dot t^2 + \left(1 - \frac{r_s}{r}\right)^{-1} \dot r^2 + r^2 \dot\varphi^2 \,. \tag{13.5}$$

Von hier aus gehen wir zwei Wege. Zum einen werden wir aus (13.5) eine Bilanzgleichung für die Energie aufstellen [16], zum anderen werden wir durch Elimination der Zeitvariablen τ eine Gleichung für die Bahnkurve $\varphi(r)$ aufstellen [7].

13.3 Die Gleichung der Bahnkurve

13.3.1 Ableitung der Bahnkurve

Mit der Festlegung der θ-Koordinate auf $\theta = \pi/2$ hängt unsere Bahnkurve nur noch von dem Radius r und der Koordinate φ ab (Abb. 13.3).

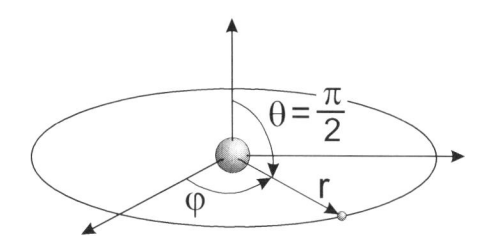

Abb. 13.3: *Lage der Bahnkurve für $\theta = \pi/2$*

Wir suchen also eine Gleichung, in der der Radius r abhängig von der Winkelkoordinate φ ausgedrückt wird, die Zeit jedoch nicht mehr explizit auftaucht. Dazu ersetzen wir in (13.5) den Ausdruck $\dot r$ und schreiben

$$\dot r = \frac{\mathrm{d}r}{\mathrm{d}\varphi}\dot\varphi \,, \tag{13.6}$$

was mit (12.21) auf

$$\dot{r} = \frac{\mathrm{d}r}{\mathrm{d}\varphi} \frac{l}{r^2} \tag{13.7}$$

führt. Nach Einsetzen der beiden Erhaltungsgleichungen ϵ (12.14) und l (12.21) in (13.5) ergibt sich

$$\frac{1}{r^4}\left(\frac{\mathrm{d}r}{\mathrm{d}\varphi}\right)^2 = -\frac{1}{r^2} + \frac{c^2(\epsilon^2-1)}{l^2} + \frac{c^2 r_s}{l^2}\frac{1}{r} + \frac{r_s}{r^3} . \tag{13.8}$$

Hier können wir den Ausdruck $\frac{1}{r^4}\left(\frac{\mathrm{d}r}{\mathrm{d}\varphi}\right)^2$ durch $\left[\frac{\mathrm{d}}{\mathrm{d}\varphi}\left(\frac{1}{r}\right)\right]^2$ ersetzen. Führen wir eine neue Funktion $y = 1/r$ ein, wird mit der Abkürzung $y' = \mathrm{d}y/\mathrm{d}\varphi$

$$y'^2 = -y^2 + \underbrace{\frac{c^2(\epsilon^2-1)}{l^2}}_{C} + \underbrace{\frac{c^2 r_s}{l^2}}_{2/\alpha} y + r_s y^3 . \tag{13.9}$$

Dies ist die Differentialgleichung, welche den Zusammenhang zwischen dem Bahnradius r und dem Winkel φ beschreibt.

Zur Vereinfachung der Schreibweise kürzen wir den zweiten Term auf der rechten Seite, der nur konstante Größen enthält, mit C ab und bezeichnen den Faktor vor dem y mit $2/\alpha$. Damit erhält die Gleichung (13.9) für die Bahnkurve die einfache Form

$$y'^2 = -y^2 + C + \frac{2}{\alpha}y + r_s y^3 \quad \text{mit} \quad y = \frac{1}{r(\varphi)} . \tag{13.10}$$

13.3.2 Lösung für den Newton'schen Fall

Wir lösen die Gleichung (13.10) zunächst für den nichtrelativistischen Fall. Hier verschwindet der letzte Term wegen $r_s \ll r$, und wir erhalten

$$y'^2_{nr} = -y^2_{nr} + C + \frac{2}{\alpha}y_{nr} , \tag{13.11}$$

wobei der Index nr den nichtrelativistischen Fall kennzeichnet. Nochmaliges Differenzieren und anschließendes Dividieren durch $2y'$ ergibt

$$y''_{nr} + y_{nr} = \frac{1}{\alpha} . \tag{13.12}$$

Die Lösung dieser Gleichung ist

$$y_{nr} = \frac{1 + e\cos\varphi}{\alpha} , \tag{13.13}$$

was nach der Rücksubstitution $r = 1/y$ auf

$$\boxed{r(\varphi) = \frac{\alpha}{1 + e\cos\varphi}} \tag{13.14}$$

führt. Dies ist die Gleichung einer Ellipse mit der sog. Exzentrizität e und dem Halbparameter α, wie sie in Abb. 13.4 dargestellt ist.

13.3 Die Gleichung der Bahnkurve

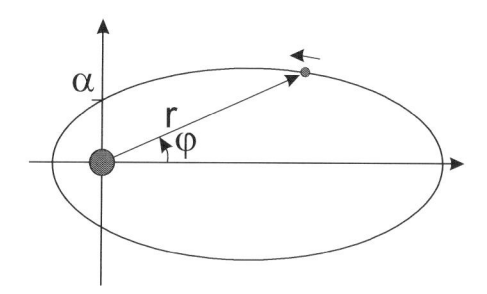

Abb. 13.4: *Elliptische Bahnkurve eines Körpers um das Zentralgestirn für den nicht relativistischen Fall*

13.3.3 Lösung für den relativistischen Fall

Zur Lösung des relativistischen Falls verwenden wir, wie schon bei der Berechnung der Lichtablenkung, einen Störungsansatz. Wir setzen also [7]

$$y = y_{nr} + y_r \,, \tag{13.15}$$

wobei auch hier der relativistische Anteil y_r klein gegenüber dem Newton'schen Anteil y_{nr} sein wird. Einsetzen in (13.10) ergibt

$$(y'_{nr} + y'_r)^2 + (y_{nr} + y_r)^2 - \frac{2}{\alpha}(y_{nr} + y_r) - r_s(y_{nr} + y_r)^3 = C \,. \tag{13.16}$$

Dies wird unter Vernachlässigung der Terme höherer Ordnung von y_r

$$\left(y'^2_{nr} + y^2_{nr} - \frac{2}{\alpha}y_{nr} - C\right) + \left(2y'_{nr}y'_r + 2y_{nr}y_r - \frac{2}{\alpha}y_r - r_s y^3_{nr}\right) = 0 \,. \tag{13.17}$$

Die erste Klammer ist wegen (13.11) null, so dass

$$2y'_{nr}y'_r + 2y_{nr}y_r - \frac{2}{\alpha}y_r - r_s y^3_{nr} = 0 \,. \tag{13.18}$$

Dabei ist mit (13.13)

$$y_{nr} = \frac{1 + e \cos\varphi}{\alpha} \tag{13.19}$$

und entsprechend

$$y'_{nr} = -\frac{e}{\alpha} \sin\varphi \,. \tag{13.20}$$

Durch Einsetzen von (13.19) und (13.20) in (13.18) wird die Gleichung für den relativistischen Anteil der Lösung y_r schließlich

$$-e\, y'_r \sin\varphi + e\, y_r \cos\varphi = \frac{r_s(1 + e\cos\varphi)^3}{2\alpha^2} \,. \tag{13.21}$$

Die Lösung dieser gewöhnlichen Differentialgleichung ist [7]

$$y_r = \frac{r_s}{2\alpha^2}\left[(3+2e^2) + \frac{1+3e^2}{e}\cos\varphi - e^2\cos^2\varphi + 3e\varphi\sin\varphi\right] . \tag{13.22}$$

Dabei sind die ersten drei Terme in der Klammer konstant bzw. periodisch in φ. Da die Periheldrehung jedoch durch einen stetigen Anstieg des Winkels mit der Zeit beschrieben wird, betrachten wir nur den Teil der Lösung, der linear wächst. Dies ist der letzte Term in der Klammer, so dass

$$y_r = \frac{r_s}{2\alpha^2} 3e\varphi\sin\varphi . \tag{13.23}$$

Die vollständige Lösung $y = y_{nr} + y_r$ ergibt sich dann mit (13.19) und (13.23) sowie mit $r = 1/y$ zu

$$r = \frac{\alpha}{1 + e\cos\varphi + \dfrac{3r_s}{2\alpha}e\varphi\sin\varphi} . \tag{13.24}$$

Mit Hilfe des Additionstheorems für Winkelfunktionen $\cos(\varphi-\delta) = \cos\varphi\cos\delta + \sin\varphi\sin\delta$, was für kleine δ wegen $\sin\delta \approx \delta$ und $\cos\delta \approx 1$ zu $\cos(\varphi-\delta) = \cos\varphi + \delta\sin\varphi$ wird, kann mit $\delta = 3r_s/2\alpha$ der Ausdruck (13.24) auch in der Form

$$\boxed{r(\varphi) = \frac{\alpha}{1 + e\cos[(1 - \dfrac{3r_s}{2\alpha})\varphi]}} \tag{13.25}$$

dargestellt werden. In Abb. 13.5 ist gezeigt, wie der Term $3r_s/(2\alpha)$ im Lauf der Zeit zu einer Verdrehung der Bahnkurve in der Bahnebene führt. Die theoretische Bestätigung der Drehung der Bahnkurve des Planeten Merkur um die Sonne durch Einstein im Jahr 1915 war daher ein weiterer wichtiger Beleg für die Richtigkeit der allgemeinen Relativitätstheorie. Der relativistische Anteil an der Bahndrehung beträgt dabei 43" pro Jahrhundert.

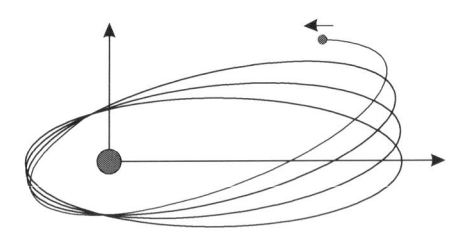

Abb. 13.5: *Im relativistischen Fall dreht sich die Ellipse in der Bahnebene*

13.4 Die Energiebilanzgleichung

Wir werden nun die Energiebilanzgleichung für die Bewegung eines Planeten um das Zentralgestirn aufstellen. Dazu setzen wir die Erhaltungsgleichungen (12.14) und (12.21) in (13.5) ein und erhalten

13.4 Die Energiebilanzgleichung

$$-c^2 = -\frac{\epsilon^2}{1-\frac{r_s}{r}} + \frac{\dot{r}^2}{1-\frac{r_s}{r}} + \frac{l^2}{r^2} \,. \tag{13.26}$$

Multiplikation mit $\frac{1}{2}m\left(1-\frac{r_s}{r}\right)$ ergibt

$$-\frac{1}{2}mc^2 + \frac{1}{2}mc^2\epsilon^2 = -\frac{1}{2}mc^2\frac{r_s}{r} + \frac{1}{2}m\dot{r}^2 + \frac{1}{2}m\frac{l^2}{r^2}\left(1-\frac{r_s}{r}\right) \,. \tag{13.27}$$

Der erste Term auf der rechten Seite entspricht gerade dem Gravitationspotential $\frac{G_N M m}{r}$, den zweiten Term identifizieren wir als die kinetische Energie und der letzte Term entspricht bis auf den Faktor $(1-\frac{r_s}{r})$ der Rotationsenergie mit dem Drehimpuls l. Die linke Seite ist dann offensichtlich gleich der Gesamtenergie E des Teilchens, so dass

$$E = \underbrace{-\frac{G_N M m}{r}}_{E_{pot}} + \underbrace{\frac{1}{2}m\dot{r}^2}_{E_{kin}} + \underbrace{\frac{1}{2}\frac{ml^2}{r^2}\left(1-\frac{r_s}{r}\right)}_{E_{rot}} \,. \tag{13.28}$$

(Newton'scher Anteil | relativistischer Anteil)

Das effektive Potential

Man erhält eine sehr anschauliche Darstellung der Verhältnisse, wenn man die radiusabhängigen Terme, also das Gravitationspotential und die Rotationsenergie, zu einem effektiven Potential zusammenfasst. Mit

$$V_{eff}(r) = E_{pot}(r) + E_{rot}(r) \tag{13.29}$$

$$= -\frac{G_N M m}{r} + \frac{1}{2}\frac{ml^2}{r^2}\left(1-\frac{r_s}{r}\right) \tag{13.30}$$

erhalten wir schließlich

$$V_{eff}(r) = \underbrace{-\frac{G_N M m}{r}}_{E_{pot}} + \underbrace{\frac{1}{2}\frac{ml^2}{r^2} - \frac{1}{2}\frac{ml^2 r_s}{r^3}}_{E_{rot}} \,. \tag{13.31}$$

(Newton'scher Anteil | relativistischer Anteil)

Damit wird die Energiebilanzgleichung (13.28)

$$E = E_{kin} + V_{eff} \,. \tag{13.32}$$

Die konstante Gesamtenergie E setzt sich also aus der kinetischen Energie E_{kin} und dem effektiven Potential V_{eff} zusammen, wobei die Energie während der Bewegung des Planeten auf seiner Bahnkurve ständig zwischen den beiden Energieformen umgewandelt wird.

Das effektive Potential im Newton'schen Fall

Wir werden dies nun grafisch darstellen und betrachten dazu zunächst den nichtrelativistischen Fall, d.h. es sei $r_s \ll r$. Dann verschwindet der dritte Term auf der rechten Seite von (13.31), und es ergibt sich die in Abb. 13.6 gezeigte Abhängigkeit des effektiven Potentials V_{eff} von Radius r. Dabei dominiert für große Radien der $-1/r$-Anteil

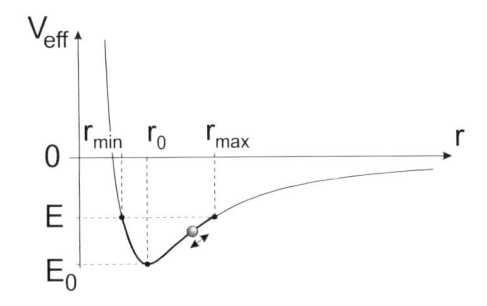

Abb. 13.6: *Abhängig von der Energie des umlaufenden Planeten ergeben sich unterschiedliche Bahnen. Im Fall der minimalen Energie E_0 ergibt sich eine Kreisbahn. Für Energien $E_0 < E < 0$ ergeben sich Ellipsen. Für $E \geq 0$ gibt es keine gebundene Lösung*

in (13.31), der die potentielle Energie beschreibt, und für kleine Radien dominiert der $1/r^2$-Anteil, der den Drehimpulsanteil beschreibt. Aus Abb. 13.6 erkennt man auch, dass es für einen Planeten eine Gesamtenergie $E = E_0$ gibt, für die die Bewegung auf einer Kreisbahn mit dem konstanten Radius r_0 erfolgt (Abb. 13.7, links). Ist die Gesamtenergie E größer als E_0, ergibt sich eine elliptische Bahn, mit den Halbachsen r_{min} und r_{max} (Abb. 13.7, rechts).

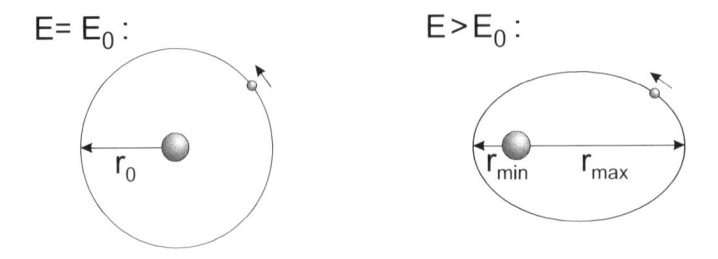

Abb. 13.7: *Kreis- und Ellipsenbahn eines Planeten, der sich um das Zentralgestirn bewegt*

13.4 Die Energiebilanzgleichung

Während der Bewegung des Planeten um das Zentralgestirn wird dabei die Potentialkurve in dem Bereich $r_{min} \leq r \leq r_{max}$ durchlaufen, wie durch die dick durchgezogene Linie in Abb. 13.6 angedeutet ist. Mit zunehmender Energie E wird die Bahn immer exzentrischer, bis bei $E \geq 0$ der Radius gegen Unendlich geht. In diesem Fall gibt es keine stabile Bahn.

Der Abbildung kann man weiterhin entnehmen, dass für $r \to 0$ das effektive Potential V_{eff} gegen unendlich geht. Eine Folge davon ist, dass ein Planet, der sich mit einer beliebigen Gesamtenergie $E > 0$ und einem gegebenem Drehimpuls auf das Zentralgestirn zubewegt, nie auf das Zentralgestirn stürzen kann, da die Potentialbarriere für $r = 0$ gegen unendlich geht.

Das effektive Potential im relativistischen Fall

Das effektive Potential für den relativistischen Fall nach (13.31) ist in Abb. 13.8 dargestellt. Der Verlauf ist für große Radien r dabei ähnlich dem im Newton'schen Fall.

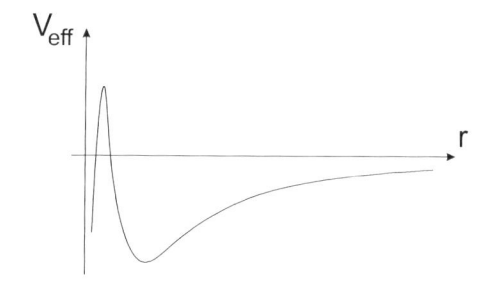

Abb. 13.8: Effektives Potential im relativistischen Fall. Die Höhe der Potentialbarriere bei kleinen Radien ist endlich, so dass ein Körper in das Zentrum stürzen kann

Man erkennt jedoch, dass der $-1/r^3$-Term, der den Verlauf für kleine r dominiert, aufgrund seines negativen Vorzeichens dazu führt, dass das effektive Potential V_{eff} in der Nähe des Nullpunktes wieder abnimmt. Im relativistischen Fall ist die Potentialbarriere daher endlich. Dies bedeutet, dass ein Planet, der sich mit einer beliebigen Gesamtenergie $E > 0$ und einem gegebenen Drehimpuls auf das Zentralgestirn zubewegt, auf das Zentralgestirn stürzen kann.

14 Robertson-Walker-Metrik und das gekrümmte Universum

In diesem Kapitel lösen wir die Einstein'sche Feldgleichung für unser Universum. Die entsprechende Lösung, die auf der Annahme eines homogenen und isotropen Universums beruht, ist die Robertson-Walker-Metrik. Aus dieser Lösung werden dann die Friedmann-Gleichungen abgeleitet, die die Expansion unseres Universums beschreiben.

14.1 Definition der Robertson-Walker-Metrik

In Kapitel 9 hatten wir die Schwarzschild-Metrik als Lösung der Einstein'schen Feldgleichung für den Bereich außerhalb einer Massenverteilung gefunden. Nun suchen wir die entsprechende Lösung für das Universum auf sehr großen Skalen. Die sich dabei ergebende Lösung ist die sog. Robertson-Walker-Metrik. Bevor wir die Lösung ableiten, ist es notwendig zu zeigen, dass unser Universum - zumindest auf sehr großen Skalen - eine homogene Dichteverteilung ρ hat. Abbildung 14.1 zeigt dazu Ausschnitte unseres Universums auf verschiedenen Größenskalen. Man erkennt, dass unser Universum auf

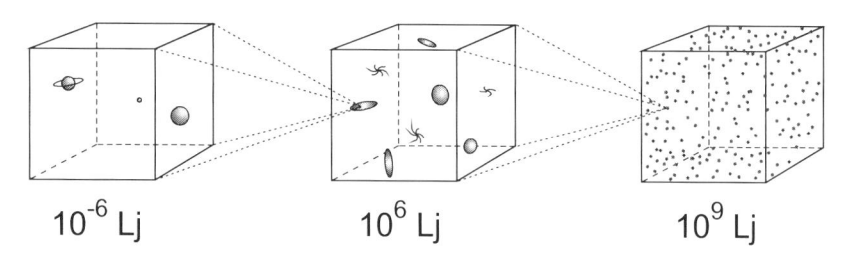

Abb. 14.1: *Auf sehr großen Entfernungsskalen kann das Verhalten der Masse im Universum wie das einer Flüssigkeit beschrieben werden*

kleinen Skalen in der Größe unseres Sonnensystems zwar sehr inhomogen ist (Abb. 14.1, links), auf großen Skalen jedoch recht homogen erscheint (Abb. 14.1, rechts). Da wir im Folgenden das Universum auf solch großen Skalen betrachten, ist die Annahme der Homogenität daher gerechtfertigt.

Satz 14.1: Die Robertson-Walker-Metrik ist die Lösung der Einstein'schen Feldgleichung für unser Universum auf großen Skalen.

Alexandrowitsch Friedmann (* 17. Juni 1888 in Sankt Petersburg; † 16. September 1925 in Leningrad) war ein russischer Physiker und Mathematiker. Friedmann war Professor für Mechanik in Perm. Er arbeitete auf dem Gebiet der dynamischen Meteorologie, wo er sich mit Strömungen und der Bildung von Wirbeln beschäftigte.
Auf dem Gebiet der Relativitätstheorie leitete Friedmann eine Lösung der Einstein'schen Feldgleichung für den Fall eines homogenen Universums mit konstanter Krümmung ab. Die sog. Friedmann-Gleichungen beschreiben dabei die zeitliche Entwicklung des Universums. Ein solches dynamisches (expandierendes) Universum steht im Gegensatz zu der Annahme Einsteins, der von einem statischen Universum ausging und deshalb die kosmologische Konstante in seiner Feldgleichung einführte. Abhängig von der der Krümmung und dem Wert der kosmologischen Konstanten ergeben sich verschiedene Weltmodelle. (Bild: akg / Science Photo Library)

Das kosmologische Prinzip

Eine weitere Annahme bezüglich unseres Universums auf großen Skalen ist die Isotropie, d.h. der Aussage, dass es keine Vorzugsrichtung im Universum gibt. Die Homogenität und die Isotropie bilden das sog. kosmologische Prinzip.

> **Satz 14.2:** Das kosmologische Prinzip besagt, dass unser Universum auf großen Skalen homogen und isotrop ist, so dass kein Ort einem anderen gegenüber ausgezeichnet ist.

Die Feldgleichung für das Universum

Da zwischen Massen im Universum zwar Kräfte, aber keine Scherkräfte wirken, verhält sich dieses ähnlich wie eine Flüssigkeit, und wir können für die Energie-Impuls-Matrix auf der rechten Seite der Einstein'schen Feldgleichung die bereits abgeleitete Beziehung (8.25) verwenden. Für die Feldgleichung verwenden wir die Darstellung gemäß (8.43) mit (9.54), d.h.

$$R_{ij} = \frac{8\pi G_N}{c^4}\left(T_{ij} - \frac{1}{2}T g_{ij}\right). \tag{14.1}$$

Die Lösung dieser Gleichung ergibt dann die Robertson-Walker-Metrik. Zur Bestimmung der Robertson-Walker-Metrik werden wir zunächst einen geeigneten Ansatz für die Metrik bestimmen und diesen dann in die Feldgleichung einsetzen.

14.2 Ansatz zur Bestimmung der Metrik

Zweidimensionale Metrik mit konstanter Krümmung

Wegen der Isotropie und der Homogenität des Universums verwenden wir als Ansatz

14.2 Ansatz zur Bestimmung der Metrik

eine Metrik mit konstanter Krümmung, wie wir sie bereits für den zweidimensionalen Raum abgeleitet haben (5.29)

$$\mathrm{d}s^2 = \frac{1}{1-Kr^2}\mathrm{d}r^2 + r^2\mathrm{d}\varphi^2 \ . \tag{14.2}$$

Erweiterung auf den dreidimensionalen Raum

Die Erweiterung dieser Metrik auf den dreidimensionalen Raum ergibt sich durch Ersetzen der Winkelkomponente $\mathrm{d}\varphi^2$ durch den Raumwinkel

$$\mathrm{d}\varphi^2 \to \mathrm{d}\theta^2 + \sin^2\theta\,\mathrm{d}\varphi^2 \ , \tag{14.3}$$

wie in Abb. 14.2 dargestellt ist. Damit erhalten wir aus (14.2)

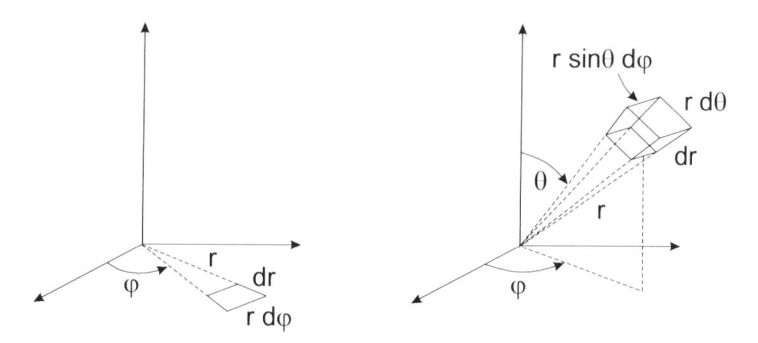

Abb. 14.2: *Der Übergang von der zweidimensionalen Metrik auf eine dreidimensionale erfolgt durch Erweiterung des Wegelementes mit den Variablen r und φ um die dritte Raumkoordinate θ*

$$\mathrm{d}s^2 = \frac{1}{1-Kr^2}\mathrm{d}r^2 + r^2\left(\mathrm{d}\theta^2 + \sin^2\theta\,\mathrm{d}\varphi^2\right) \ , \tag{14.4}$$

was wir in etwas kompakterer Form als Matrix notieren, so dass

$$[g_{ij}] = \begin{pmatrix} \frac{1}{1-Kr^2} & 0 & 0 \\ 0 & r^2 & 0 \\ 0 & 0 & r^2\sin^2\theta \end{pmatrix} \ . \tag{14.5}$$

Erweiterung auf die vierdimensionale Raumzeit

Durch Hinzufügen des Zeitelementes $-c^2\mathrm{d}t^2$ erhalten wir aus dem Wegelement für den Raum (14.4) das entsprechende Element für die Raumzeit, wobei wir den Raumanteil mit einem noch zu bestimmenden zeitabhängigen Faktor $a(t)$ versehen, der als Skalenfaktor bezeichnet wird. Damit wird schließlich das Wegelement für die Raumzeit

$$\boxed{\mathrm{d}s^2 = -c^2\mathrm{d}t^2 + a(t)^2\left[\frac{1}{1-Kr^2}\mathrm{d}r^2 + r^2\left(\mathrm{d}\theta^2 + \sin^2\theta\,\mathrm{d}\varphi^2\right)\right] \ .} \tag{14.6}$$

Dies ist der allgemeine Ansatz für die Metrik zur Beschreibung eines Raumes mit gegebener homogener Massenverteilung, die sog. Robertson-Walker Metrik. In Matrixform ergibt sich

$$[g_{ij}] = \begin{pmatrix} -1 & 0 & 0 & 0 \\ 0 & \dfrac{a^2}{1-Kr^2} & 0 & 0 \\ 0 & 0 & a^2r^2 & 0 \\ 0 & 0 & 0 & a^2r^2\sin^2\theta \end{pmatrix}. \tag{14.7}$$

Um den noch unbekannten Skalenfaktor a zu bestimmen, setzen wir den Ansatz (14.7) für die Metrik in die Feldgleichung (14.1) ein.

14.3   Auswertung der Feldgleichung

Bestimmung der Christoffelsymbole

Zur Auswertung der Feldgleichung [16] starten wir mit der Bestimmung der Christoffelsymbole und erhalten z.B. für Γ^0_{11} aus (6.31)

$$\Gamma^0_{11} = \frac{1}{2}g^{0l}[\partial_1 g_{1l} + \partial_1 g_{1l} - \partial_l g_{11}]. \tag{14.8}$$

Dabei ist g^{0l} nur für $l = 0$ von null verschieden, und wir erhalten wegen $g_{10} = g_{01} = 0$ und mit g_{11} gemäß (14.7)

$$\Gamma^0_{11} = \frac{1}{2}g^{00}[\partial_1 g_{10} + \partial_1 g_{10} - \partial_0 g_{11}] \tag{14.9}$$

$$= \frac{1}{2}g^{00}[-\partial_0 g_{11}] \tag{14.10}$$

$$= \frac{a\dot a}{1-Kr^2}. \tag{14.11}$$

Auf entsprechende Weise bestimmen sich die anderen Christoffelsymbole, so dass

$$\Gamma^0_{11} = \frac{a\dot a}{1-Kr^2} \qquad \Gamma^1_{11} = \frac{Kr}{1-Kr^2} \tag{14.12}$$

$$\Gamma^0_{22} = a\dot a r^2 \qquad \Gamma^0_{33} = a\dot a r^2 \sin^2\theta \tag{14.13}$$

$$\Gamma^1_{01} = \Gamma^2_{02} = \Gamma^3_{03} = \frac{1}{c}\frac{\dot a}{a} \tag{14.14}$$

$$\Gamma^1_{22} = -r(1-Kr^2) \qquad \Gamma^1_{33} = -r(1-Kr^2)\sin^2\theta \tag{14.15}$$

$$\Gamma^2_{12} = \Gamma^3_{13} = \frac{1}{r} \tag{14.16}$$

$$\Gamma^2_{33} = -\sin\theta\cos\theta \qquad \Gamma^3_{23} = -\cot\theta. \tag{14.17}$$

Bestimmung der Ricci-Krümmung

Mit den Christoffelsymbolen lassen sich nun die Komponenten der Ricci-Krümmung bestimmen. Für die einzelnen Komponenten erhalten wir mit (7.23)

$$R_{00} = -3\frac{1}{c^2}\frac{\ddot{a}}{a}\,, \tag{14.18}$$

$$R_{11} = \frac{a\ddot{a}/c^2 + 2\dot{a}^2/c^2 + 2K}{1 - Kr^2}\,, \tag{14.19}$$

$$R_{22} = r^2\left(\frac{a\ddot{a}}{c^2} + \frac{2\dot{a}^2}{c^2} + 2K\right)\,, \tag{14.20}$$

$$R_{33} = r^2\left(\frac{a\ddot{a}}{c^2} + \frac{2\dot{a}^2}{c^2} + 2K\right)\sin^2\theta\,. \tag{14.21}$$

Neben der Ricci-Krümmung benötigen wir zur Auswertung der Feldgleichung den Krümmungsskalar R. Diesen erhalten wir durch Kontraktion der Ricci-Krümmung. Dazu rechnen wir

$$g^{ik}R_{ij} = R_j^k \tag{14.22}$$

und setzen $k = j$, was unter Verwendung der Summationsregel und mit R_{00} bis R_{33} gemäß (14.18) bis (14.21) den Krümmungsskalar

$$R = \frac{6}{c^2}\left[\frac{\ddot{a}}{a} + \left(\frac{\dot{a}}{a}\right)^2 + \frac{c^2 K}{a^2}\right] \tag{14.23}$$

ergibt.

14.4 Der Skalenfaktor und die Friedmann-Gleichungen

Wir werten nun die einzelnen Komponenten der Einstein'schen Feldgleichung (14.1) aus. Mit $i = 0$ und $j = 0$ ergibt sich zunächst

$$R_{00} = \frac{8\pi G_N}{c^4}\left(T_{00} - \frac{1}{2}g_{00}T\right)\,. \tag{14.24}$$

Durch Einsetzen von $T_{00} = \rho c^2$ gemäß (8.25), $T = -\rho c^2 + 3p$ gemäß (8.30) und mit $g_{00} = -1$ aus (14.7) wird dann

$$R_{00} = \frac{4\pi G_N}{c^4}(\rho c^2 + 3p)\,. \tag{14.25}$$

Durch Vergleich mit (14.18) erhalten wir die sog. zweite Friedmann-Gleichung

$$\frac{\ddot{a}}{a} = -\frac{4\pi G_N}{3}(\rho + 3p/c^2)\,. \tag{14.26}$$

Die anderen Komponenten R_{ii} mit $i \neq 0$ sind für alle i gleich. Für beispielsweise $i = 2$ wird die Einstein'sche Feldgleichung (14.1)

$$R_{22} = \frac{8\pi G_N}{c^4} \left(T_{22} - \frac{1}{2} g_{22} T \right) . \tag{14.27}$$

Durch Einsetzen von $T = -\rho c^2 + 3p$ sowie $T_{22} = g_{22} p$ (vgl. (8.29)) und mit $g_{22} = a^2 r^2$ gemäß (14.7) wird daraus

$$R_{22} = \frac{8\pi G_N}{c^4} \left[a^2 r^2 p - \frac{1}{2} a^2 r^2 (3p - \rho c^2) \right] . \tag{14.28}$$

Durch Vergleich mit (14.20) erhalten wir

$$\frac{\ddot{a}}{a} + 2\left(\frac{\dot{a}}{a}\right)^2 + 2\frac{Kc^2}{a^2} = -\frac{4\pi G_N}{c^2}(\rho c^2 - p) . \tag{14.29}$$

Einsetzen von (14.26) in (14.29) ergibt die sog. *erste Friedmann-Gleichung*

$$\boxed{\left(\frac{\dot{a}}{a}\right)^2 = \frac{8\pi G_N}{3} \rho - \frac{Kc^2}{a^2} ,} \tag{14.30}$$

die wir im Folgenden einfach als Friedmann-Gleichung bezeichnen werden. Die beiden Friedmann-Gleichungen bestimmen den zeitabhängigen Skalenfaktor a abhängig von den Eigenschaften der Materie wie Druck p und Dichte ρ sowie der Krümmung K des Raumes.

Satz 14.3: Die Friedmann-Gleichungen beschreiben die zeitliche Entwicklung des Skalenfaktors.

Box 14.1: Die Krümmung der Raumzeit durch die Masse der Erde

Als Beispiel für die Anwendung der Robertson-Walker-Metrik wollen wir berechnen, wie stark die Raumzeit innerhalb der Erdkugel durch die Masse der Erde gekrümmt ist. Dabei nehmen wir vereinfachend an, dass die Erde eine homogene Massenverteilung ρ besitzt und keine Scherkräfte auftreten. Die gesamte Masse der Erde sei M.

Die Rechnung erfolgt so, dass wir zunächst aus der Masse M und der Dichte ρ das Volumen V der Erdkugel bestimmen und daraus den theoretischen Erdradius r_M bestimmen. Diesen vergleichen wir dann mit dem durch Integration des Wegelementes ds errechneten Radius r_m (Abb. 14.3), wobei wir das für homogene Massenverteilungen gültige Wegelement der Robertson-Walker-Metrik verwenden.

14.4 Der Skalenfaktor und die Friedmann-Gleichungen

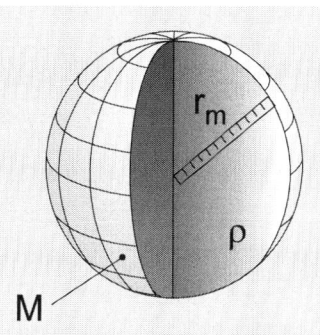

Abb. 14.3: *Der gemessene Radius* r_m *der Erde weicht aufgrund der Raumkrümmung von dem Radius* r_M *ab, der sich aus dem Volumen berechnet*

Bestimmung des Radius aus Volumen und Dichte

Aus der Definition für die Dichte ρ

$$\rho = \frac{M}{V} \tag{14.31}$$

und der Gleichung für das Volumen einer Kugel

$$V = \frac{4\pi}{3} r_M^3 \tag{14.32}$$

erhalten wir für den theoretischen Erdradius r_M

$$r_M = \sqrt[3]{\frac{3}{4\pi} \frac{M}{\rho}} \, . \tag{14.33}$$

Bestimmung des Radius aus der gekrümmten Raumzeit

Diesen Wert vergleichen wir mit dem Radius r_m, den man durch Messung erhält, wenn man z.B. einen Zollstock von der Oberfläche der Erde bis zum Erdmittelpunkt einführt und das Ergebnis abliest. Dieser Wert ergibt sich rechnerisch, indem man in radialer Richtung bei $dt = d\varphi = d\theta = 0$ über das Wegelement der Robertson-Walker-Metrik (14.6) integriert. Dies führt auf

$$r_m = \int_0^{r_M} \frac{a}{\sqrt{1 - K r^2}} dr \, . \tag{14.34}$$

Den Skalenfaktor a können wir bestimmen, indem wir die Rechnung für den Fall eines ungekrümmten Raumes durchführen, was als Ergebnis den Wert r_M liefern muss. Mit $K = 0$ wird aus (14.34)

$$r_m \big|_{K=0} = \int_0^{r_M} a \, dr = a \, r_M \stackrel{!}{=} r_M \, , \tag{14.35}$$

woraus folgt, dass der Skalenfaktor $a = 1$ beträgt.
Unter Berücksichtigung der Krümmung wird nun mit $a = 1$ und mit $K = 1/R_K^2$

$$r_m = \int_0^{r_M} \frac{1}{\sqrt{1 - \frac{r^2}{R_K^2}}} dr \qquad (14.36)$$

und durch Ausführen der Integration

$$r_m = R_K \arcsin\left(\frac{r}{R_K}\right)\Big|_0^{r_M} \qquad (14.37)$$

$$= R_K \arcsin\left(\frac{r_M}{R_K}\right) . \qquad (14.38)$$

Die Größe R_K bestimmen wir aus der Friedmann-Gleichung (14.30). Mit $\dot{a} = 0$ wird zunächst

$$\frac{K}{a^2} = \frac{8\pi G_N}{3c^2} \rho . \qquad (14.39)$$

Mit $a = 1$ und mit $K = 1/R_K^2$ erhalten wir

$$R_K^2 = \frac{3c^2}{8\pi G_N \rho} . \qquad (14.40)$$

Dies wird unter Berücksichtigung von (14.31)

$$R_K^2 = \frac{c^2}{2 G_N M} r_M^3 \qquad (14.41)$$

$$= \frac{1}{r_s} r_M^3 , \qquad (14.42)$$

wobei wir bei der letzten Umformung die Definition des Schwarzschildradius (9.30) verwendet haben. R_K ist sehr groß gegenüber dem Erdradius r_M; wir können daher in (14.37) $\arcsin(x) \approx x + x^3/6$ schreiben und erhalten

$$r_m = r_M + \frac{r_M^3}{6 R_K^2} . \qquad (14.43)$$

Damit wird der gemessene Erdradius r_m schließlich

$$r_m = r_M + \frac{r_s}{6} . \qquad (14.44)$$

Die Krümmung der Raumzeit aufgrund der Erdmasse macht sich also dadurch bemerkbar, dass der gemessene Erdradius r_m um den Betrag

$$\frac{r_s}{6} = \frac{G_N M}{3c^2} \approx 1{,}5 \, \text{mm} \qquad (14.45)$$

größer ist als der aus dem Volumen bestimmte Wert r_M.

15 Kosmologie

In diesem Kapitel wird die Robertson-Walker-Metrik als Lösung der Einstein'schen Feldgleichung auf unser Universum angewandt. Wir stellen zunächst die entsprechende Expansionsgleichung auf und untersuchen dann die zeitliche Entwicklung unseres Universums.

15.1 Das expandierende Universum

15.1.1 Der Hubble-Parameter

Die wichtigste Beobachtung für das Aufstellen eines Modells unseres Universums ist, dass sich weit entfernte Objekte, wie Galaxien, um so schneller von uns entfernen, je weiter diese von uns entfernt sind. Misst man die sog. Fluchtgeschwindigkeit v von Galaxien mit Hilfe der Rotverschiebung des von Galaxien ausgesandten Lichts und trägt jeweils die Geschwindigkeit v über der Entfernung r der Galaxie auf, ergibt sich die in Abb. 15.1 schematisch dargestellte Verteilung.

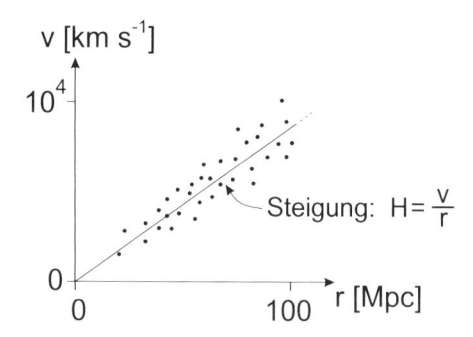

Abb. 15.1: *Trägt man die Fluchtgeschwindigkeit v von Galaxien über deren Entfernung r zu uns auf, ergibt sich eine Verteilung, die sich durch einen linearen Zusammenhang beschreiben lässt. Dabei gilt $v = H\,r$ mit dem Proportionalitätsfaktor H, der als Hubble-Parameter bezeichnet wird. Ein Parsec (pc) entspricht etwa $3,26$ Lichtjahren (Lj)*

Diese gemessenen Ergebnisse lassen sich daher in guter Näherung durch den linearen Zusammenhang

$$v(r) = H\,r \tag{15.1}$$

beschreiben.

Edwin Powell Hubble (* 20. November 1889 in Marshfield, Missouri; † 28. September 1953 in San Marino, Kalifornien) war ein US-amerikanischer Astronom. Hubble war am Mount-Wilson-Observatorium in Pasadena tätig. Er bestimmte die Entfernung zu der Andromeda-Galaxie und konnte so nachweisen, dass es Sterne außerhalb unserer Galaxie gab.

Weiterhin entdeckte Hubble, dass die Spektren weit entfernter Galaxien um so weiter rotverschoben sind, je weiter sie entfernt sind. Mit der Entdeckung dieses sog. Hubble-Effekts leitete er eine neue Ära in der Kosmologie ein, da daraus folgt, dass unser Universum expandiert, was von dem belgischen Theologen und Astronom George Lemaître bereits zuvor postuliert wurde. Nach Hubble benannt ist der Hubble-Parameter, der den Zusammenhang zwischen der Entfernung einer Galaxie und deren Fluchtgeschwindigkeit beschreibt. Auch das bekannte Hubble-Teleskop trägt seinen Namen. (Bild: akg / Science Photo Library)

Die Proportionalitätsfaktor ist der sog. Hubble-Parameter H, der sich, wie wir sehen werden, im Laufe der Entwicklung des Universums ändert. Den heutigen Wert des Hubble-Parameters bezeichnen wir als Hubble-Konstante H_0. Diese hat den aus Messungen gewonnenen Wert

$$H_0 = 71 \,\text{km}\,\text{s}^{-1}\text{Mpc}^{-1} \;. \tag{15.2}$$

Das heißt z.B., dass sich eine Galaxie, die sich in einer Entfernung von 100 Mio. Parsec, also etwa 320 Mio. Lichtjahren zu uns befindet, sich mit einer Geschwindigkeit von $7100\,\text{km}\,\text{s}^{-1}$ von uns fortbewegt.

Satz 15.1: Galaxien entfernen sich von uns mit einer Geschwindigkeit, die linear mit der Entfernung der Galaxien zunimmt.

15.1.2 Der Skalenfaktor der Expansion

Die beobachtete Fluchtbewegung der Galaxien lässt sich mit Hilfe der allgemeinen Relativitätstheorie erklären. So war ein Ergebnis aus Kapitel 14, dass die Metrik unseres Universums auf großen Skalen durch die Robertson-Walker-Metrik beschrieben wird, in der ein Skalenfaktor $a(t)$ auftaucht, der eine Funktion der Zeit ist. Dies bedeutet, dass die scheinbare Fluchtbewegung der Galaxien von uns weg, keine Bewegung im Raum ist, sondern als Folge der Expansion des Raumes selbst beschrieben werden kann.

Satz 15.2: Die scheinbare Fluchtbewegung der Galaxien ist keine Bewegung der Galaxien im Raum, sondern eine Folge der Expansion des Raumes selbst.

15.1 Das expandierende Universum

Es gibt zwar eine Eigenbewegung der Galaxien im Raum, diese ist jedoch für weit entfernte Galaxien gegenüber der Expansionsgeschwindigkeit des Raumes vernachlässigbar. Im Folgenden betrachten wir daher lediglich die Expansion des Raumes, d.h. die Änderung des Skalenfaktors a mit der Zeit. Dazu ist es zweckmäßig, sich zunächst die verschiedenen Möglichkeiten der Entfernungsangaben in expandierenden Räumen zu veranschaulichen. Wir betrachten dazu der Einfachheit halber einen zweidimensionalen flachen Raum, dem ein Koordinatensystem mit den Koordinaten x und y zugeordnet ist (Abb. 15.2). In diesem Raum befinden sich zwei Galaxien im Abstand $\Delta x = 2$,

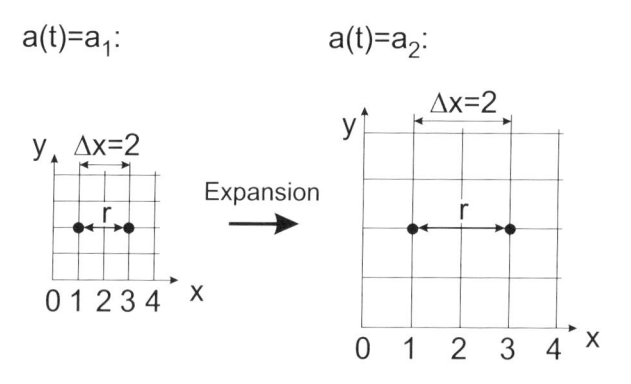

Abb. 15.2: *Zweidimensionale Darstellung eines Ausschnittes des Universums mit zwei Galaxien. Durch die Expansion des Raumes vergrößert sich auch das dem Raum zugeordnete Koordinatensystem. Der Koordinatenabstand $\Delta x = 2$ zwischen den Galaxien ändert sich daher nicht, während sich die physikalische Entfernung r vergrößert. Die Expansion wird durch den mit der Zeit zunehmenden Skalenfaktor $a(t)$ beschrieben*

die relativ zueinander ruhen. Dieser auf das Koordinatensystem bezogene Abstand ist der sog. Koordinatenabstand. Expandiert nun der Raum, was durch den mit der Zeit zunehmenden Skalenfaktor $a(t)$ beschrieben wird, so expandiert das Koordinatensystem mit, während der Koordinatenabstand Δx gleich bleibt. Trotzdem ändert sich die Entfernung r der beiden Galaxien zueinander, da sich der Skalenfaktor a vergrößert[1]. Diese Entfernung r bezeichnen wir als die physikalische Entfernung, wobei im allgemeinen Fall eines zeitabhängigen Skalenfaktors $a(t)$ der Zusammenhang

$$r(t) = a(t)\Delta x \tag{15.3}$$

gilt. Der Skalenfaktor $a(t)$ ist also die Größe, welche den zeitlichen Verlauf der Expansion unseres Universums beschreibt. Die Fluchtgeschwindigkeit v einer Galaxie entspricht der Ableitung des physikalischen Abstandes $r(t)$ nach der Zeit, d.h. $v = \dot{a}\Delta x$. Aus (15.3) erhalten wir mit (15.1) und mit $\dot{r} = v$ den Zusammenhang zwischen dem Hubble-Parameter und dem Skalenfaktor

$$\boxed{H(t) = \frac{\dot{a}}{a}} \tag{15.4}$$

---

[1] Es ist wichtig, darauf hinzuweisen, dass diese Expansion nur den Raum auf großen Skalen betrifft. Gebiete, in denen die Gravitation dominiert, wie z.B. unser Sonnensystem oder Galaxien, unterliegen nicht dieser Expansion und ändern demnach ihre Größe bei der Expansion nicht.

Eine weitere Folgerung aus dem Expansionsmodell ist, dass es einen Zeitpunkt gegeben haben muss, zu der die Ausdehnung des Universums verschwindend klein war. Dieser Anfangszustand mit der beginnenden Expansion entspricht der Geburt unseres Universums, was üblicherweise mit dem Begriff Urknall bezeichnet wird. Dieser Begriff ist irreführend, da er impliziert, dass unser Universum in einen bereits existierenden Raum hinein expandiert. Richtig ist vielmehr, dass es vor dem Urknall keinen Raum gab, sondern dieser erst mit dem Urknall entstanden ist und seitdem expandiert. Diese Expansion des Raumes, und damit auch des sich im Raum befindenden Universums, wird durch den Skalenfaktor $a(t)$ beschrieben, der durch die Friedmann-Gleichungen bestimmt wird.

15.2 Friedmann-Gleichung für unser Universum

15.2.1 Die allgemeine Friedmann-Gleichung

Wir werden nun die Gleichung für den Skalenfaktor a unseres Universums aufstellen und lösen. Dazu gehen wir von der im letzten Kapitel abgeleiteten Friedmann-Gleichung (14.30) aus, welche die zeitliche Entwicklung des Skalenfaktors a abhängig von Massendichte ρ und der Krümmung K des Universums beschreibt:

$$\left(\frac{\dot{a}}{a}\right)^2 = \frac{8\pi G_N}{3}\rho - \frac{Kc^2}{a^2} \,. \tag{15.5}$$

wobei $\left(\frac{\dot{a}}{a}\right)^2$ die Expansionsrate, $\frac{Kc^2}{a^2}$ der Krümmungsparameter und ρ die Massendichte ist.

Satz 15.3: Die Friedmann-Gleichung beschreibt die Expansion unseres Universums abhängig von dessen Masse- bzw. Energiedichte und der Krümmung.

Die Dichte ρ setzt sich dabei aus mehreren Anteilen zusammen: dem durch Materie verursachten Anteil ρ_m, dem durch Strahlung verursachten Anteil ρ_s und der sog. Vakuumenergie ρ_Λ, so dass

$$\rho = \rho_m + \rho_s + \rho_\Lambda \,. \tag{15.6}$$

wobei ρ_m die Massendichte, ρ_s die Strahlungsdichte und ρ_Λ die Vakuumenergiedichte ist.

Die Massendichte

Für die Massendichte gilt, dass diese bei gegebener Masse wegen der Expansion des Raumes mit dem Volumen, d.h. mit der dritten Potenz des Skalenfaktors abnimmt. Setzt man den heutigen Wert des Skalenfaktors auf $a = 1$, so erhalten wir

$$\rho_m = \frac{\rho_{m,0}}{a^3} , \tag{15.7}$$

wobei $\rho_{m,0}$ die Dichte zum gegenwärtigen Zeitpunkt ist. Es sei angemerkt, dass die Masse des Universums nur zu einem geringen Teil aus normaler, sog. baryonischer Materie, z.B. Sternen, besteht. Untersucht man beispielsweise Galaxien, so stellt man fest, dass diese einen erheblichen Anteil an sog. dunkler Materie enthalten müssen, um Beobachtungen, wie z.B. die Rotationsgeschwindigkeit von Galaxien zu erklären. Der Ursprung dieser dunklen Materie ist noch nicht geklärt.

Die Strahlungsdichte

Für die Strahlungsdichte gilt, dass diese sich mit dem Skalenfaktor gemäß

$$\rho_s = \frac{\rho_{s,0}}{a^4} \tag{15.8}$$

wobei $\rho_{s,0}$ die Dichte zum gegenwärtigen Zeitpunkt ist. Die Abnahme mit der vierten Potenz des Skalenfaktors a kommt daher, dass die Strahlungdichte zum einen wegen der Zunahme des Raumvolumens mit der dritten Potenz von a abnimmt und zum anderen die Energie der Strahlung wegen der Dehnung der Wellenlänge zusätzlich linear mit dem Skalenfaktor abnimmt. Wegen dieser Abhängigkeit spielte die Strahlung nur in einem sehr frühen Stadium der Entwicklung unseres Universums, in der das Universum noch sehr kompakt war, eine Rolle [17]. Für die im Folgenden betrachteten Zeiträume kann der Strahlungsanteil daher vernachlässigt werden.

Die Vakuumenergiedichte

Einstein war Verfechter eines statischen Universums. Dieses wäre jedoch instabil und würde aufgrund der Gravitation kollabieren. Einstein führte deshalb einen weiteren Term, die sog. kosmologische Konstante Λ in der Feldgleichung ein. Diese entspricht einer Energie, die der Gravitation entgegenwirkt und so ein Kollabieren des Universums verhindert. Mittlerweile weiß man, dass das Universum nicht statisch ist, sondern, wie oben beschrieben, expandiert. Die kosmologische Konstante ist jedoch als Parameter in der Feldgleichung geblieben, und neueste Messungen zeigen, dass diese sogar einen nennenswerten Beitrag zu der gesamten Energiedichte des Universums beisteuert. Diese sog. Vakuumenergiedichte, deren Ursprung bis heute nicht geklärt ist, ist vom Skalenfaktor a unabhängig. Dabei gilt der Zusammenhang

$$\rho_\Lambda = \frac{\Lambda}{8\pi G_N} \tag{15.9}$$

zwischen der Vakuumenergiedichte ρ_Λ und der kosmologischen Konstante Λ (8.44).

Normierung der Friedmann-Gleichung

Um die Schreibweise zu vereinfachen, bietet es sich an, zu einer normierten Darstellung der Friedmann-Gleichung (15.5) überzugehen. Dazu definiert man die sog. kritische Dichte ρ_{krit}, bei der für den heutigen Wert des Hubble-Parameters H_0 die Krümmung verschwindet. Mit $K = 0$ erhalten wir damit aus (15.5)

$$\left(\frac{\dot{a}}{a}\right)^2 = \frac{8\pi G_N}{3}\rho_{krit}, \tag{15.10}$$

was mit (15.4) auf die *kritische Dichte*

$$\rho_{krit} = \frac{3H_0^2}{8\pi G_N} \tag{15.11}$$

führt. Bezieht man nun alle Dichten auf diesen Wert, ergeben sich dimensionslose Größen. Wir erhalten mit

$$\Omega_m = \frac{\rho_{m,0}}{\rho_{krit}} \quad ; \quad \Omega_s = \frac{\rho_{s,0}}{\rho_{krit}} \quad ; \quad \Omega_\Lambda = \frac{\rho_\Lambda}{\rho_{krit}} \tag{15.12}$$

und (15.5) sowie (15.6) schließlich die *normierte Friedmann-Gleichung*

$$\left(\frac{\dot{a}}{a}\right)^2 = H_0^2\left(\frac{\Omega_s}{a^4} + \frac{\Omega_m}{a^3} + \Omega_\Lambda\right) - \frac{Kc^2}{a^2}. \tag{15.13}$$

15.2.2 Die vereinfachte Friedmann-Gleichung

Wir hatten bereits darauf hingewiesen, dass der Strahlungsanteil in unserem heutigen Universum praktisch vernachlässigbar ist, so dass wir im Folgenden die Strahlungsdichte Ω_s zu null setzen, d.h.

$$\Omega_s = 0. \tag{15.14}$$

Eine weitere Vereinfachung ergibt sich dadurch, dass wir die Krümmung unseres Universums vernachlässigen können[2]. Dies folgt aus aktuellen Beobachtungen von Ereignissen wie beispielsweise sehr weit entfernten Supernovae-Explosionen, deren Helligkeit im Wesentlichen bekannt ist und deren Entfernung durch Rotverschiebungsmessungen (vgl. Box 15.2) bestimmt werden kann. Da die tatsächliche Entfernung in einem gekrümmten Raum jedoch von der in einem ungekrümmten Raum abweicht (vgl. Box 5.1), müsste auch die Helligkeit von dem erwarteten Wert abweichen. Dies konnte in unserem Universum jedoch nicht beobachtet werden, d.h. es gilt in guter Näherung

$$K = 0. \tag{15.15}$$

---
[2] Auch dies gilt nur auf großen Skalen, d.h. für das Universum an sich. So hatten wir in Kapitel 9 gesehen, dass die Anwesenheit einer Masse lokal durchaus zu einer Krümmung der Raumzeit und damit zum Effekt der Gravitation führt.

15.2 Friedmann-Gleichung für unser Universum

Mit $\Omega_s = 0$ und $K = 0$ erhalten wir somit aus (15.13) die *vereinfachte Friedmann-Gleichung*

$$\left(\frac{\dot{a}}{a}\right)^2 = H_0^2 \left(\frac{\Omega_m}{a^3} + \Omega_\Lambda\right) . \tag{15.16}$$

Der Klammerausdruck auf der linken Seite entspricht dem Hubble-Parameter (15.4), so dass wir schließlich die Darstellung

$$H(a) = H_0 \left(\frac{\Omega_m}{a^3} + \Omega_\Lambda\right)^{\frac{1}{2}} \tag{15.17}$$

mit den Beschriftungen: Hubble-Konstante (H_0), Massendichte (Ω_m), Vakuumenergiedichte (Ω_Λ).

erhalten. Diese Gleichung liefert den Hubble-Parameter H abhängig von dem Skalenfaktor a und drei Parametern: der Hubble-Konstanten zur heutigen Zeit H_0, der normierten Materiedichte Ω_m des Universums und der normierten Vakuumenergiedichte Ω_Λ.

> **Satz 15.4:** Die Expansion unseres Universums lässt sich mit drei Parametern, der Hubble-Konstanten, der Massendichte und der Vakuumenergiedichte charakterisieren.

Bestimmung der Parameter H_0, Ω_m und Ω_Λ

Aufgrund der von uns getroffenen Annahme eines nahezu flachen Universums mit vernachlässigbarem Strahlungsanteil, bleiben nur wenige Parameter, die zur Lösung der Friedmann-Gleichung notwendig sind. Diese sind

- Hubble-Parameter zur heutigen Zeit, H_0
- Materiedichte, Ω_m
- Vakuumenergiedichte, Ω_Λ

Die Bestimmung dieser Parameter ist sehr aufwändig (vgl. Box 15.1), so dass diese nur mit einer begrenzten Genauigkeit angegeben werden können. Im Folgenden rechnen wir mit den Werten

$$\boxed{H_0 = 71 \,\text{km}\,\text{s}^{-1}\text{Mpc}^{-1} \quad ; \quad \Omega_m = 0{,}3 \quad ; \quad \Omega_\Lambda = 0{,}7 \,.} \tag{15.18}$$

> **Box 15.1: Bestimmung der Parameter der Friedmann-Gleichung**
>
> Die Bestimmung der Parameter $H_0, \Omega_s, \Omega_m, \Omega_\Lambda$ und K erfolgt durch astronomische Beobachtungen und Messungen [18]. Die Hubble-Konstante lässt sich beispielsweise durch die gleichzeitige Messung der Entfernung und der Fluchtgeschwindigkeit hinreichend weit entfernter Objekte, z.B. Galaxien, bestimmen (vgl. Abb. 15.1).
>
> Die Bestimmung der anderen Parameter erfolgt indirekt, indem man z.B. aus der Messung der Entfernung und der Alters von Objekten den zeitlichen Verlauf der Expansion unseres Universums bestimmt. Anschließend werden die Parameter Ω_s, Ω_m, Ω_Λ und K der Friedmann-Gleichungen so anpasst, dass deren Vorhersagen bestmöglich den durch Messung gewonnenen Daten entsprechen [18].

15.2.3 Berechnung der zeitlichen Entwicklung unseres Universums

Im Folgenden werden wir die vereinfachte Friedmann-Gleichung (15.17) verwenden, um die zeitliche Entwicklung unseres Universums zu beschreiben[3]. Konkret werden wir die Zeitabhängigkeit des Skalenfaktors a und des Hubble-Parameters H bestimmen. Eine zentrale Rolle wird dabei die Rotverschiebung des von Galaxien ausgesandten Lichts aufgrund der Raumexpansion spielen. So werden wir sehen, dass sich aus der Rotverschiebung des von einer Galaxie ausgesandten Lichts sowohl der Zeitpunkt der Emission als auch die Entfernung der Galaxie zur Zeit der Emission sowie deren heutige Entfernung bestimmen lässt. Zunächst bestimmen wir jedoch die Zeitabhängigkeit des Skalenfaktor a aus der Friedmann-Gleichung (15.17) und der Definition des Hubble-Parameters H.

Zeitabhängigkeit des Skalenfaktors

Gleichung (15.17) liefert uns für einen beliebigen Wert des Skalenfaktors a den dazugehörigen Hubble-Parameter H. Es lässt sich nun für jeden Wert a des Skalenfaktors die dazugehörige Zeit, die seit dem Urknall vergangen ist, bestimmen, so dass wir den Hubble-Parameter schließlich abhängig von der Zeit darstellen können. Dies erfolgt direkt aus der Definition des Hubble-Parameters H gemäß (15.4) und mit $\dot{a} = \mathrm{d}a/\mathrm{d}t$. Daraus folgt

$$aH(a) = \frac{\mathrm{d}a}{\mathrm{d}t} \tag{15.19}$$

und schließlich durch Integration

$$\boxed{t = \int_0^{a(t)} \frac{\mathrm{d}a}{aH(a)},} \tag{15.20}$$

---

[3]Eine ausführliche Diskussion der möglichen Lösungen abhängig von den Parametern H_0, Ω_s, Ω_m, Ω_Λ und K findet sich in [19, 17].

15.2 Friedmann-Gleichung für unser Universum

wobei t die seit dem Urknall ($a = 0$) vergangene Zeit ist, bis der Skalenfaktor den Wert $a(t)$ angenommen hat. Bevor wir die Gleichungen (15.17) und (15.20) numerisch auswerten, wollen wir jedoch den Hubble-Parameter statt von dem Skalenfaktor a abhängig von der Rotverschiebung z ausdrücken, da diese direkt aus astronomischen Messungen bestimmt werden kann.

Friedmann-Gleichung und Rotverschiebung

Eine Folge der Expansion unseres Universums ist, dass Lichtwellen, welche uns von einer weit entfernten Galaxie aus erreichen, ebenfalls gedehnt werden. Dadurch vergrößert sich die Wellenlänge λ des Lichtes. Da im sichtbaren Bereich des Spektrums kurze Wellenlängen als blaues Licht und lange Wellenlänge als rotes Licht wahrgenommen werden, spricht man auch von Rotverschiebung des Lichtes.

Im Folgenden werden wir nun die Rotverschiebung z_e eines emittierten Signals anstelle des Skalenfaktors a als Variable verwenden (vgl. Box 15.2). Die Rotverschiebung ist definiert durch

$$z_e = \frac{\Delta\lambda}{\lambda_e} = \frac{\lambda_0 - \lambda_e}{\lambda_e} , \tag{15.21}$$

wobei λ_e die Wellenlänge bei Emission des Lichtes und λ_0 die Wellenlänge bei der Messung, also zur heutigen Zeit ist (Abb. 15.3). Da die Wellenlängenänderung durch

Abb. 15.3: *Durch die Expansion des Raumes wird eine sich ausbreitende Lichtwelle gedehnt, was zur Rotverschiebung führt*

die Raumexpansion verursacht wird, können wir λ_e und λ_0 über den Skalenfaktor a verknüpfen. Den Skalenfaktor zu heutigen Zeit a_0 setzt man üblicherweise zu $a_e = 1$. Mit dem Skalenfaktor bei Emission a_e wird dann

$$\lambda_e = a_e \lambda_0 . \tag{15.22}$$

Damit erhalten wir aus (15.21) den Zusammenhang zwischen Skalenfaktor a_e bei der Emission und der gemessenen Rotverschiebung z_e

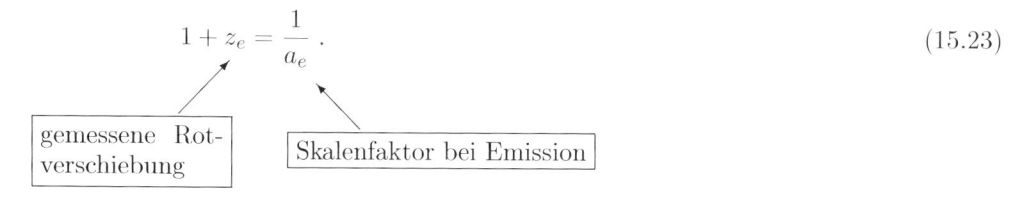

$$1 + z_e = \frac{1}{a_e} . \tag{15.23}$$

gemessene Rotverschiebung

Skalenfaktor bei Emission

Diese Gleichung sagt aus, dass bei uns heute eintreffendes Licht, welches von einer anderen Galaxie zu einem Zeitpunkt ausgesandt wurde, als der Skalenfaktor des Universums den Wert a_e hatte, uns mit einer Rotverschiebung von z_e erreicht. Der Einfachheit halber werden wir im Folgenden den Skalenfaktor bei Emission einfach mit a und die gemessene Rotverschiebung mit z bezeichnen. Setzen wir nun (15.23) in (15.17) ein, erhalten wir

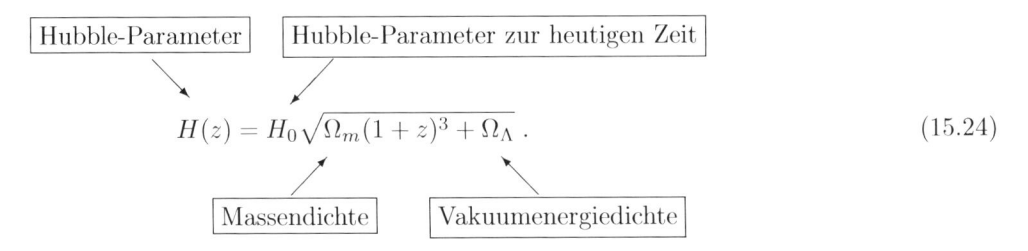

$$H(z) = H_0 \sqrt{\Omega_m (1+z)^3 + \Omega_\Lambda} \ . \tag{15.24}$$

- Hubble-Parameter → $H(z)$
- Hubble-Parameter zur heutigen Zeit → H_0
- Massendichte → Ω_m
- Vakuumenergiedichte → Ω_Λ

Damit ist der Hubble-Parameter H in Abhängigkeit von der gemessenen Rotverschiebung z dargestellt, wobei auch hier der Funktionsverlauf lediglich von den drei Parametern H_0, Ω_m und Ω_Λ abhängt.

Ist also die Rotverschiebung z eines von einer Galaxie emittierten Lichtsignals bekannt, können wir mit (15.24) den Hubble-Parameter H zu Zeit der Emission, mit (15.23) den Skalenfaktor a zu Zeit der Emission und mit (15.20) schließlich die seit dem Urknall vergangene Zeit t berechnen.

> **Box 15.2: Messung der Rotverschiebung**
>
> Die Messung der Rotverschiebung z entfernter Objekte, z.B. von Galaxien, erfolgt durch die spektrale Untersuchung des empfangenen Lichts. Da sich durch die Expansion des Raumes auch die Wellenlänge des sich im Raum ausbreitenden Lichts erhöht, wird ein von einem Stern ausgesandtes Spektrum zu größeren Wellenlängen, also in den roten Bereich hinein verschoben. Vergleicht man ein solches Spektrum mit einem nicht rotverschobenen, lässt sich aus der Verschiebung von charakteristischen Spektrallinien die Rotverschiebung z ermitteln [20]. 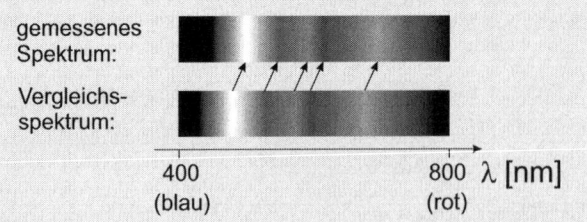
>
> *Abb. 15.4: Darstellung des Spektrums des von einer Galaxie ausgesandten Lichts (oben) und eines entsprechenden Vergleichsspektrums (unten). Der Bereich kleiner Wellenlängen entspricht blauem Licht, der Bereich großer Wellenlängen rotem Licht. Aus der Verschiebung charakteristischer Linien des Spektrums zu höheren Wellenlängen λ lässt sich die Rotverschiebung z bestimmen*
>
> Aus der Rotverschiebung z lassen sich wichtige Größen, wie z.B. die Entfernung der das Licht emittierenden Galaxie, bestimmen.

15.3 Lösung der Friedmann-Gleichung

Zur Lösung der Friedmann-Gleichung bestimmen wir zunächst aus (15.17) den Hubble-Parameter H in Abhängigkeit des Skalenfaktors a. Die zu jedem Wert $H(a)$ gehörende Zeit $t(a)$, die seit dem Urknall vergangen ist, erhalten wir dann mit (15.20). Rechnet man mittels (15.23) noch den Skalenfaktor a in die Rotverschiebung z um, lässt sich eine Tabelle aufstellen, in der alle genannten Größen angegeben sind. Mit den Parametern $\Omega_m = 0,3$ und $\Omega_\Lambda = 0,7$ gemäß (15.18) ergeben sich damit die in der nachstehenden Tabelle (15.1) angegebenen Werte.

Hubble-Parameter H [km s^{-1}Mpc^{-1}]	Zeit seit Urknall t [Mrd. y]	Rotverschiebung z	Skalenfaktor a
∞	0	∞	0
1350	0,5	10,0	0,10
686	1	6,0	0,14
357	2	3,5	0,22
300	3	3,0	0,25
169	4	1,6	0,38
151	5	1,4	0,41
121	6	1,0	0,50
91	9	0,5	0,66
78	11	0,2	0,83
71	13,7	0,0	1,00

Tabelle 15.1: *Lösung der Friedmann-Gleichung für unser Universum mit $\Omega_m = 0,3$, $\Omega_\Lambda = 0,7$, $\Omega_s = 0$ und $K = 0$*

Aus der Tabelle sehen wir zunächst, dass der Hubble-Parameter H unseres Universums mit der Zeit t abnimmt, wie auch in Abb. 15.5 dargestellt ist. Für Zeiten kurz nach dem Urknall hatte dieser sehr große Werte, während der heutige Wert H_0 bei etwa 71 km s^{-1}Mpc^{-1} liegt.

Satz 15.5: Der Hubble-Parameter unseres Universums nimmt mit der Zeit ab.

Weiterhin erkennen wir, dass die heute gemessene Rotverschiebung z von Strahlung um so größer ist, je früher diese emittiert wurde. Der Grund dafür ist, dass die Wellenlänge der Strahlung linear mit der Expansion des Raumes wächst und der Raum seit der Emission um so mehr expandiert ist, je weiter das Emissionsereignis zurückliegt.

Schließlich können wir der Tabelle entnehmen, dass die vom Urknall ($a = 0$) bis heute ($a = 1$) vergangene Zeit etwa 13,7 Mrd. Jahre beträgt.

Wir werden nun im folgenden Abschnitt die in der Tabelle aufgelisteten Ergebnisse - insbesondere den Verlauf des Hubble-Parameters H mit der Zeit t - verwenden, um die Expansion des Universums grafisch darzustellen.

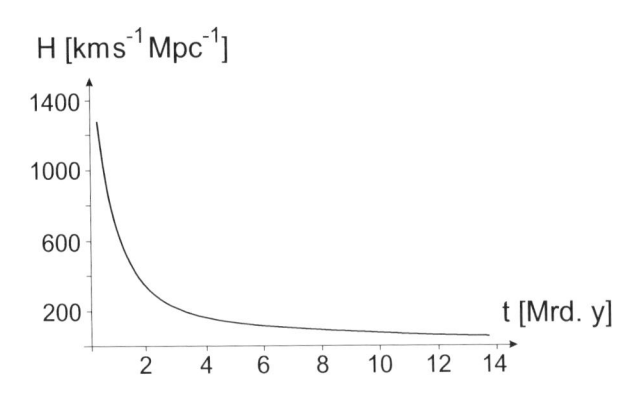

Abb. 15.5: *Der Hubble-Parameter H ist eine Funktion der Zeit. Der Wert von H ist seit dem Urknall gesunken und liegt heute bei etwa 71 km s^{-1} Mpc^{-1}*

15.4 Grafische Darstellung der Expansion

15.4.1 Licht und Galaxien im Raumzeit-Diagramm

Wir wollen nun die Expansion des Universums grafisch veranschaulichen und die Auswirkungen der Expansion sowohl auf den Abstand einer Galaxie zu uns als auch auf die Ausbreitung des von der Galaxie emittierten Lichts untersuchen. Dazu beginnen wir mit der Betrachtung eines nicht expandierenden Universums, bei dem sich die Verhältnisse leicht grafisch mit Hilfe des in Abschnitt 2.9 eingeführten Raumzeit-Diagramms darstellen lassen. Befindet sich eine Galaxie beispielsweise in konstantem Abstand r_e zu einem Beobachter, ergibt sich das in Abb. 15.6, links, gezeigte Diagramm.

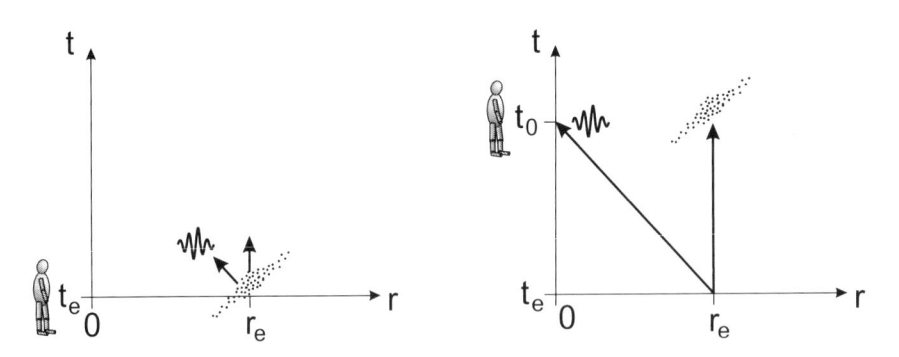

Abb. 15.6: *Weltlinien einer Galaxie, die einen zum Beobachter konstanten Abstand r_e hat, und des von ihr ausgesandten Lichts. Sendet die Galaxie zur Zeit $t = 0$ ein Lichtsignal aus (links), erreicht dies den Beobachter erst zu einem späteren Zeitpunkt t_0 (rechts)*

Sendet die Galaxie nun zu einem Zeitpunkt $t = t_e$ ein Lichtsignal in Richtung des Beobachters aus, ergibt sich die Weltlinie des Lichts als geneigte Gerade. Das Licht erreicht den Beobachter erst zu einem Zeitpunkt t_0 (Abb. 15.6, rechts).

15.4 Grafische Darstellung der Expansion

Der Beobachter zur heutigen Zeit t_0 nimmt also ein Ereignis - die Aussendung eines Lichtblitzes - wahr, das in der Vergangenheit zur Zeit t_e stattgefunden hat.

15.4.2 Das Universum mit konstantem Hubble-Parameter

Weltlinie einer Galaxie

Wir betrachten ein einfaches, linear expandierendes System, bei dem die Beziehung $v(r) = rH$ gilt. Ein Punkt entfernt sich von einem Beobachter also um so schneller, je größer der Abstand r des Punktes von dem Beobachter ist (Abb. 15.7). Stellt man die

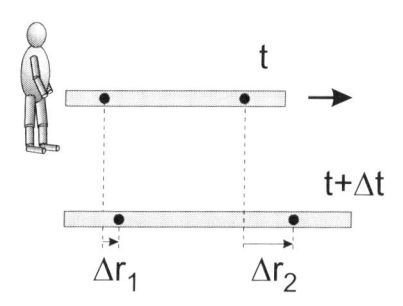

Abb. 15.7: *Gummiband als Beispiel für ein linear expandierendes System. Zieht man ein Gummiband auseinander, so entfernt sich ein weiter vom Beobachter entfernter Punkt in gleicher Zeit um eine größere Strecke Δr_2, als ein näher am Beobachter gelegener Punkt (Δr_1). Die Expansionsgeschwindigkeit nimmt bezogen auf den Beobachter also mit der Entfernung zu*

Entfernungsänderungen Δr pro Zeiteinheit Δt als Vektoren dar, werden diese mit zunehmendem Abstand r vom Beobachter immer länger, und wir erhalten die in Abb. 15.8 gezeigte Darstellung.

Abb. 15.8: *Von einem festen Punkt $r = 0$ aus gesehen, nimmt die Expansionsgeschwindigkeit mit der Entfernung zu. Die pro Zeit gemessene Entfernungsänderung Δr nimmt daher ebenfalls mit dem Abstand r zu, was durch die Länge der Vektoren dargestellt ist*

Führen wir nun noch eine Zeitachse ein, können wir die zeitliche Abhängigkeit darstellen, wie in Abb. 15.9 gezeigt ist. Ausgehend von dem Startpunkt (r, t) eines beliebigen Vektors, gibt der Endpunkt des Vektors den Ort $r + \Delta r$ an, an dem man sich nach der Zeit $t + \Delta t$ befindet. Dabei entspricht die Steigung dieser sog. Weltvektoren dem Kehrwert der an dem jeweiligen Ort auftretenden Expansionsgeschwindigkeit. Es gilt also

$$\frac{\Delta t}{\Delta r} = \frac{\Delta t}{\dot{r}\Delta t} = \frac{1}{\dot{r}}. \tag{15.25}$$

In das Diagramm aus Abb. 15.9 können wir die Weltvektoren nun auch für eine Folge von Zeitschritten eintragen. Zunächst sei H zeitunabhängig, so dass die Vektoren in

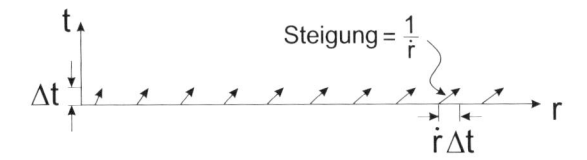

Abb. 15.9: *Ergänzt man Abb. 15.8 durch Hinzufügen der Zeitachse, ergeben sich Weltvektoren. Jeder Vektor verbindet ein Ereignis zur Zeit t mit dem entsprechenden Ereignis zur Zeit $t+\Delta t$*

jedem Zeitschritt die gleichen Ausrichtung haben und wir die in Abb. 15.10 gezeigte Darstellung erhalten. Wir werden nun mit einem grafischen Verfahren eine Lösung

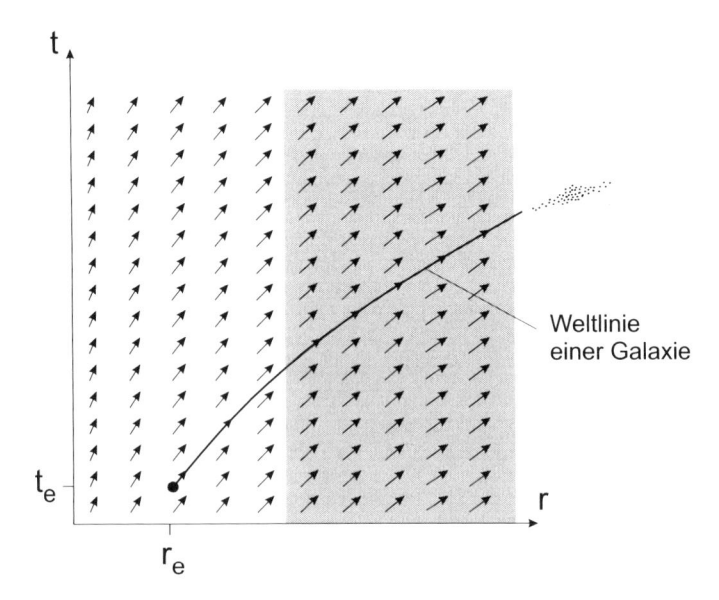

Abb. 15.10: *Weltlinie einer Galaxie in einem expandierenden Raum mit konstantem Hubble-Parameter. Die Fluchtgeschwindigkeit steigt mit zunehmender Entfernung. Der Bereich, in dem die Fluchtgeschwindigkeit $\dot{r}$ größer als die Lichtgeschwindigkeit c ist, ist grau schattiert*

der Friedmann-Gleichung ableiten, indem wir mit einem Polygonzugverfahren die Lösungskurve für mehrere aufeinanderfolgende Zeitschritte konstruieren. Dazu starten wir von einem beliebigen Punkt (●) ausgehend und wandern entlang der Pfeile, wobei der Endpunkt eines Pfeils der Anfangspunkt des jeweils nachfolgenden Pfeils ist. Verbindet man die Pfeile nach dem beschriebenen Verfahren zu einem Polygonzug, erhält man die Lösungskurve für den vorgegebenen Startpunkt. Bei dem in der Darstellung verwendeten zeitunabhängigen Hubble-Parameter erkennt man, dass sich eine Galaxie offensichtlich immer schneller zu größeren Radien hin bewegt, was auch unmittelbar aus der Beziehung $\dot{r}(r) = Hr$ mit $H = $ const. folgt.

An dieser Stelle sei darauf hingewiesen, dass wegen der Zunahme der Fluchtgeschwindigkeit $\dot{r}$ mit die Entfernung r, für einen gegebenen Hubble-Parameter H, der Wert

15.4 Grafische Darstellung der Expansion

von $\dot{r}$ ab einem bestimmten Radius größer werden kann als die Lichtgeschwindigkeit c. Dies mag zunächst erstaunen, widerspricht aber nicht der speziellen Relativitätstheorie, da es sich hierbei nicht um eine Bewegung im Raum handelt, sondern um eine Bewegung aufgrund der Expansion des Raumes [21]. Die Skalen seien nun so gewählt, dass eine 45°-Neigung der Lichtgeschwindigkeit c entspricht. Wir können dann einen Bereich $\dot{r} < c$ und einen Bereich $\dot{r} > c$ in das Diagramm eintragen, wobei wir letzteren grau schattieren. Die Entfernung, bei der die Fluchtgeschwindigkeit der Lichtgeschwindigkeit entspricht, wird als Hubble-Radius bezeichnet.

Satz 15.6: Die Fluchtgeschwindigkeit von Galaxien aufgrund der Expansion des Raumes liegt für weit entfernte Galaxien über der Lichtgeschwindigkeit.

Weltlinie des emittierten Lichts

Als nächstes untersuchen wir die Ausbreitung des von einem Objekt emittierten Lichts in einem expandierenden Raum. Die effektive Geschwindigkeit v_L, mit der sich das Licht auf uns zu bewegt, setzt sich dann zusammen aus der Expansionsgeschwindigkeit des Raumes sowie der Ausbreitung des Lichtes im Raum, so dass

$$v_L = \Delta r/\Delta t - c \,. \tag{15.26}$$

Um dies grafisch darzustellen, addieren wir zu jedem der Vektoren, die ja in jedem Punkt die jeweilige Expansionsgeschwindigkeit $\Delta r/\Delta t$ angeben, einen Vektor, der die Ausbreitung des Lichtes repräsentiert (Abb. 15.11).

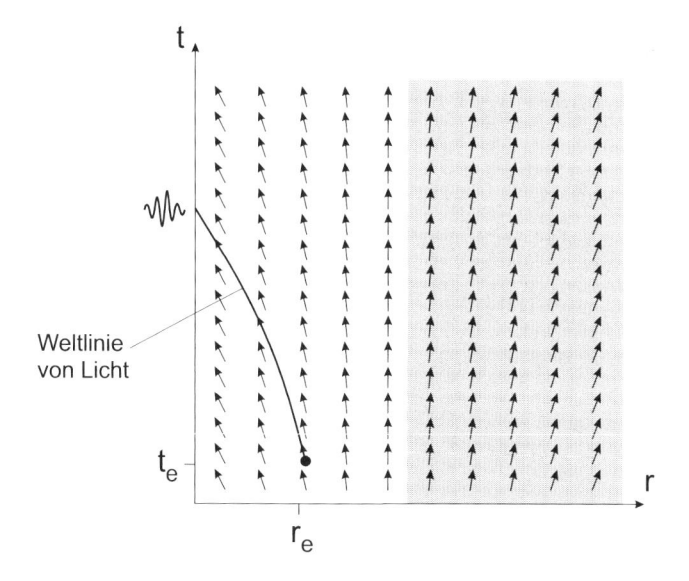

Abb. 15.11: *Weltlinie des von einer Galaxie emittierten Lichts in einem expandierenden Raum mit konstantem Hubble-Parameter*

Auch hier verbinden wir wieder von dem Startpunkt (•) ausgehend die einzelnen Weltvektoren miteinander, was die Weltlinie des emittierten Lichts ergibt.

Aus dem Diagramm können wir nun folgende Schlüsse für den Fall des zeitunabhängigen Hubble-Parameters ziehen: Licht, welches - zu einem beliebigen Zeitpunkt - innerhalb des Hubble-Radius emittiert wurde, hat uns entweder bereits erreicht (siehe eingezeichnete Kurve), oder erreicht uns irgendwann. Licht, welches hingegen von einem Objekt außerhalb des Hubble-Radius emittiert wurde, konnte uns nie erreichen und wird uns nie erreichen.

15.4.3 Das Universum mit zeitabhängigem Hubble-Parameter

Wir wollen nun den Fall untersuchen, bei dem der Hubble-Parameter H nicht konstant ist, sondern von der Zeit abhängt, was den Verhältnissen in unserem Universum entspricht. Es gilt also nunmehr $H = H(t)$ und $\dot{r} = H(t)\,r$, so dass die Steigung der Weltvektoren

$$\frac{\Delta t}{\Delta r} = \frac{1}{\dot{r}} = \frac{1}{H(t)\,r} \tag{15.27}$$

beträgt.

Weltlinie einer Galaxie

Aus Tabelle 15.1, die den zeitlichen Verlauf des Hubble-Parameter $H(t)$ für unser Universum wiedergibt, lässt sich entnehmen, dass der Hubble-Parameter in unserem Universum unmittelbar nach dem Urknall einen relativ großen Wert besaß und seitdem zu immer kleineren Werten hin abgenommen hat (vgl. Abb. 15.5). Damit ergibt sich ein Diagramm mit Weltvektoren, wie es schematisch in Abb. 15.12 dargestellt ist. Man erkennt zunächst, dass für einen gegebenen Zeitpunkt t die Fluchtgeschwindigkeit mit wachsender Entfernung r zunimmt, was sich durch die immer weiter nach rechts geneigten Weltvektoren äußert. Gleichzeitig nimmt für eine gegebene Entfernung die Fluchtgeschwindigkeit mit der Zeit wegen des kleiner werdenden Hubble-Parameters $H(t)$ ab. Auch in diesem Diagramm ist der Bereich mit $\dot{r} > c$, der den Hubble-Radius definiert, grau schattiert dargestellt. Wegen des sich mit der Zeit ändernden Hubble-Parameters ist der Hubble-Radius allerdings nicht konstant, sondern dessen Wert nimmt mit der Zeit zu. Der Hubble-Radius bestimmt sich aus $\dot{r} = c$ und mit (15.1) für unser heutiges ($t = t_0$) Universum zu

$$r_H = c/H(t_0) \approx 13\,\text{Mrd. Lj} \,. \tag{15.28}$$

Um nun auch in dieses Diagramm die Weltlinie einer Galaxie einzuzeichnen, die sich zur Zeit t_e an der Stelle r_e befindet (•), verwenden wir das Polygonzugverfahren und reihen, von dem Startpunkt (r_e, t_e) ausgehend, die entsprechenden Weltvektoren aneinander. Dies führt in der vereinfachten Darstellung zu einer Kurve, die näherungsweise einer Geraden entspricht.

15.4 Grafische Darstellung der Expansion

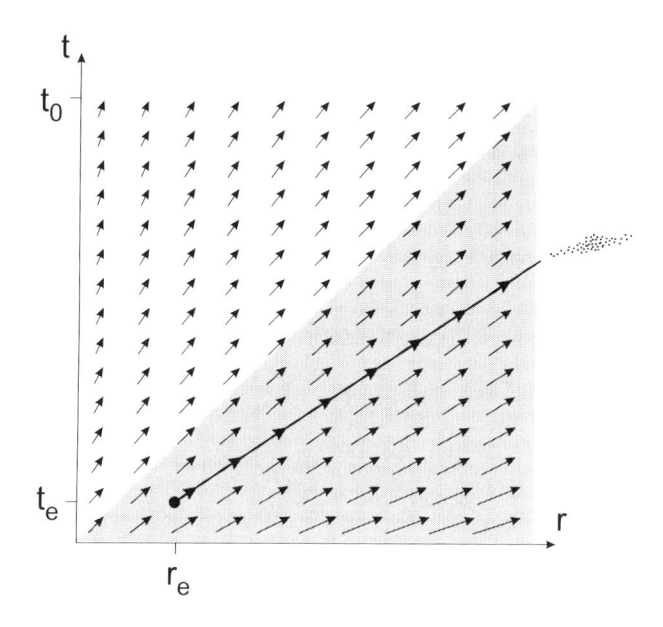

Abb. 15.12: *Weltvektoren einer Galaxie für den Fall eines sich zeitlich ändernden Hubble-Parameters. Wegen der kleiner werdenden Expansionsgeschwindigkeit nimmt die Neigung der Weltvektoren mit der Zeit ab. Der Bereich mit $\dot{r} > c$ ist grau schattiert. Die Fluchtgeschwindigkeit der betrachteten Galaxie ist für alle Zeiten größer als die Lichtgeschwindigkeit*

Weltlinie des von der Galaxie emittierten Lichts

Wir wollen nun auch für den Fall des sich mit der Zeit ändernden Hubble-Parameters untersuchen, wie die Weltlinie von Licht aussieht, das zur Zeit t_e von einer Galaxie in unsere Richtung ausgesandt wurde. Auch dies lässt sich mit unserem Diagramm leicht darstellen. Dazu addieren wir zu jedem der Weltvektoren, die die Fluchtgeschwindigkeit $\Delta r/\Delta t$ angeben, einen in Richtung $r = 0$ weisenden Vektor, der die Ausbreitung des Lichtes repräsentiert. Es gilt also

$$v_L = \Delta r/\Delta t - c \qquad (15.29)$$

Dies ergibt das in Abb. 15.13 gezeigte Diagramm. Aus Abb. 15.13 folgt die bemerkenswerte Tatsache, dass Licht, das zu einem bestimmten Zeitpunkt t_e von einer Galaxie emittiert wurde, uns auch dann erreichen kann, wenn die Fluchtgeschwindigkeit dr/dt der Galaxie zum Zeitpunkt t_e der Emission größer war als die Lichtgeschwindigkeit. Dies folgt aus dem in Abb. 15.13 gezeigten Diagramm, wenn wir dort die Weltlinie des emittierten Lichts mit Hilfe des Polygonzugverfahrens konstruieren. Die Fluchtgeschwindigkeit dieser Galaxie war zum Zeitpunkt der Emission t_e und auch danach größer als die Lichtgeschwindigkeit, wie wir bereits in Abb. 15.12 gesehen hatten. Man erkennt, dass sich das Licht unmittelbar nach der Emission zunächst von uns wegbewegt (die Weltlinie des Lichtes ist zunächst nach rechts geneigt), sich dann aber schließlich in unsere Richtung bewegt. In Abb. 15.14 sind die beiden Weltlinien der Galaxie sowie des von ihr ausgesandten Lichts nochmals in einem gemeinsamen Diagramm dargestellt [22].

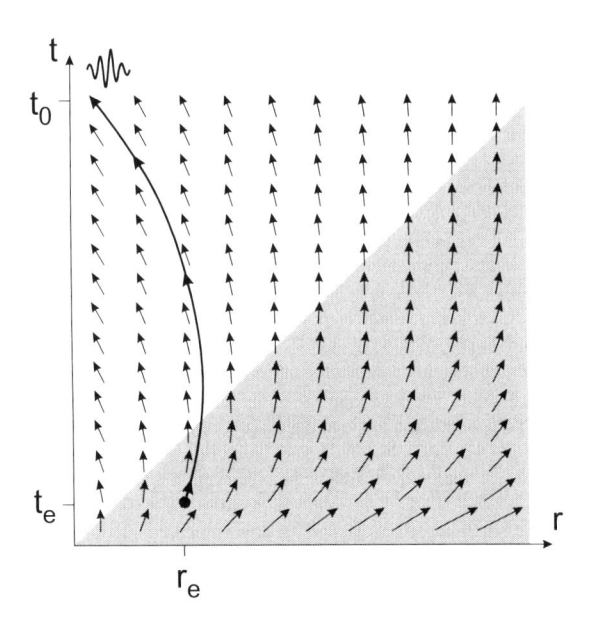

Abb. 15.13: *Weltvektoren des von der Galaxie aus Abb. 15.12 emittierten Lichts. Man erkennt, dass sich das Licht zunächst von uns fortbewegt, sich dann aber wegen der abnehmenden Raumexpansion schließlich doch in unsere Richtung ausbreitet*

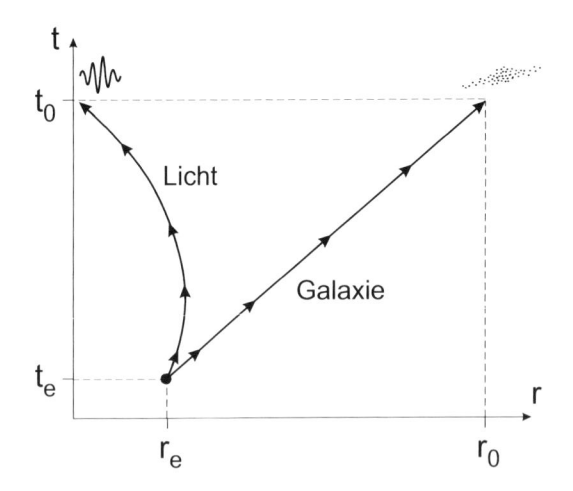

Abb. 15.14: *Darstellung der Weltlinie einer Galaxie sowie des von der Galaxie emittierten Lichtes im expandierenden Universum, wenn die Lichtemission zur Zeit t_e in der Emissionsentfernung r_e stattfand. Die Entfernung der Galaxie zur heutigen Zeit t_0, zu der das Licht empfangen wird, wird als physikalische Entfernung r_0 bezeichnet*

15.5 Emissionsentfernung und physikalische Entfernung

In diesem Abschnitt berechnen wir die heutige, physikalische Entfernung r_0 einer Galaxie, die zur Zeit t_e ein Lichtsignal emittiert hat, welches uns heute erreicht. Dazu berechnen wir die Strecke, die das Licht vom Zeitpunkt der Emission t_e bis heute, also t_0, zurückgelegt hat.

Entfernung im statischen Universum

In einem statischen Universum (vgl. Abb. 15.6) mit $H = 0$ und $a = 1$ gestaltet sich die Bestimmung der physikalischen Entfernung r_0 relativ einfach. Der Weg, den das Licht in der Zeit dt zurücklegt, beträgt dann $dr = c\,dt$. Damit wird die Entfernung r_0 zu einem Objekt, das zum Zeitpunkt t_e ein Lichtsignal ausgesandt hat,

$$r_0 = \int_{t_e}^{t_0} c\,dt = c(t_0 - t_e), \tag{15.30}$$

wenn das Licht zur Zeit t_0 empfangen wird. Da c konstant ist, ist die Entfernung das Produkt aus Lichtlaufzeit und der Lichtgeschwindigkeit c, also $r_0 = (t_0 - t_e)c$.

Entfernung im expandierenden Universum

In unserem expandierenden Universum mit $H = H(t)$ ist die Berechnung komplizierter, da während der Lichtausbreitung der Raum expandiert. Die Berechnung erfolgt formal mit der für das expandierende Universum gültigen Robertson-Walker-Metrik (14.6) mit $K = 0$, wobei wir $d\varphi = d\theta = 0$ setzen können, da sich das Licht in radialer Richtung auf uns zubewegt. Damit ist

$$ds^2 = -c^2\,dt^2 + a(t)^2\,dr^2. \tag{15.31}$$

Da das Wegelement der Raumzeit ds für Licht (2.33) gleich null ist, wird

$$c\,dt = a(t)\,dr. \tag{15.32}$$

Die Entfernung r_0 zur Zeit t_0 eines Objektes, das zur Zeit t_e ein Signal ausgesandt hat, ist also

$$r_0 = \int_{t_0}^{t_e} \frac{1}{a(t)} c\,dt. \tag{15.33}$$

Auch dieses Ergebnis lässt sich leicht veranschaulichen. Für den Fall des statischen Universums mit $a = 1$ entspricht der Ausdruck offensichtlich der bereits oben für das statische Universum abgeleiteten Beziehung (15.30). Der zeitabhängige Faktor $1/a$ in (15.33) berücksichtigt zusätzlich die Expansion des Raumes. Diese Beziehung lässt sich mittels (15.4) umformen in

$$r_0 = \int_1^{a_e} \frac{c}{a\dot{a}}\,da = \int_1^{a_e} \frac{c}{a^2 H(a)}\,da, \tag{15.34}$$

wobei a_e der Skalenfaktor zur Zeit der Emission ist und die untere Integrationsgrenze $a = 1$ den heutigen Skalenfaktor bezeichnet.

Um die Entfernung r_0 durch die Rotverschiebung z auszudrücken, transformieren wir die Integrationsvariable von a nach z. Dazu differenzieren wir (15.23) und erhalten

$$\mathrm{d}a = -\frac{\mathrm{d}z}{(1+z)^2} , \tag{15.35}$$

so dass wir das Integral (15.34) durch die gemessene Rotverschiebung z ausdrücken können und schließlich

$$\boxed{r_0 = -\int_{z_e}^{0} \frac{c}{H(z)}\,\mathrm{d}z} \tag{15.36}$$

mit $H(z)$ gemäß (15.24) erhalten. Die Integration erfolgt entsprechend von der Rotverschiebung des emittierten Signals bis heute, also von $z = z_e$ bis $z = 0$. Für einen gegebenen Wert der Rotverschiebung z_e liefert das Integral also den Abstand r_0, den die Lichtquelle heute zu uns hat. Trägt man die Ergebnisse der Integration für verschiedene Werte von z in eine Grafik ein, ergibt sich die Darstellung nach Abb. 15.15.

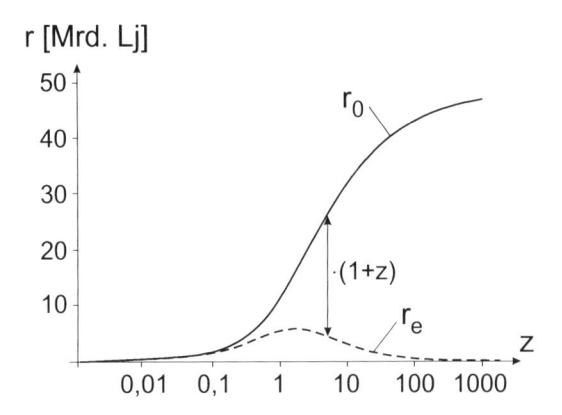

Abb. 15.15: *Emissionsentfernung r_e und physikalische Entfernung r_0 von Objekten, deren ausgesandtes Licht wir heute mit der Rotverschiebung z empfangen. Licht mit großer Rotverschiebung z stammt von Objekten, die heute mehr als 40 Mrd. Lj entfernt sind.*

Wir wollen nun noch die Entfernung r_e des Objektes zum Emissionszeitpunkt t_e bestimmen. Diese Entfernung ergibt sich aus unmittelbar aus der heutigen Entfernung r_0 und der Tatsache, dass das Universum seit dem Emissionszeitpunkt t_e um den Faktor $1/a$ bzw. $(1 + z)$ expandiert ist. Es gilt demnach der einfache Zusammenhang

$$\boxed{r_e = \frac{r_0}{1+z}} . \tag{15.37}$$

15.5 Emissionsentfernung und physikalische Entfernung

Bei einer Galaxie mit einer gemessenen Rotverschiebung von $z = 10$ erhalten wir damit einen Abstand r_0 von etwa 30 Mrd. Lichtjahren. Die Signale mit der größten Rotverschiebung, die wir messen können, stammen von der kosmischen Hintergrundstrahlung. Diese wurde kurz nach dem Urknall emittiert und ist um einen Faktor von etwa $z = 1090$ rotverschoben. Diese Strahlung stammt demnach aus Gebieten des Universums, die heute mehr als 40 Mrd. Lichtjahre entfernt sind. Dabei ist zu beachten, dass die Geschwindigkeit, mit der sich diese Gebiete auf Grund der Raumexpansion von uns entfernen, nach (15.1) größer ist als die Lichtgeschwindigkeit.

Wir können nun die Weltlinien verschiedener Galaxien und des von ihnen ausgesandten Lichts in ein gemeinsames Diagramm eintragen. Dabei beschränken wir uns auf drei Beispiele, bei denen die Emission des Lichtes zu unterschiedlichen Zeitpunkten stattfand und das uns jeweils heute erreicht. Das entsprechende Raumzeit-Diagramm ist in Abb. 15.16 dargestellt. Zu den jeweiligen Emissionsereignissen ist die entsprechende Rotverschiebung z angegeben, um die das emittierte Licht heute verschoben ist. Dabei nimmt gemäß Tabelle 15.1 die Rotverschiebung z zu, je früher die Emission stattfand. An diesem Diagramm zeigt sich auch die Bedeutung der Rotverschiebung für kosmologische Untersuchungen. Ist die Rotverschiebung eines von einer Galaxie emittierten Signals bekannt, lässt sich daraus eindeutig der Zeitpunkt t_e der Emission, der Abstand r_e der Galaxie zur Zeit der Emission und der heutige Abstand r_0 der Galaxie bestimmen. Offensichtlich können wir auch Signale empfangen, die zu einem sehr frühen Zeitpunkt kurz nach der Geburt unseres Universums emittiert wurden.

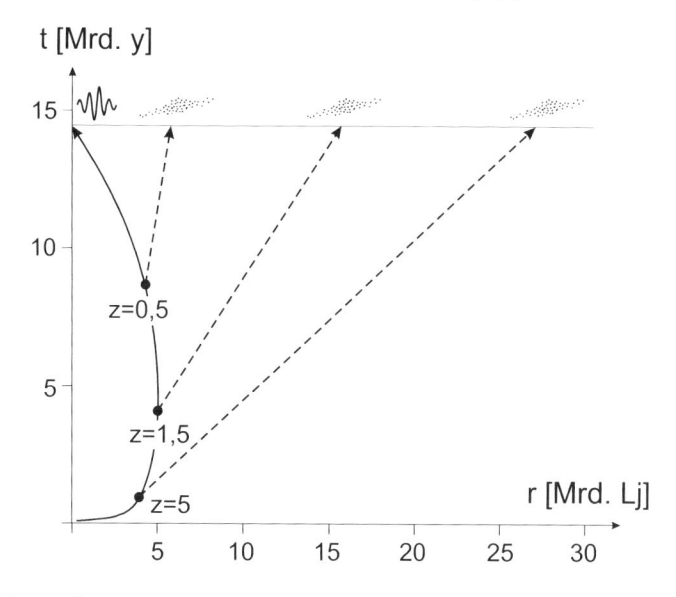

Abb. 15.16: *Darstellung der Weltlinien von Galaxien (gestichelte Linien) sowie des von den Galaxien emittierten Lichtes (durchgezogene Linien) für verschiedene Werte der Rotverschiebung z. Die Emissionsereignisse sind durch schwarze Punkte (•) dargestellt*

A Anhang

A.1 Drehmatrix

Wir betrachten einen Punkt (x_0, y_0) in einem Koordinatensystem x, y und suchen die entsprechenden Koordinaten x'_0, y'_0 in einem $x'y'$-Koordinatensystem, wenn dieses gegenüber dem xy-Koordinatensystem um den Winkel α gedreht ist (Abb. A.1).

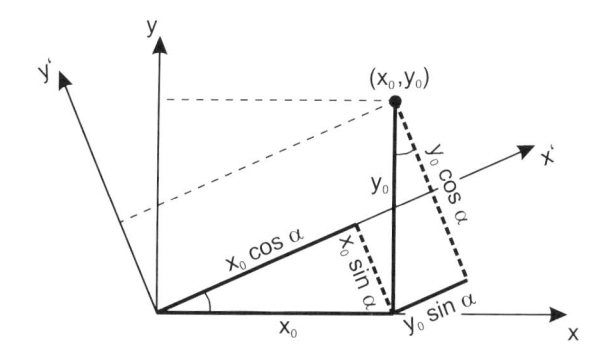

Abb. A.1: *Zur Berechnung der Koordinaten eines Punktes in zwei um den Winkel α gegeneinander verdrehten Koordinatensystemen*

Aus der Abbildung entnehmen wir unmittelbar

$$x' = x \cos \alpha + y \sin \alpha \tag{A.1}$$
$$y' = -x \sin \alpha + y \cos \alpha \,. \tag{A.2}$$

Fassen wir die Komponenten x und y bzw. x' und y' zu Vektoren $\mathbf{x}$ bzw. $\mathbf{x}'$ zusammen, können wir kürzer schreiben

$$\mathbf{x}' = \mathbf{D} \cdot \mathbf{x} \,, \tag{A.3}$$

wobei $\mathbf{D}$ die sog. Drehmatrix

$$\mathbf{D} = \begin{pmatrix} \cos \alpha & \sin \alpha \\ -\sin \alpha & \cos \alpha \end{pmatrix} \tag{A.4}$$

ist.

A.2 Prinzip der kleinsten Wirkung

Das Prinzip der kleinsten Wirkung besagt

$$\delta S = \int_{t_0}^{t_1} \delta L(x,\dot{x})\mathrm{d}t = 0 , \tag{A.5}$$

wobei für die Variation δx gilt: $\delta x = 0$ für $t = t_0$ und für $t = t_1$. Dabei ist die Aussage des Verschwindens der Variation δS gleichbedeutend mit

$$\delta S = S(x + \delta x) - S(x) = 0 . \tag{A.6}$$

Damit wird

$$S(x + \delta x) = \int_{t_0}^{t_1} \delta L(x + \delta x, \dot{x} + \delta \dot{x})\mathrm{d}t = 0 . \tag{A.7}$$

Durch Entwicklung in eine Taylor-Reihe wird daraus

$$S(x + \delta x) = \int_{t_0}^{t_1} \left[L(x,\dot{x}) + \delta x \frac{\partial L}{\partial x} + \delta \dot{x} \frac{\partial L}{\partial \dot{x}} \right] \mathrm{d}t \tag{A.8}$$

$$= S(x) + \int_{t_0}^{t_1} \left[\delta x \frac{\partial L}{\partial x} + \underbrace{\delta \dot{x}}_{u'} \underbrace{\frac{\partial L}{\partial \dot{x}}}_{v} \right] \mathrm{d}t . \tag{A.9}$$

Partielle Integration ergibt schließlich

$$\delta S = \left[\delta x \frac{\partial L}{\partial \dot{x}} \right]_{t_0}^{t_1} - \int_{t_0}^{t_1} \delta x \left[\frac{\mathrm{d}}{\mathrm{d}t} \frac{\partial L}{\partial \dot{x}} - \frac{\partial L}{\partial x} \right] \mathrm{d}t = 0 . \tag{A.10}$$

Mit $\delta x = 0$ für $t = t_0$ und $t = t_1$ ist dies nur erfüllt, wenn

$$\frac{\mathrm{d}}{\mathrm{d}t} \frac{\partial L}{\partial \dot{x}} - \frac{\partial L}{\partial x} = 0 \tag{A.11}$$

gilt, d.h.

$$\delta \int L(x,\dot{x})\mathrm{d}t = 0 \quad \Longleftarrow \boxed{\text{Lagrange}} \Longrightarrow \quad \frac{\mathrm{d}}{\mathrm{d}t} \frac{\partial L}{\partial \dot{x}} - \frac{\partial L}{\partial x} = 0 \tag{A.12}$$

A.3 Der kanonische Impuls

Der kanonische Impuls

$$p_i = \frac{\partial L}{\partial (\mathrm{d}x^i/\mathrm{d}\tau)} \tag{A.13}$$

ist eine Verallgemeinerung des gewöhnlichen Impulses.

Der kanonische Impuls im nichtrelativistischen Fall

Setzen wir beispielsweise im nichtrelativistischen Fall, d.h. für $\tau = t$, die Lagrange-Funktion eines freien Teilchens

$$L = E_{kin} - E_{pot} = \frac{1}{2}m\dot{x}^2 - V(x) \tag{A.14}$$

in (A.13) ein, ergibt sich

$$p = m\dot{x}, \tag{A.15}$$

was dem aus der Newton'schen Mechanik bekannten Wert entspricht.

Der kanonische Impuls im relativistischen Fall

Da ein Teilchen in der Raumzeit einer Kurve minimaler Länge folgt, können wir die Lagrange-Funktion über das Wegelement der Raumzeit (10.12)

$$\mathrm{d}s = L\,\mathrm{d}\tau = \underbrace{\sqrt{g_{ij}\frac{\mathrm{d}x^i}{\mathrm{d}\tau}\frac{\mathrm{d}x^j}{\mathrm{d}\tau}}}_{L}\,\mathrm{d}\tau \tag{A.16}$$

definieren. Man kann zeigen, dass sich die gleiche Kurve ergibt, wenn wir als Lagrange-Funktion statt (A.16) die Funktion

$$L = g_{ij}\frac{\mathrm{d}x^i}{\mathrm{d}\tau}\frac{\mathrm{d}x^j}{\mathrm{d}\tau} \tag{A.17}$$

verwenden. Mit der Definition (A.14) des kanonischen Impulses

$$p_i = \frac{\partial L}{\partial (\mathrm{d}x^i/\mathrm{d}\tau)} \tag{A.18}$$

erhalten wir somit schließlich für den kanonischen Impuls

$$\boxed{p_i = g_{ij}\frac{\mathrm{d}x^j}{\mathrm{d}\tau}.} \tag{A.19}$$

A.4 Glossar

Äquivalenzprinzip, Im engeren Sinne, das Prinzip, nach dem träge und schwere Masse eines Körpers identisch sind (schwaches Äquivalenzprinzip). Im weiteren Sinne das Prinzip, nach dem Gravitation und Beschleunigung identisch sind (starkes Äquivalenzprinzip).

Äther-Theorie Vorstellung, dass der Raum und insbesondere auch das Vakuum mit einer Substanz, dem Äther, gefüllt sein müsse. Der ruhende Äther stellt dann ein absolutes Bezugssystem dar, auf den alle Bewegungen, also auch die Ausbreitung von Licht, bezogen werden können.

Bianchi-Identitäten, Zusammenhang zwischen den verschiedenen Komponenten der →Riemann-Krümmung, welche die physikalischen Bedingungen der →Raumzeit berücksichtigt.

Christoffelsymbol, Größe mit drei Indizes, welche die einzelnen Komponenten der Änderung eines Basisvektors beschreibt, wenn dieser in eine der Koordinatenrichtungen verschoben wird.

Eigenzeit, Zeit, die in einem System von einer dort befindlichen, also sich gegenüber dem System nicht bewegten Uhr abgelesen werden kann.

Einstein'sche Feldgleichung, Gleichungssystem, welches den Zusammenhang zwischen der Massenverteilung im Raum (beschrieben durch die →Energie-Impuls-Matrix) und der →Metrik des Raumes (welche die Raumkrümmung definiert) beschreibt.

Energie-Impuls-Matrix, rechte Seite der →Einstein'schen Feldgleichung, welche die Verteilung der Masse bzw. der Energie im Raum angibt.

Extremalwert, Minimum oder Maximum einer Funktion. An der Stelle des Extremalwertes ist die erste Ableitung der Funktion gleich null, d.h. die Funktion ändert sich im Bereich des Extremalwertes in erster Näherung nicht.

freier Fall, Zustand eines Körpers, in dem keine Kräfte auf ihn einwirken. Im freien Fall ist ein Körper schwerelos.

Galilei-Transformation, Transformation zur Umrechnung von Orts- und Zeitkoordinaten zwischen zwei sich mit konstanter Geschwindigkeit relativ zueinander bewegten Systemen, sog. →Inertialsystemen, im →nichtrelativistischen Fall.

geodätische Gleichung, Gleichung zur Beschreibung einer →geodätischen Linie. In der allgemeinen Relativitätstheorie beschreibt die geodätische Gleichung die Bewegung eines Körpers unter dem Einfluss der Gravitation.

geodätische Linie, Linie mit extremaler (i.d.R. minimaler) Länge. Im ungekrümmten Raum ist eine Gerade die kürzeste Verbindung zwischen zwei Punkten. In der gekrümmten Raumzeit sind geodätische Linien oft komplizierte Kurven.

Inertialsystem, ein nicht beschleunigtes System. Inertialsysteme bewegen sich daher relativ zueinander auf Geraden und mit konstanter Geschwindigkeit.

Invarianzintervall, Größe (hier i.d.R. Länge), die unter einer Transformation unverändert bleibt. Unter der →Galilei-Transformation ist die Länge im Raum invariant, unter der →Lorentz-Transformation ist die Länge in der →Raumzeit invariant.

Kontraktion, Addition einzelner Komponenten einer indizierten Größe durch Gleichsetzen der entsprechenden Indizes.

kontravariante Basis, Eine zur →kovarianten Basis duale Basis in einem Raum.

kovariante Basis, Basis in einem Raum (siehe auch →kontravariante Basis)

kovariante Ableitung, Ableitung, welche die →tatsächliche Änderung einer Größe angibt. Der Einfluss des verwendeten Koordinatensystems wird dabei durch die →Christoffelsymbole eliminiert.

Kovarianz, 1) Eigenschaft einer Gleichung, unter Transformationen ihre Struktur nicht zu verändern. Physikalische Gleichungen müssen daher kovariant sein, wenn sie in beliebigen Koordinatensystemen gelten sollen. **2)** Eigenschaft von Größen, sich bei einer Transformation gleichsinnig mit der Einheiten des Koordinatensystems zu ändern. Der Abstand ist daher streng genommen eine kovariante Größe, der Gradient hingegen eine kontravariante.

Kovarianzprinzip, Prinzip, welches besagt, dass physikalische Gleichungen, die der speziellen Relativitätstheorie genügen, durch Ersetzen der gewöhnlichen Ableitung durch die →kovariante Ableitungen zu kovarianten Gleichungen werden, die in allen Koordinatensystemen gültig sind

Lagrange-Funktion, Differenz von kinetischer und potentieller Energie. Die Lagrange-Funktion spielt bei dem →Prinzip der kleinsten Wirkung eine Rolle.

Lorentz-Transformation, Transformation zur Umrechnung von Orts- und Zeitkoordinaten zwischen zwei sich mit konstanter Geschwindigkeit zueinander bewegten Systemen, sog. →Inertialsystemen, im relativistischen Fall.

Mach'sches Prinzip, Aussage, dass es keinen absoluten Raum gibt, auf den die Bewegung eines Teilchens bezogen werden kann. Statt dessen muss die Bewegung eines Teilchens auf alle anderen sich im Universum vorhandenen Teilchen bezogen werden.

Metrik, Zusammenhang zwischen den Koordinatenänderungen und der sich dadurch ergebenden Längenänderung des →Wegelementes des Raumes oder der →Raumzeit.

Minkowski-Koordinaten, Die Koordinaten $x^0 = ct$ und x^1, x^2 und x^3 zur Beschreibung des →Minkowski-Raumes.

Minkowski-Metrik, →Metrik zur Beschreibung des → Minkowski-Raumes in der speziellen Relativitätstheorie. Diese Metrik ist ortsunabhängig und daher flach.

Minkowski-Raum, vierdimensionaler Raum, bei dem zu den drei Raumkoordinaten die Zeit hinzugefügt wurde. Die entsprechenden Koordinaten heißen →Minkowski-Koordinaten.

nichtrelativistischer Fall, auch Newton'scher Fall. Im nichtrelativistischen Fall sind die auftretenden Geschwindigkeiten sehr klein gegen die Lichtgeschwindigkeit und die Gravitation (d.h. die Raumkrümmung) ist sehr gering. Die →Einstein'sche Feldgleichung geht in diesem Fall in die Newton'sche Gravitationsgleichung und die →geodätische Gleichung in die Newton'sche Bewegungsgleichung über.

Paralleltransport, Transport eines Vektors derart, dass seine →tatsächliche Änderung gleich null ist.

partielle Ableitung, Änderung einer Größe (z.B. eines Vektors) bezogen auf das verwendete Koordinatensystem (vgl. auch →tatsächliche Änderung und → kovariante Ableitung)

Pfadintegral-Methode, Methode zur Bestimmung der → Wahrscheinlichkeitsamplitude eines Teilchens, von A nach B zu kommen, durch Integration über alle möglichen Pfade. In dem entstehenden Ausdruck taucht in der Phase die →Wirkung auf.

Prinzip der kleinsten Wirkung Prinzip, nach dem die →Wirkung, bei einem physikalischen Vorgang, z.B. der Bewegung einer Masse im Gravitationsfeld, stets ein Extremum (i.d.R. ein Minimum) annimmt.

Raumzeit, Verknüpfung von Zeit- und Ortskoordinate zu einem vierdimensionalen Raum. Im →nichtrelativistischen Fall ist dieser Raum ein →Minkowski-Raum.

Relativitätsprinzip, Prinzip, nach dem Naturgesetze unabhängig von dem Bezugssystem die gleiche Form haben.

Riemann-Krümmung, mathematischer Ausdruck, der die Krümmung eines Raumes aus der →Metrik bestimmt.

Robertson-Walker-Metrik, Metrik der →Raumzeit, innerhalb einer Massenverteilung, wenn diese sich ähnlich einer Flüssigkeit verhält. Das Universum kann auf großen Skalen durch eine solche Metrik beschrieben werden.

Ricci-Krümmung, →Kontraktion der →Riemann-Krümmung.

Schrödinger-Gleichung, Gleichung, welche abhängig von dem Verlauf der potentiellen Energie die →Wahrscheinlichkeitsamplitude angibt, ein Teilchen an einem bestimmten Ort anzutreffen. Die Schrödinger-Gleichung ist eine der Grundgleichungen der Quantenmechanik.

Schwarzes Loch, Massenverteilung, bei der die Dichte so groß ist, dass der Radius kleiner als der →Schwarzschild-Radius ist.

Schwarzschild-Metrik, →Metrik der →Raumzeit außerhalb einer Massenverteilung. Die Raumzeit in der Umgebung von Sternen kann durch die Schwarzschild-Metrik beschrieben werden.

Schwarzschildradius, Radius, den eine Massenverteilung haben muss, damit die Gravitation auf der Oberfläche genau so groß wird, dass Licht nicht mehr von der Masse entweichen kann. →Schwarze Löcher haben einen Radius der kleiner als der Schwarzschildradius ist.

tatsächliche Änderung, Änderung einer Größe (z.B. eines Vektors) bezogen auf den umgebenden Raum (vgl. →partielle Ableitung). Die tatsächliche Änderung bestimmt sich aus der →kovarianten Ableitung.

Tensor, Größe, welche durch ihre Transformationseigenschaften definiert ist. Transformiert man ein Gleichung mit Tensoren in ein anderes Koordinatensystem, bleibt die Struktur der Gleichung erhalten. Physikalische Gleichung, die in beliebigen Koordinatensystemen gelten sollen, müssen daher in tensorieller Form beschrieben sein. Dies gilt insbesondere in der allgemeinen Relativitätstheorie. Die →Metrik oder die →Riemann-Krümmung sind Tensoren. Tensoren werden oft als indizierte Größen dargestellt. Die Zahl der Indizes gibt die Stufe des Tensors an.

Vierervektor, Zusammenfassung der zeitlichen Komponente einer Größe mit den drei räumlichen Komponenten zu einem Vektor mit insgesamt vier Komponenten. In der speziellen Relativitätstheorie lassen sich beispielsweise die →Raumzeit, die Geschwindigkeit oder der Impuls als Vierervektoren darstellen.

Wahrscheinlichkeitsamplitude, quantenmechanische Größe, die sich aus der Lösung der sog. Schrödinger-Gleichung ergibt. Das Quadrat der Wahrscheinlichkeitsamplitude entspricht der Wahrscheinlichkeit, ein Teilchen, an einer bestimmten Stelle im Raum anzutreffen.

Wegelement, differentielle Entfernung im Raum oder in der Raumzeit. Das Wegelement setzt sich aus den Koordinatenänderungen und der →Metrik zusammen.

Wirkung, Integral der →Lagrangefunktion über die Zeit. Die Wirkung hat die Einheit Energie mal Zeit (vgl. →Prinzip der kleinsten Wirkung).

Literaturverzeichnis

[1] Arnold Sommerfeld. *Vorlesungen über Theoretischen Physik, Band I*. Verlag Harry Deutsch, 8 edition, 1994.

[2] Richard Feynman et al. *Feynman-Vorlesungen über Physik, Band 2*. Oldenbourg, 2010.

[3] Dieter Meschede. *Gerthsen Physik*. Springer-Verlag, 24 edition, 2010.

[4] Ruppel Falk. *Mechanik, Relativität, Gravitation*. Springer-Verlag, 3 edition, 1983.

[5] Lewis C. Epstein. *Relativity Visualized*. Insight Press, 1988.

[6] K. Simonyi. *Kulturgeschichte der Physik*. Verlag Harry Deutsch, 3 edition, 2001.

[7] Ta-Pei Cheng. *Relativity, Gravitation and Cosmology*. Oxford University Press, 2nd edition, 2010.

[8] Eberhard Klingbeil. *Tensorrechnung für Ingenieure*. Bibliographisches Institut, BI-Wissenschaftsverlag, 1966.

[9] David C. Kay. *Schaums Outlines, Tensor Calculus*. Mc Graw Hill, 2011.

[10] Berhard Schutz. *A First Course in General Relativity*. Cambridge University Press, 2009.

[11] John Archibald Wheeler Charles W. Misner, Kip S. Thorne. *Gravitation*. W. H. Freeman and Company, 1973.

[12] Torsten Fließbach. *Allgemeine Relativitätstheorie*. Elsevier Spektrum Akademischer Verlag, 5 edition, 2006.

[13] Lewis Ryder. *Introduction to General Relativity*. Cambridge University Press, 2009.

[14] Richard Feynman et al. *Feynman-Vorlesungen über Physik, Band 3*. Oldenbourg, 2010.

[15] Rickard Jonsson. *Embedding Spacetime via a Geodesically Equivalent Metric of Euclidean Signature*. Gen. Rel. Grav. 33 1207, 1 edition, 1988.

[16] Sean M. Carroll. *An Introduction to General Relativity Spacetime and Geometrie*. Pearson Education, Addison Wesley, 2004.

[17] Andrew Liddle. *Einführung in die moderne Kosmologie.* Wiley-VCH Verlag Co. KGaA, 2009.

[18] Peter Schneider. *Einführung in die Extragalaktische Astronomie und Kosmologie.* Springer-Verlag, 2008.

[19] Edward Harrison. *Cosmology, the Science of the Universe.* Cambridge University Press, 2 edition, 2000.

[20] Jeffrey Bennett et al. *Astronomie, Die kosmische Perspektive.* Pearson Education, 5 edition, 2010.

[21] Charles H. Lineweaver Tamara M. Davis. Expanding confusion: common misconceptions of cosmological horizons and the superluminal expansion of the universe. *Publications of the Astronomical Society of Australia*, 21:97–109, 2004.

[22] Elvira Krusch Gottfried Beyvers. *Kleines 1x1 der Relativitätstheorie.* Springer-Verlag, 2. edition, 2009.

Index

Äquatorebene, 184
Äquatorlinie, 49
Äquivalenzprinzip, 3, 43, 234
Äther-Theorie, 15, 234
Überschieben einer indizierten Größe, 131

anisotropes Material, 75
Austauschregel, 67

Bahnkurve, 9, 149, 152, 161
Basis
    kontravariante, 58, 60, 235
    kovariante, 58, 235
Basisvektor, 53
    kontravariant, 97
    kovariant, 96
Bewegungsgleichung, 182, 186, 192
    Einstein'sche, 46, 147
    Newton'sche, 2, 154
Bianchi-Identität, 118, 130, 234

Christoffelsymbol, 96, 114, 183, 204, 234

Doppelspaltversuch, 157
Drehimpuls, 197
Drehmatrix, 74
Druck, 125, 206

Ebene, 51, 147
effektives Potential, 197
Eigenbewegung von Galaxien, 211
Eigenvektor, 79
Eigenwert, 79
Eigenzeit, 26, 38
Eigenzeitdiagramm, 40
Eigenzeitkreis, 41
Einbettungsgleichung, 166
Einheitsvektor, 54
Einstein-Krümmung, 130
Emissionsentfernung, 227

Energie
    kinetische, 10, 197
    potentielle, 10
Energie-Impuls-Matrix, 121, 234
    bewegte Materie, 123
    Flüssigkeit, 128
    materiefreier Raum, 128
    ruhende Materie, 128
Energiebilanzgleichung, 196
Energiedichte, 125
Energieerhaltung, 126
Energiestrom, 125
Erdbeschleunigung, XVI, 4
Erdradius, 206

Feldgleichung
    Einstein'sche, 46, 121, 136, 145, 202, 234
    Newton'sche, 4, 121, 132, 145
Fermat'sches Prinzip, 156
Fluchtgeschwindigkeit, 144, 209
Friedmann-Gleichung, 205, 212
    normierte, 214
    vereinfachte, 214

Galilei-Transformation, 15, 234
Gamma-Faktor, 20
Gauß'sche Krümmung, 50
geodätisch äquivalente Abbildung, 175
geodätische Gleichung, 148, 184, 192, 234
geodätische Kurve, 148, 171, 177, 179, 235
Geoid, 172
Gleichzeitigkeit, 34
gnomonische Projektion, 174
Gravitationsbeschleunigung, 3
Gravitationskonstante, XVI, 1
Gravitationslinsen, 189
Gravitationspotential, 1, 46, 197

Hintergrundstrahlung, 229
Hubble-Konstante, 210
Hubble-Parameter, XVI, 210, 219
Hyperboloid, 51, 52

Impulserhaltung, 126
Impulsstrom, 123
Inertialsystem, 16, 235
Invarianzelement, 17, 24
Invarianzintervall, 38, 235
isotropes Material, 73

Kartenabbildung, 172
kartesische Koordinaten, 100, 169
Kausalitätsprinzip, 35
Kontraktion, 69, 117, 235
Kontraktionsregel, 69
Kontravarianz, 58
Koordinatenzeit, 26, 138
kosmologische Konstante, 133, 213
kosmologisches Prinzip, 202
kovariante Ableitung, 101, 235
Kovarianz, 58, 235
Kovarianzprinzip, 235
Krümmung, 47, 83
    mittlere, 6, 50
Krümmungsradius, 6, 51
Krümmungsskalar, 117
kritische Dichte, 214
Kronecker-Symbol, 61

Längenkontraktion, 46
Lagrange-Funktion, 10, 151, 235
Laplace-Gleichung, 7
Lichtablenkung, 192
lichtartig, 33
Lichtausbreitung, 181
Lichtkegel, 34
Lorentz-Transformation, 22, 235

Mach'sches Prinzip, 236
Massendichte, 4, 124, 213
Maxwell-Gleichungen, 15
Mercator-Projektion, 172
Meridian, 49, 172
Metrik, 236
    kartesische Koordinaten, 82, 84, 169

Kugelkoordinaten, 85, 87, 89
Polarkoordinaten, 83, 169
Zylinderkoordinaten, 86, 89, 167
Metrikkoeffizient, 56, 82
Minkowski-Koordinaten, 236
Minkowski-Metrik, 87, 236
Minkowski-Raum, 236

Nabla-Operator, 4, 146

Paralleltransport, 105, 109, 115, 118, 148, 236
partielle Ableitung, 93, 102
Periheldrehung, 191
Pfadintegral-Methode, 236
physikalische Entfernung, 227
Planck'sches Wirkungsquantum, XVI, 137
Poisson-Gleichung, 4
Polarisierbarkeit, 73
Polarkoordinaten, 100, 103, 169
Polygonzugverfahren, 222
Potentialbarriere, 199
Prinzip der kleinsten Wirkung, 8, 151, 152, 236
Projektionsregel, 70
Pseudosphäre, 52, 88

raumartig, 33
Raumexpansion, 211
Raumkontraktion, 20, 35, 141
Raumkrümmung, 44, 170
Raumzeit, 24, 86, 236
Raumzeit-Diagramm, 29, 163, 220
    Skalierung, 32
Raumzeit-Krümmung, 163, 171, 179, 181, 191, 206
Relativitätsprinzip, 16, 43, 237
Ricci-Krümmung, 117, 136, 205, 237
Riemann-Krümmung, 112, 130, 131, 136, 237
Robertson-Walker-Metrik, 201, 237
Rotationsenergie, 197
Rotverschiebung, 217–219, 228

Scherkraft, 126
Schrödinger-Gleichung, 237
schwarzes Loch, 144, 237

Schwarzschild-Metrik, 135, 170, 237
Schwarzschildradius, 142, 237
Skalar, 79
Skalarprodukt, 56, 66
Skalenfaktor, 205, 210, 219
Sphäre, 48, 51, 147
sphärischer Exzess, 49, 109
Störungsansatz, 187, 195
Strahlungsdichte, 213
Summationskonvention, 54
Symmetrieregel, 71, 112

Tangentenvektor, 107, 148
Tensor, 79, 237
Torsion, 118

Uhrenparadoxon, 37
Urknall, 212, 219

Vakuumenergiedichte, 213
Variation, 9
Verschieberegel, 68
Vierer-Geschwindigkeit, 28
Vierer-Impuls, 28
Vierervektor, 27, 122, 124, 238

Wahrscheinlichkeitsamplitude, 238
Wegelement, 82, 238
    der Raumzeit, 185, 193
Wellenfunktion, 157, 160, 161
Weltlinie, 29, 165, 220
    einer Galaxie, 221, 224
    von Licht, 223, 225
Weltvektor, 221
Wirkung, 10, 160, 238

zeitartig, 33
Zeitdilatation, 18, 36, 137
Zeitkegel, 40
Zwillingsparadoxon, 39
Zylinder, 51